제제 수학

4-1

서사원주니어

수학을 잘하고 싶은 어린이 모여라!

안녕하세요, 어린이 여러분?

선생님은 초등학교에서 학생들을 가르치면서, 수학을 잘하고 싶지만 어려워하는 어린이들을 많이 만났어요. 그래서 여러분이 혼자서도 수학을 잘할 수 있도록, 개념을 쉽게 알려 주는 문제집을 만들었어요.

여러분, 계단을 올라가 본 적이 있지요? 계단을 한 칸 한 칸 올라가다 보면 어느새 한 층을 다 올라가 있듯, 수학 공부도 똑같아요. 매일매일 조금씩 공부하다 보면 어느새 나도 모르게 수학 실력이 쑥쑥 올라가게 될 거예요.

선생님이 만든 '제제수학'은 수학 교과서처럼 한 단계씩 차근차근 공부할 수 있어요. 개념을 이해하게 도와주는 쉬운 문제부터 천천히 공부할 수 있도록 구성했으니, 수학 진도에 맞춰서 제대로, 그리고 꾸준히 공부해 보세요.

하루하루의 노력이 모여 여러분의 수학 실력을 단단하게 만들어 줄 거예요.

-권오훈, 이세나 선생님이

이 책의 구성과 활용법

step 1 단원 내용 공부하기

▶ 학교 진도에 맞춰 단원 내용을 공부해요.
▶ 각 차시별 핵심 정리를 읽고 중요한 개념을 확인한 후 문제를 풀어요.

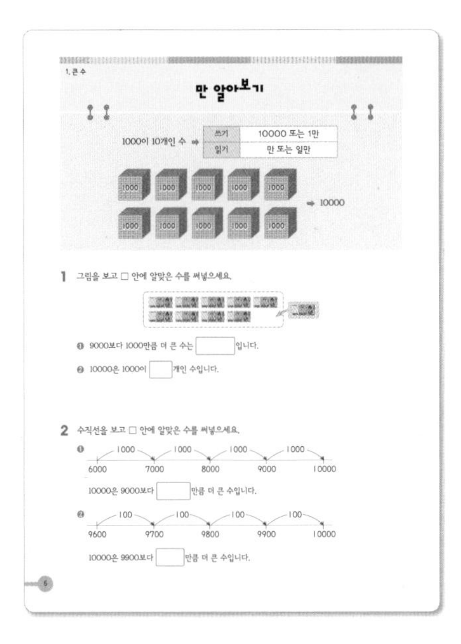

step 2 연습 문제

계산력을 키워요.

▶ 단원의 모든 내용을 공부하고 난 뒤에 계산 연습을 해요.
▶ 계산 연습을 할 때에는 집중하여 정확하게 계산하는 태도가 중요해요.
▶ 정확하게 계산을 잘하게 되면 빠르게 계산하는 연습을 해 보세요.

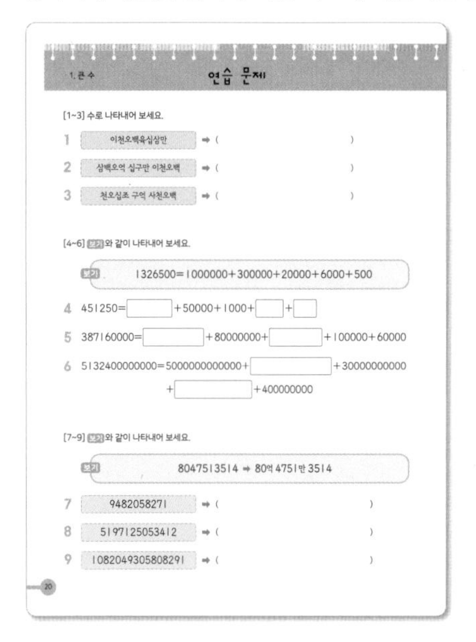

step 3 단원 평가

배운 내용을 확인해요.

▶ 잘 이해했는지 확인해 보고, 배운 내용을 정리해요.
▶ 문제를 풀다가 어려운 내용이 있다면 한번 더 공부해 보세요.

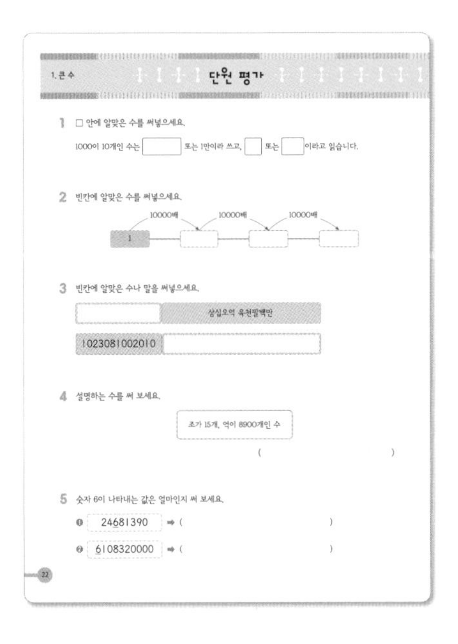

step 4 실력 키우기

응용력을 키워요.

▶ 생활 속 문제를 해결하는 힘을 길러요.
▶ 서술형 문제를 풀 때에는 문제를 꼼꼼하게 읽어야 해요. 식을 세우고 문제를 푸는 연습을 하며 실력을 키워 보세요.

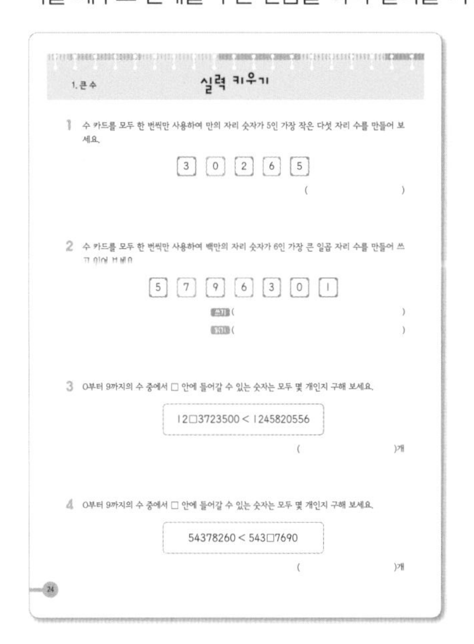

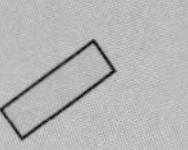

차례

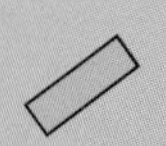

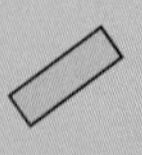

- 만 알아보기
- 다섯 자리 수 알아보기
- 십만, 백만, 천만 알아보기
- 억 알아보기
- 조 알아보기
- 뛰어 세기
- 수의 크기 비교하기

만 알아보기

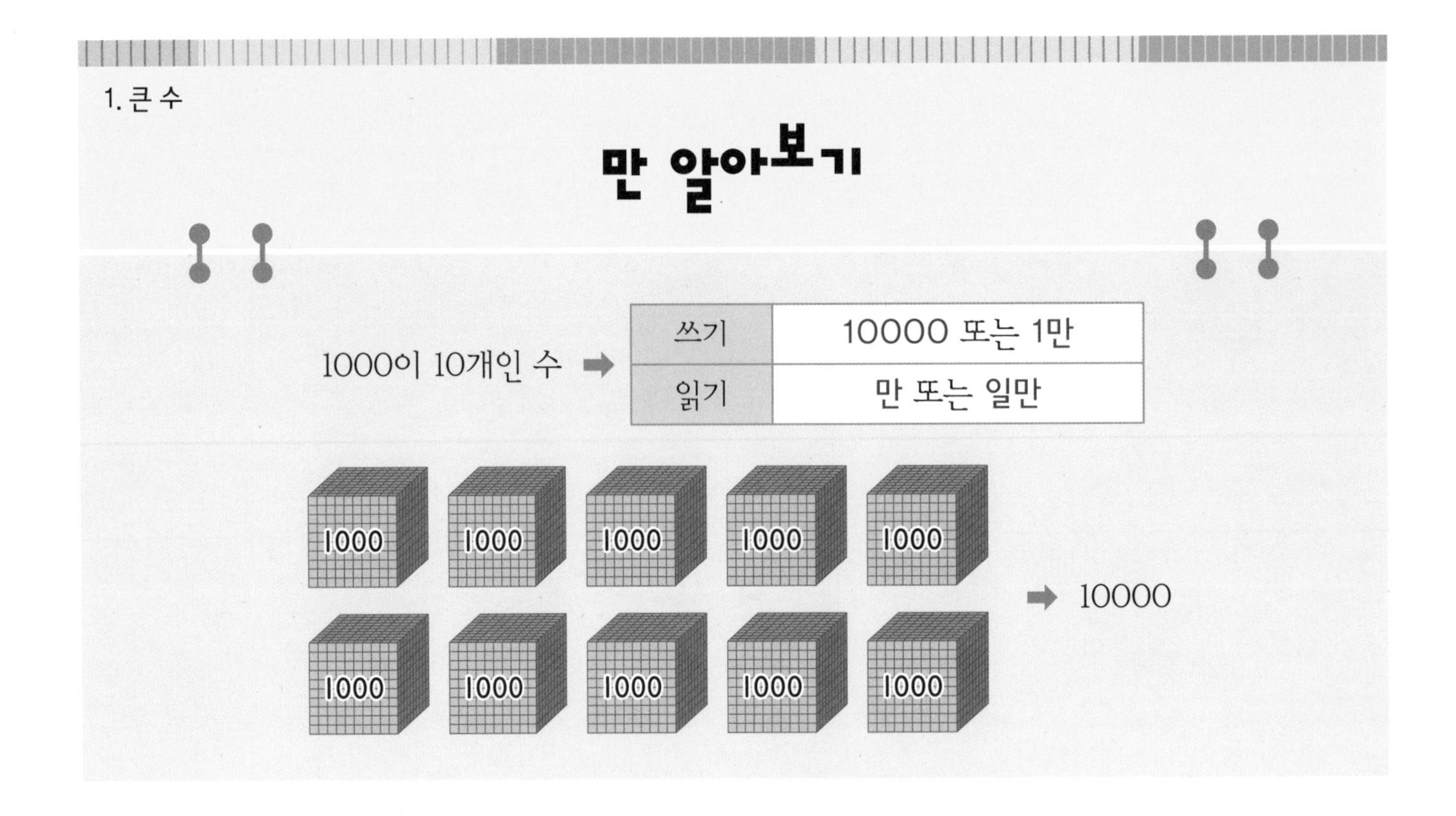

1000이 10개인 수 ➡

쓰기	10000 또는 1만
읽기	만 또는 일만

1 그림을 보고 □ 안에 알맞은 수를 써넣으세요.

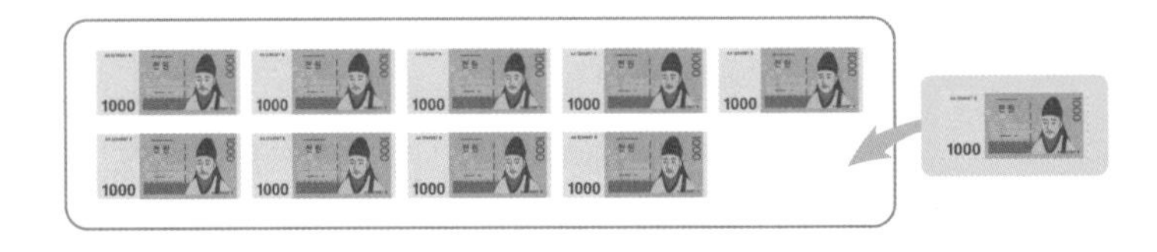

❶ 9000보다 1000만큼 더 큰 수는 □입니다.

❷ 10000은 1000이 □개인 수입니다.

2 수직선을 보고 □ 안에 알맞은 수를 써넣으세요.

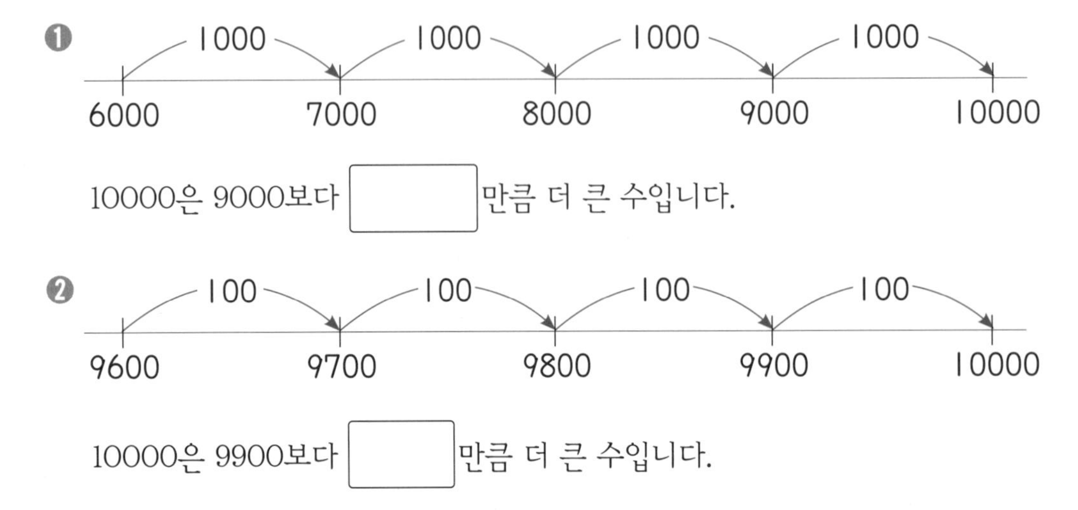

❶ 10000은 9000보다 □만큼 더 큰 수입니다.

❷ 10000은 9900보다 □만큼 더 큰 수입니다.

3 빈칸에 알맞은 수를 써넣으세요.

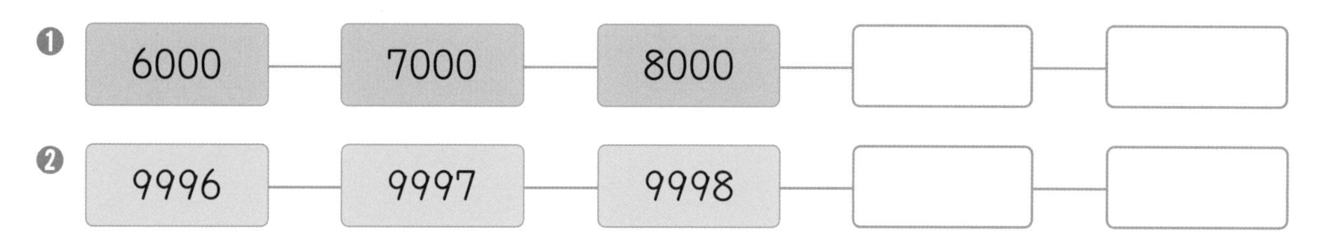

4 1000원, 100원, 10원 중 한 종류만 사용하여 10000원을 나타내어 보세요.

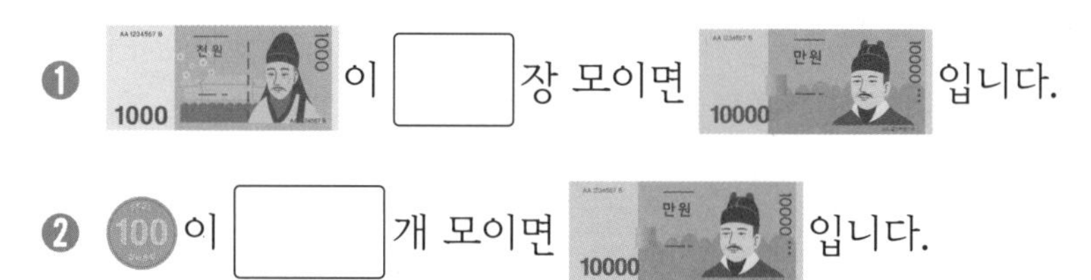

❶
이
장 모이면
입니다.
❷
100
이
개 모이면
입니다.

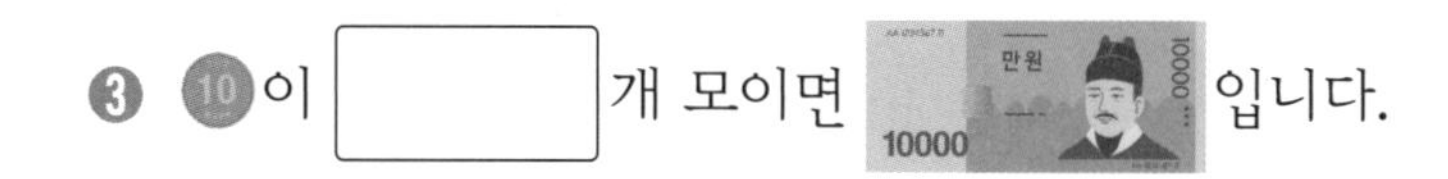

5 다음 중 옳은 것을 찾아 기호를 써 보세요.

㉠ 10이 100개이면 10000입니다.

㉡ 1000은 만이라고 읽습니다.

㉢ 9999보다 1만큼 더 큰 수는 10000입니다.

(　　　　　　　　)

6 두 사람이 가진 돈에 얼마를 더하면 10000원이 되는지 구해 보세요.

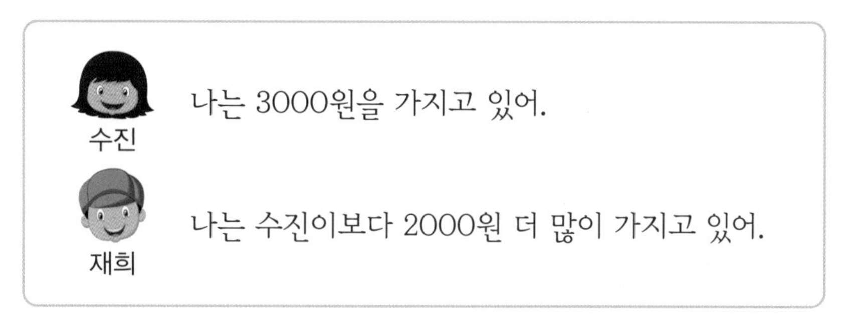

수진
나는 3000원을 가지고 있어.
재희
나는 수진이보다 2000원 더 많이 가지고 있어.

(　　　　　　　　)원

다섯 자리 수 알아보기

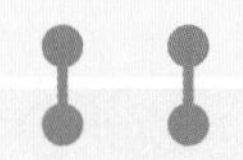

10000이 4개, 1000이 5개, 100이 1개, 10이 8개, 1이 2개인 수를 45182라 쓰고, 사만 오천백팔십이라고 읽습니다.

	만의 자리	천의 자리	백의 자리	십의 자리	일의 자리
숫자	4	5	1	8	2
나타내는 값	40000	5000	100	80	2

45182=40000+5000+100+80+2

1 □ 안에 알맞은 수를 써넣으세요.

10000이 □개, 1000이 2개, 100이 □개, 10이 7개, 1이 4개인 수를 62374라 쓰고, 육만 이천삼백칠십사라고 읽습니다.

2 각 자리 숫자 3, 4, 5, 6, 7은 각각 얼마를 나타내는지 알아보고, □ 안에 알맞은 수를 써넣으세요.

	만의 자리	천의 자리	백의 자리	십의 자리	일의 자리
숫자	3	4	5	6	7
나타내는 값	□	4000	□	□	7

34567=□+4000+□+□+7

3 빈칸에 알맞은 수나 말을 써 보세요.

	이만 팔천오백삼십칠

54239	

4 □ 안에 알맞은 수를 써넣으세요.

만의 자리	천의 자리	백의 자리	십의 자리	일의 자리
4	9	3	2	5

⬇

49325=40000+□+300+□+5

5 보기 와 같이 각 자리의 숫자가 나타내는 값의 합으로 나타내어 보세요.

> 보기
> 25948=20000+5000+900+40+8

30716=□+□+□+□

6 돈이 모두 얼마인지 써 보세요.

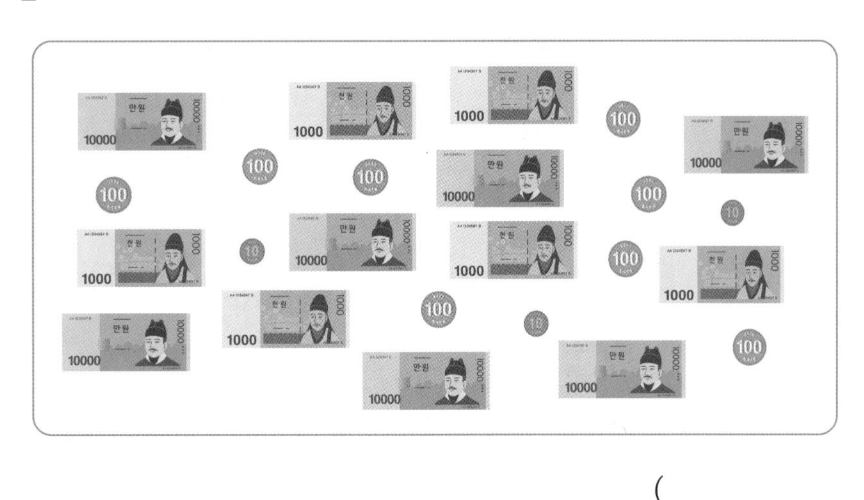

( )원

7 수 카드를 한 번씩만 사용하여 일의 자리 숫자가 짝수인 다섯 자리 수를 만들어 보세요.

4 9 3 6 5

( )

십만, 백만, 천만 알아보기

10000이 1234개이면 12340000 또는 1234만이라 쓰고, 천이백삼십사만이라고 읽습니다.

1	2	3	4	0	0	0	0
천	백	십	일	천	백	십	일
			만				일

일의 자리부터
네 자리씩 끊어 읽어요.

$$12340000=10000000+2000000+300000+40000$$

1 같은 수끼리 선으로 이어 보세요.

10000이 10개인 수 •	• 100만
10000이 1000개인 수 •	• 10만
10000이 100개인 수 •	• 1000만

2 빈칸에 알맞은 수나 말을 써 보세요.

☐	삼십팔만

63720000	☐

3 83250000을 보고 □ 안에 알맞은 수를 써넣으세요.

8	3	2	5	0	0	0	0
천	백	십	일	천	백	십	일
			만				일

83250000=80000000+☐+☐+☐

4 보기 와 같이 나타내어 보세요.

> 보기 57342561 ┌ 5734만 2561
> └ 오천칠백삼십사만 이천오백육십일

❶ 86396372 ┌ ________________
└ ________________

❷ 59034809 ┌ ________________
└ ________________

5 설명하는 수를 쓰고 읽어 보세요.

> 만이 1009개, 일이 774개인 수

쓰기 (   ), 읽기 (   )

6 수를 보고 물음에 답하세요.

> ㉠ $\underline{6}741508$　　㉡ $14\underline{6}89250$
> ㉢ $\underline{6}3190452$　　㉣ $517\underline{6}3498$

❶ 백만의 자리 숫자가 1인 수를 찾아 기호를 써 보세요.

(   )

❷ 숫자 6이 나타내는 값이 가장 큰 수를 찾아 기호를 써 보세요.

(   )

억 알아보기

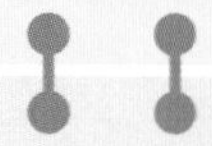

- 1000만이 10개인 수를 100000000 또는 1억이라 쓰고, 억 또는 일억이라고 읽습니다.
- 1억이 2345개인 수를 234500000000 또는 2345억이라 쓰고, 이천삼백사십오억이라고 읽습니다.

2	3	4	5	0	0	0	0	0	0	0	0
천	백	십	일	천	백	십	일	천	백	십	일
			억				만				일

$234500000000=200000000000+30000000000+4000000000+500000000$

1 □ 안에 알맞은 수를 써넣으세요.

1억은 9000만보다 □ 만큼 더 큰 수이고,

9900만보다 □ 만큼 더 큰 수입니다.

2 725400000000을 보고 □ 안에 알맞은 수를 써넣으세요.

7	2	5	4	0	0	0	0	0	0	0	0
천	백	십	일	천	백	십	일	천	백	십	일
			억				만				일

$725400000000=\square+20000000000$

$+\square+400000000$

3 빈칸에 알맞은 수를 써넣으세요.

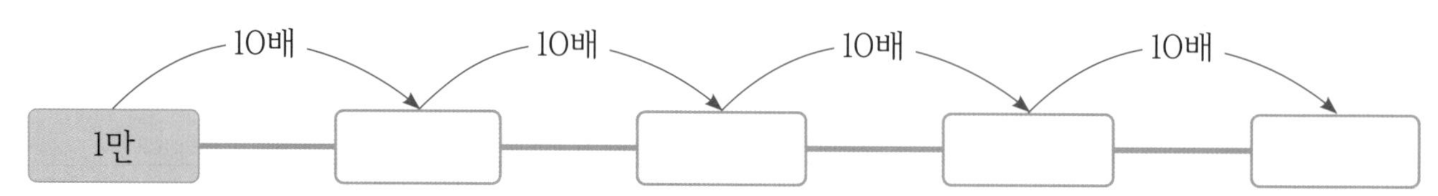

4 빈칸에 알맞은 수나 말을 써넣으세요.

	삼억 육천구백칠십오만
110290000000	

5 설명하는 수를 쓰고 읽어 보세요.

억이 254개, 만이 1462개, 일이 4067개인 수

쓰기 (　　　　　　　　　　)

읽기 (　　　　　　　　　　)

6 보기와 같이 나타내어 보세요.

보기 542100000000 ➡ 5421억

❶ 720900000000 ➡ ________________

❷ 93000000000 ➡ ________________

7 ㉠과 ㉡이 나타내는 값을 각각 구해 보세요.

29879420215
(㉠: 첫 번째 9, ㉡: 두 번째 9)

㉠ (　　　　　　　　), ㉡ (　　　　　　　　)

조 알아보기

• 1000억이 10개인 수를 1000000000000 또는 1조라 쓰고,
조 또는 일조라고 읽습니다.

• 1조가 5678개인 수를 5678000000000000 또는 5678조라 쓰고,
오천육백칠십팔조라고 읽습니다.

5	6	7	8	0	0	0	0	0	0	0	0	0	0	0	0
천	백	십	일	천	백	십	일	천	백	십	일	천	백	십	일
			조				억				만				일

5678000000000000=5000000000000000+600000000000000
+70000000000000+8000000000000

1 □ 안에 알맞은 수를 써넣으세요.

1조는 9990억보다 □만큼 더 큰 수이고,

9999억보다 □만큼 더 큰 수입니다.

2 □ 안에 알맞은 수를 써넣으세요.

2953000000000000															
□	□	□	□	0	0	0	0	0	0	0	0	0	0	0	0
천	백	십	일	천	백	십	일	천	백	십	일	천	백	십	일
			조				억				만				일

2953000000000000=□+900000000000000
+□+□

3 빈칸에 알맞은 수를 써넣으세요.

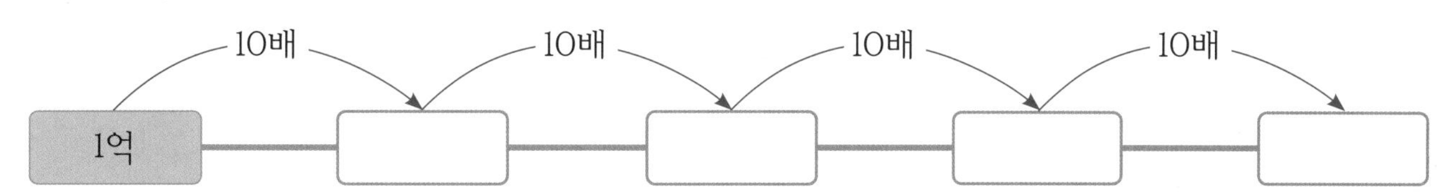

4 빈칸에 알맞은 수나 말을 써넣으세요.

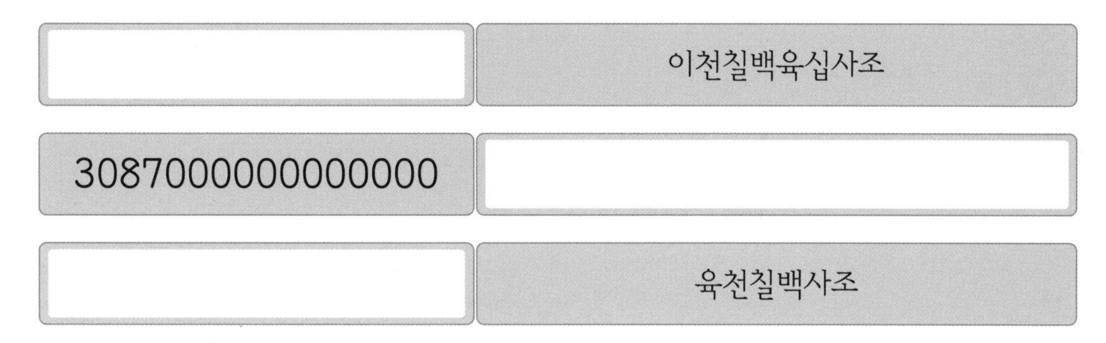

이천칠백육십사조
3087000000000000
육천칠백사조

5 설명하는 수를 쓰고 읽어 보세요.

조가 61개, 억이 3524개인 수

쓰기 ( )

읽기 ( )

6 보기와 같이 나타내어 보세요.

보기 827508421054114 ➡ 827조 5084억 2105만 4114

❶ 921040751423348 ➡ ________

❷ 7256197475810 81 ➡ ________

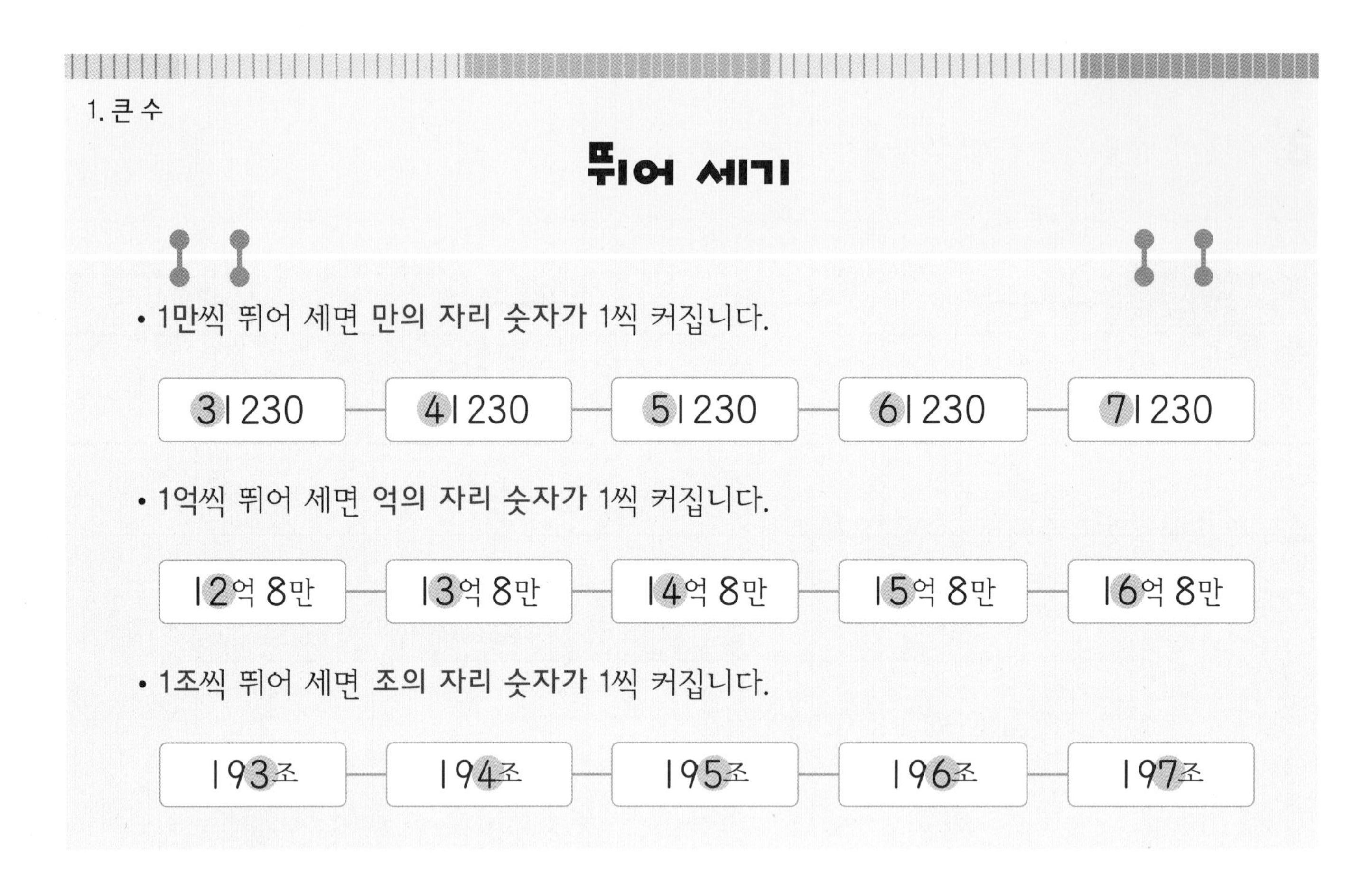

뛰어 세기

- 1만씩 뛰어 세면 만의 자리 숫자가 1씩 커집니다.

31230 — 41230 — 51230 — 61230 — 71230

- 1억씩 뛰어 세면 억의 자리 숫자가 1씩 커집니다.

12억 8만 — 13억 8만 — 14억 8만 — 15억 8만 — 16억 8만

- 1조씩 뛰어 세면 조의 자리 숫자가 1씩 커집니다.

193조 — 194조 — 195조 — 196조 — 197조

1 뛰어 세기를 한 것입니다. 빈칸에 알맞은 수나 말을 써넣으세요.

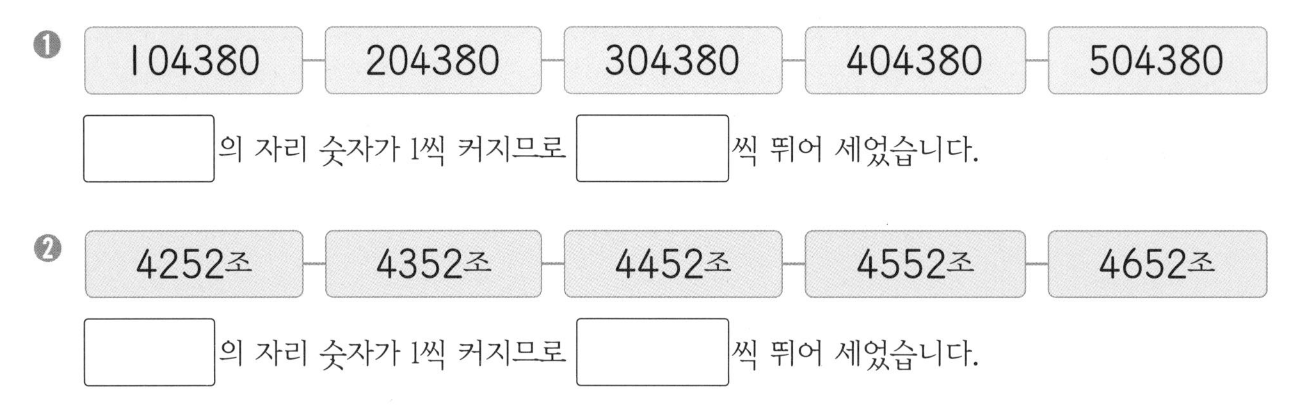

❶ 104380 — 204380 — 304380 — 404380 — 504380

☐의 자리 숫자가 1씩 커지므로 ☐씩 뛰어 세었습니다.

❷ 4252조 — 4352조 — 4452조 — 4552조 — 4652조

☐의 자리 숫자가 1씩 커지므로 ☐씩 뛰어 세었습니다.

2 주어진 수만큼 뛰어 세어 빈칸에 알맞은 수를 써넣으세요.

❶ 10000씩 뛰어 세기

718000 — 728000 — 738000 — ☐ — ☐

❷ 1억씩 뛰어 세기

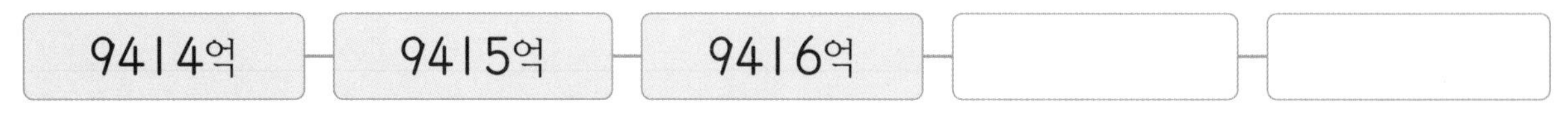

9414억 — 9415억 — 9416억 — ☐ — ☐

3 뛰어 세기를 하여 빈 곳에 알맞은 수를 써넣으세요.

❶

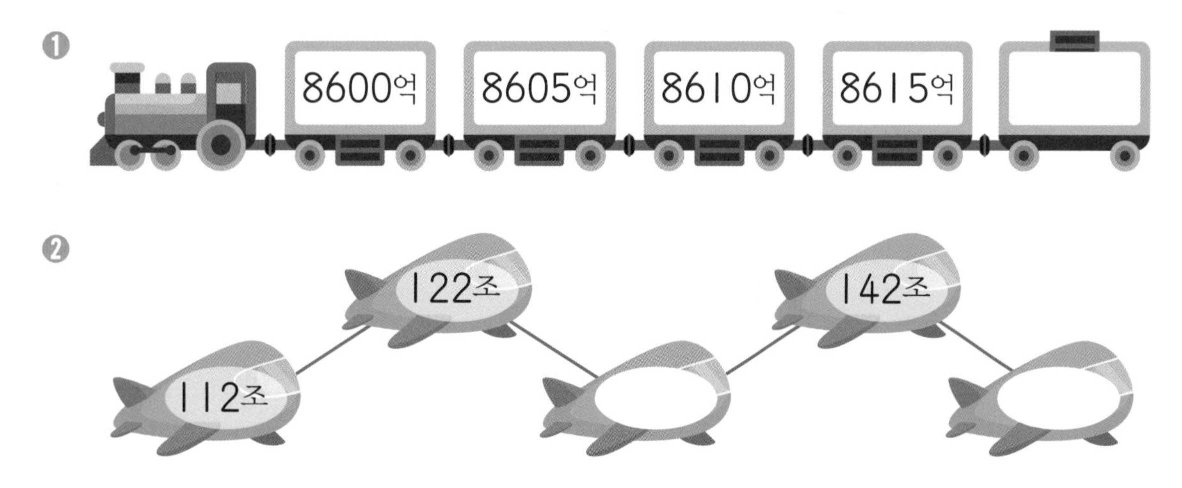

❷

4 뛰어 세기를 하였습니다. 알맞은 말에 ○표 하고, ★에 알맞은 수를 구해 보세요.

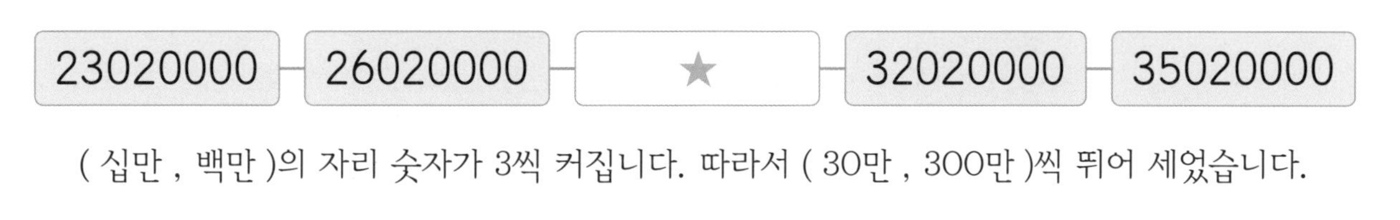

(십만 , 백만)의 자리 숫자가 3씩 커집니다. 따라서 (30만 , 300만)씩 뛰어 세었습니다.

( )

5 어떤 수 ♥에서 100억씩 4번 뛰어 세었더니 7920억이 되었습니다. ♥에 알맞은 수를 구해 보세요.

( )

6 동규네 가족은 여행을 가기 위하여 매달 십만 원씩 저금을 하려고 합니다. 100만 원을 모으려면 몇 개월이 걸리나요?

( )개월

수의 크기 비교하기

❶ 자리 수가 같은지 다른지 비교해 봅니다.

❷ 자리 수가 다르면 자리 수가 많은 쪽이 더 큽니다. 132547896 (9자리 수) > 2468730 (7자리 수)

❸ 자리 수가 같으면 높은 자리 숫자가 클수록 큰 수입니다. 526987 < 592124 (2<9)

1 두 수를 □ 안에 써넣고 크기를 비교하여 ○ 안에 >, =, <를 알맞게 써넣으세요.

❶

4	0	0	0	0
	7	0	0	0
		9	0	0
			5	0

4	0	0	0	0	0
	3	0	0	0	0
		1	0	0	0
			6	0	0

□  

❷

1	0	0	0	0	0
	7	0	0	0	0
		4	0	0	0
			5	0	0
				6	0

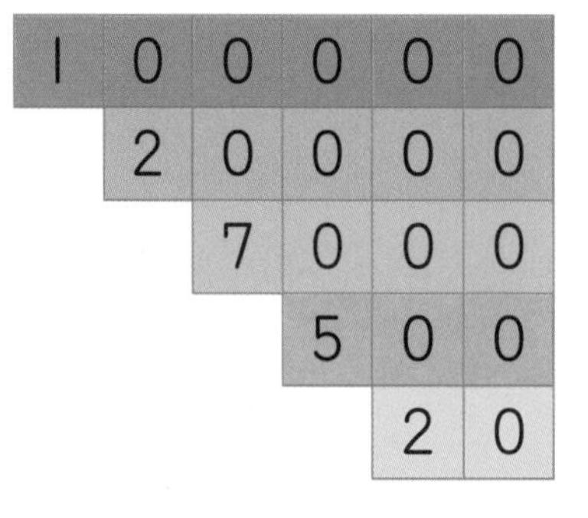

1	0	0	0	0	0
	2	0	0	0	0
		7	0	0	0
			5	0	0
				2	0

□  □

2 두 수의 크기를 비교하여 ○ 안에 >, =, <를 알맞게 써넣으세요.

❶  1462000 ○ 574652

❷ 67845000 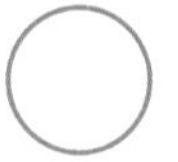 68261200

3 더 큰 수에 ○표 하세요.

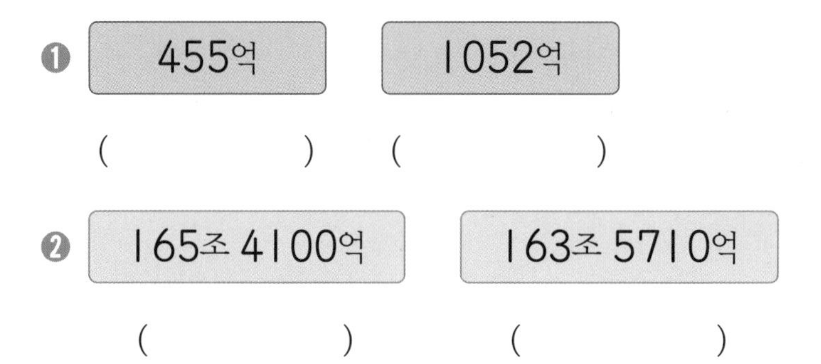

( ) ( )

4 수직선에 나타낸 수들을 큰 수부터 순서대로 써 보세요.

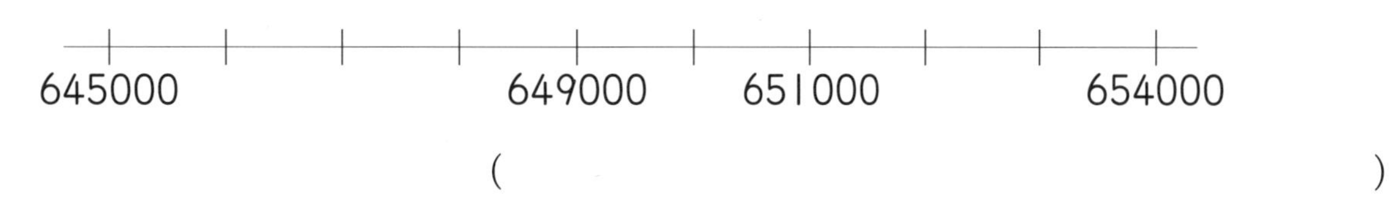

( )

5 다음을 보고 큰 수부터 순서대로 기호를 써 보세요.

( )

6 인구가 많은 나라부터 순서대로 써 보세요.

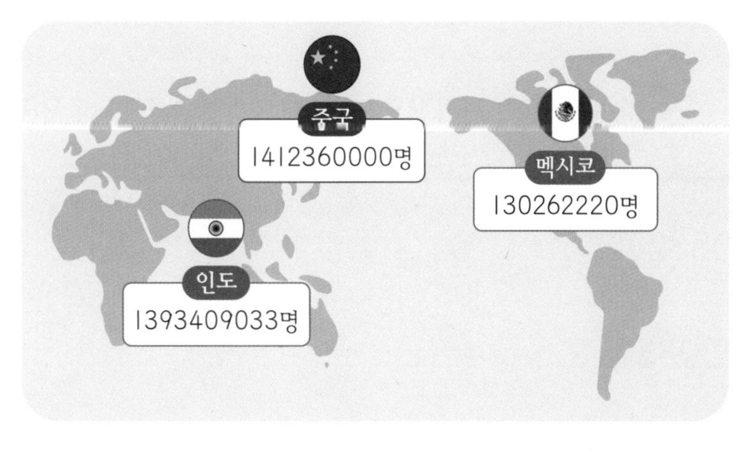

[출처: 통계청, 2021]

( )

연습 문제

[1~3] 수로 나타내어 보세요.

1 이천오백육십삼만 ➡ (   )

2 삼백오억 십구만 이천오백 ➡ (   )

3 천오십조 구억 사천오백 ➡ (   )

[4~6] 보기 와 같이 나타내어 보세요.

보기
1326500=1000000+300000+20000+6000+500

4 451250=☐+50000+1000+☐+☐

5 387160000=☐+80000000+☐+100000+60000

6 5132400000000=5000000000000+☐+30000000000
+☐+400000000

[7~9] 보기 와 같이 나타내어 보세요.

보기
8047513514 ➡ 80억 4751만 3514

7 9482058271 ➡ (   )

8 5197125053412 ➡ (   )

9 1082049305808291 ➡ (   )

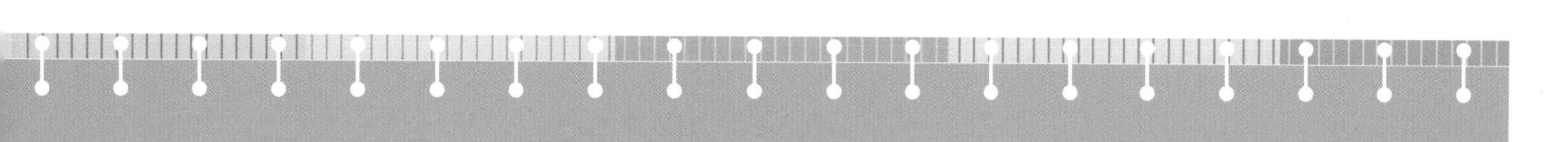

[10~12] □ 안에 알맞은 수나 말을 써넣으세요.

10 35420

➡ 3은 □의 자리 숫자이고, 3이 나타내는 값은 □입니다.

11 6571530000

➡ 6은 □의 자리 숫자이고, 6이 나타내는 값은 □입니다.

12 9714515360711

➡ 9는 □의 자리 숫자이고, 9가 나타내는 값은 □입니다.

[13~15] 뛰어 세기를 하여 빈 곳에 알맞은 수를 써넣으세요.

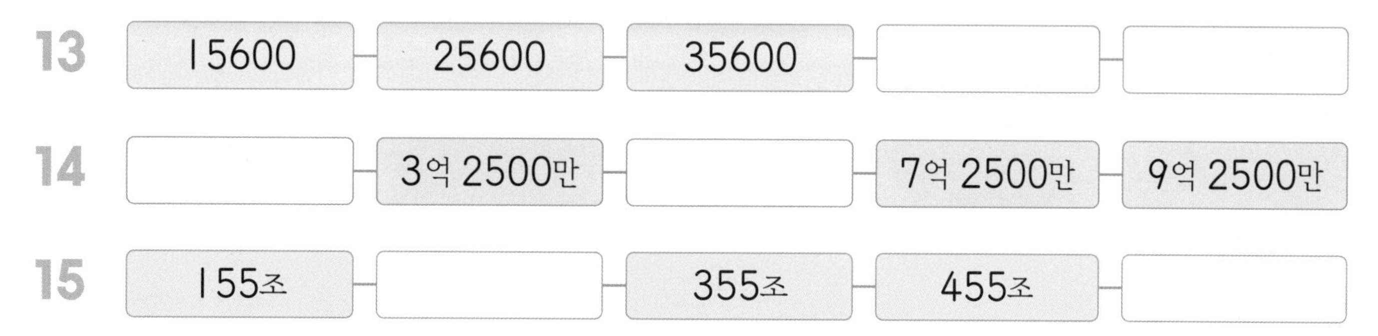

[16~18] 두 수의 크기를 비교하여 ○ 안에 >, =, <를 알맞게 써넣으세요.

16 12623000 ○ 12610000

17 812790060000 ○ 812792030000

18 36억 4032만 ○ 31억 7465만

단원 평가

1 □ 안에 알맞은 수를 써넣으세요.

1000이 10개인 수는 ☐ 또는 1만이라 쓰고, ☐ 또는 ☐이라고 읽습니다.

2 빈칸에 알맞은 수를 써넣으세요.

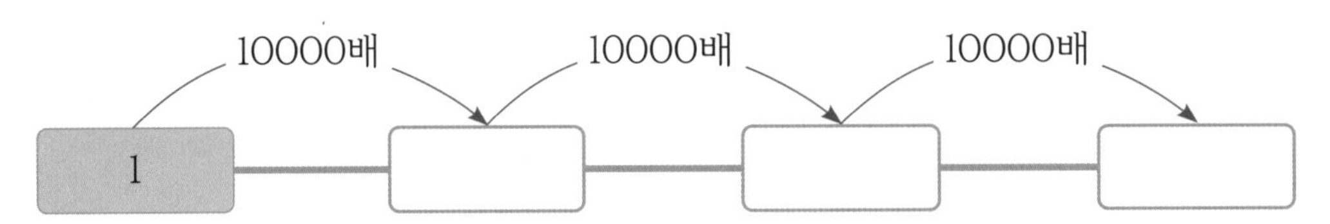

3 빈칸에 알맞은 수나 말을 써넣으세요.

	삼십오억 육천팔백만
1023081002010	

4 설명하는 수를 써 보세요.

조가 15개, 억이 8900개인 수

( )

5 숫자 6이 나타내는 값은 얼마인지 써 보세요.

❶ 24<u>6</u>81390 ➡ ( )

❷ <u>6</u>108320000 ➡ ( )

6 뛰어 세기를 하여 빈 곳에 알맞은 수를 써넣으세요.

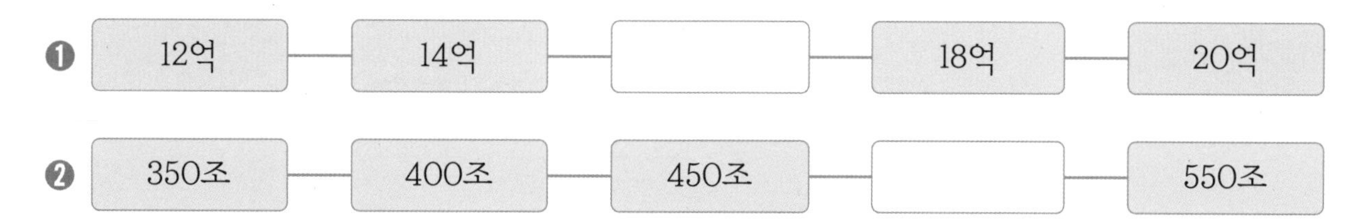

7 두 수의 크기를 비교하여 ○ 안에 >, =, <를 알맞게 써넣으세요.

985억 7560만 ○ 98571200000

8 놀이공원의 입장료가 다음과 같을 때 어른 1명, 어린이 5명이 입장하려면 얼마를 내야 하는지 구해 보세요.

	입장료
어른	20000원
어린이	10000원

( )원

9 일조의 자리 숫자가 가장 큰 것을 찾아 기호를 써 보세요.

㉠ 6547895000000
㉡ 78456300000000
㉢ 1239456000000

( )

10 브라질의 인구는 213993441명이고, 캐나다의 인구는 3824608명입니다. 두 나라의 인구수를 비교하여 인구가 더 많은 나라의 이름을 써 보세요.

[출처: 통계청, 2021]

( )

실력 키우기

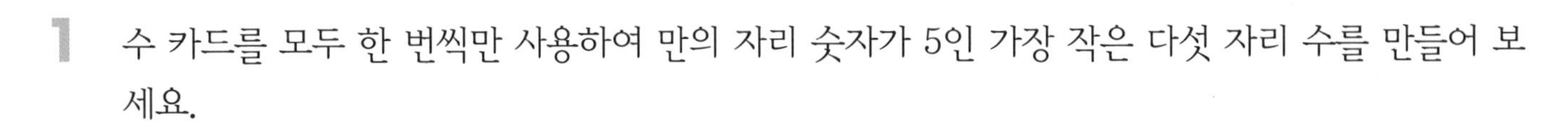

1 수 카드를 모두 한 번씩만 사용하여 만의 자리 숫자가 5인 가장 작은 다섯 자리 수를 만들어 보세요.

3	0	2	6	5

( )

2 수 카드를 모두 한 번씩만 사용하여 백만의 자리 숫자가 6인 가장 큰 일곱 자리 수를 만들어 쓰고 읽어 보세요.

5	7	9	6	3	0	1

쓰기 ( )

읽기 ( )

3 0부터 9까지의 수 중에서 □ 안에 들어갈 수 있는 숫자는 모두 몇 개인지 구해 보세요.

$$12\square3723500 < 1245820556$$

( )개

4 0부터 9까지의 수 중에서 □ 안에 들어갈 수 있는 숫자는 모두 몇 개인지 구해 보세요.

$$54378260 < 543\square7690$$

( )개

2. 각도

- 각의 크기 비교하기
- 각의 크기 재기
- 각 그리는 방법 알아보기
- 직각보다 작은 각과 큰 각 알아보기
- 각도 어림하기
- 각도의 합과 차 구하기
- 삼각형의 세 각의 크기의 합 알아보기
- 사각형의 네 각의 크기의 합 알아보기

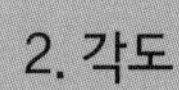

각의 크기 비교하기

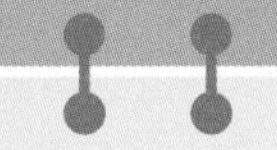

각의 크기는 두 변이 벌어진 정도로 비교할 수 있습니다.

➡ (민호가 만든 각) < (영주가 만든 각)

1 벌어진 정도가 더 큰 가위에 ○표 하세요.

( ) ( )

2 벌어진 정도가 가장 큰 부채에 ○표, 가장 작은 부채에 △표 하세요.

( ) ( ) ( )

3 두 각 중에서 더 큰 각을 찾아 기호를 써 보세요.

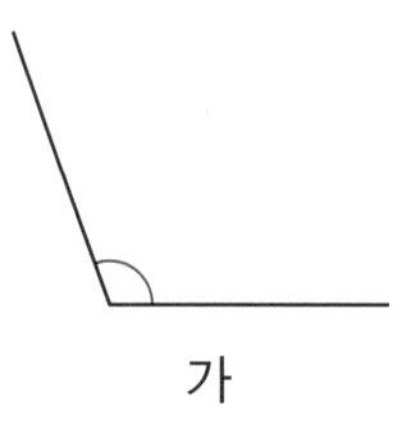

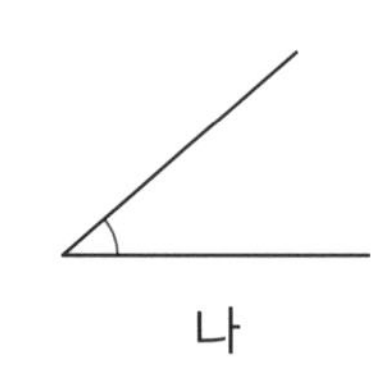

( )

4 각의 크기가 가장 작은 것부터 순서대로 기호를 써 보세요.

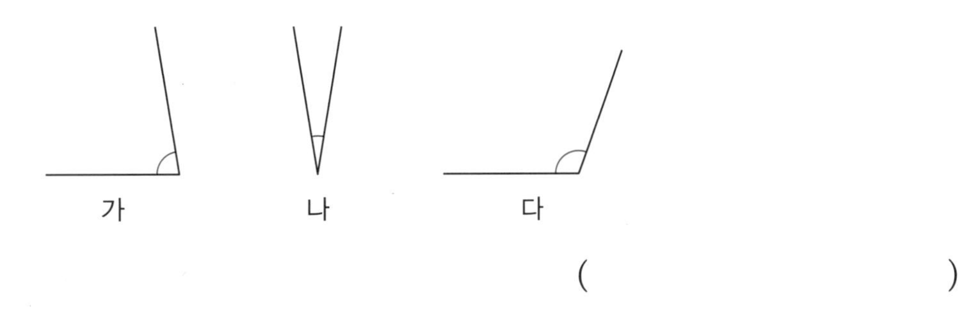

( )

5 보기 보다 큰 각을 찾아 ○표 하세요.

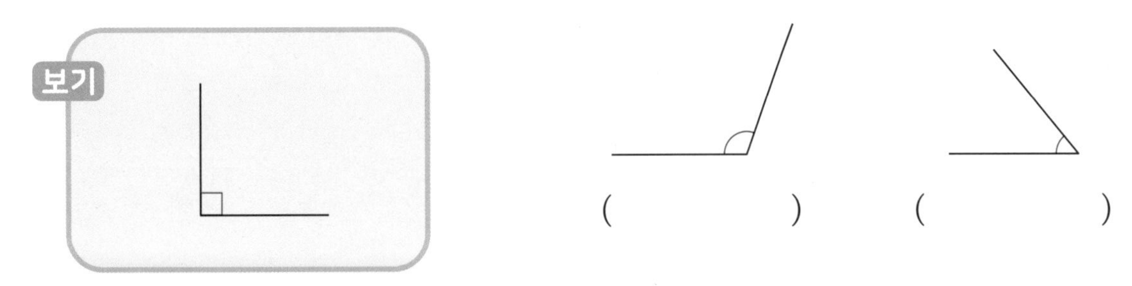

( ) ( )

6 그림을 보고 세 각의 크기를 비교하여 만든 각이 가장 큰 친구부터 순서대로 이름을 써 보세요.

( )

각의 크기 재기

- 각의 크기를 각도라고 합니다.
- 직각을 똑같이 90으로 나눈 것 중 하나를 1도라 하고, 1°라고 씁니다.
- 직각의 크기는 90°입니다.

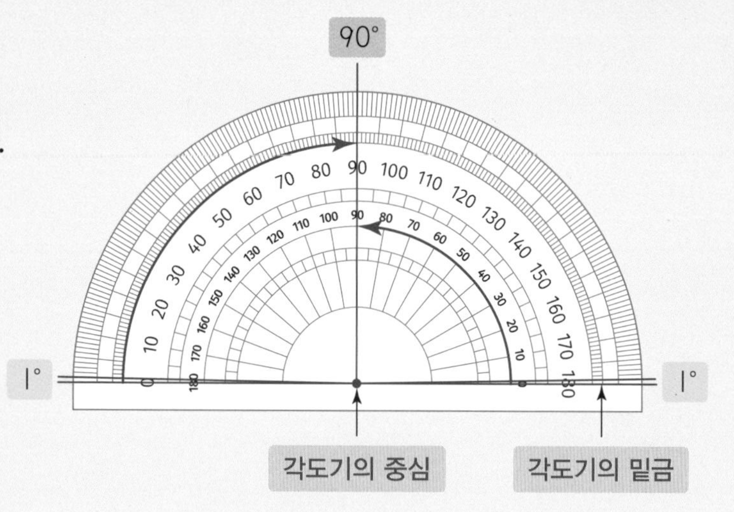

- 각도기를 이용하여 각도 재기

  각도기의 중심을 각의 꼭짓점에 맞추고, 각도기의 밑금을 각의 한 변에 맞춘 뒤 각의 다른 한 변이 만나는 각도기의 눈금을 읽습니다.

1 각도를 구해 보세요.

❶

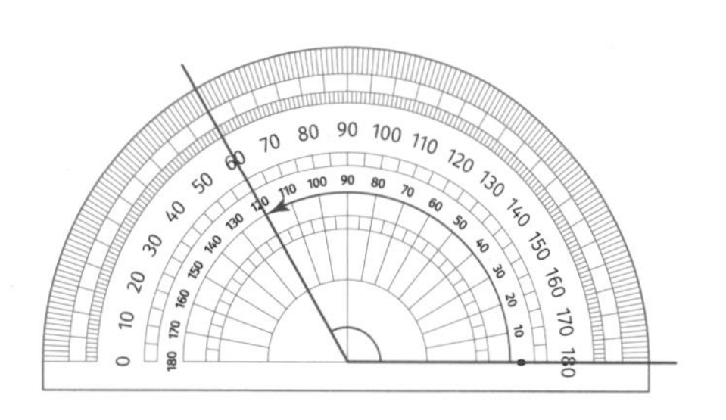

각도기의 안쪽 눈금을 읽으면 □° 입니다.

❷

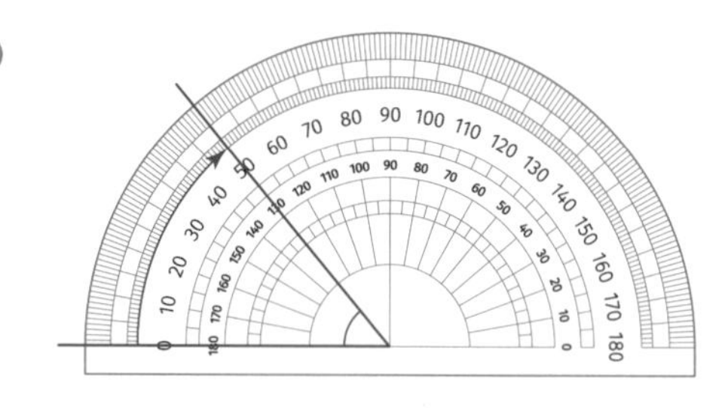

각도기의 바깥쪽 눈금을 읽으면 □° 입니다.

2 각도기의 중심과 밑금을 바르게 맞춘 사람은 누구인가요?

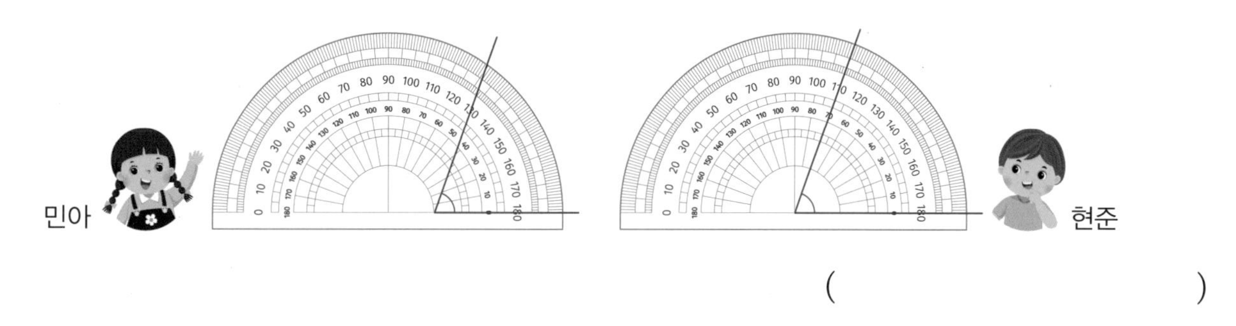

(　　　　　　　　)

3 각도를 읽어 보세요.

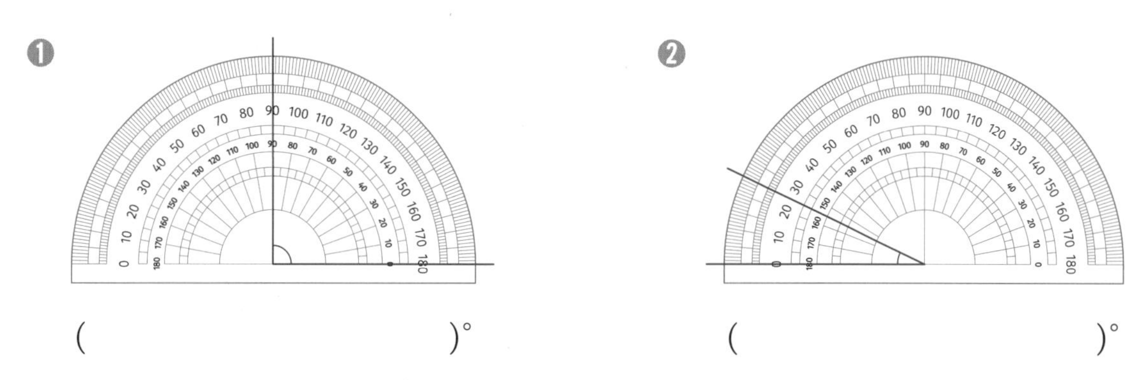

❶ (　　　　　　　　)°　　❷ (　　　　　　　　)°

4 각도기를 이용하여 각도를 재어 보세요.

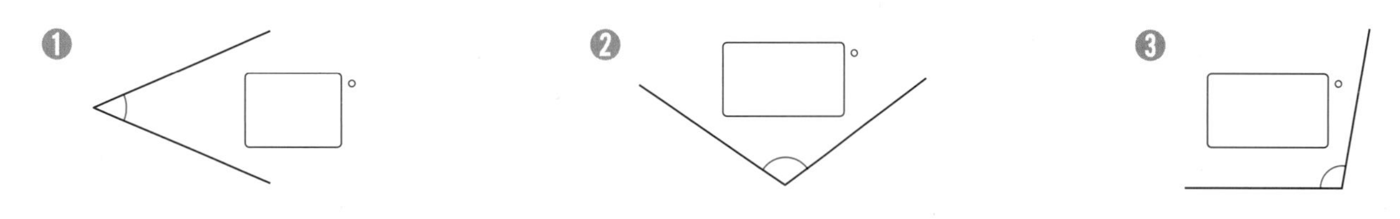

❶ □°　　❷ □°　　❸ □°

5 각도기를 이용하여 각을 재어 보고, 가장 작은 각을 찾아 기호를 써 보세요.

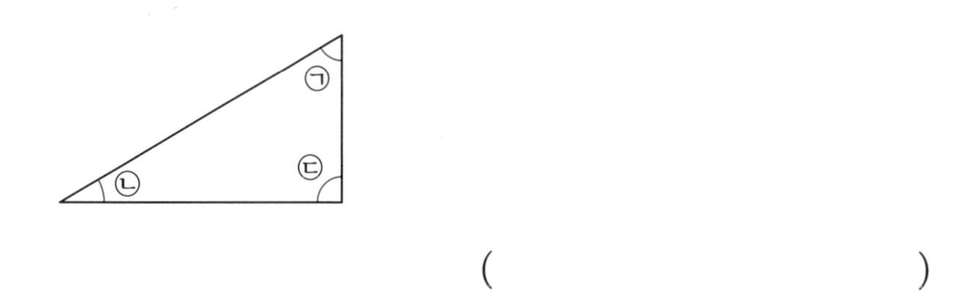

(　　　　　　　　)

각 그리는 방법 알아보기

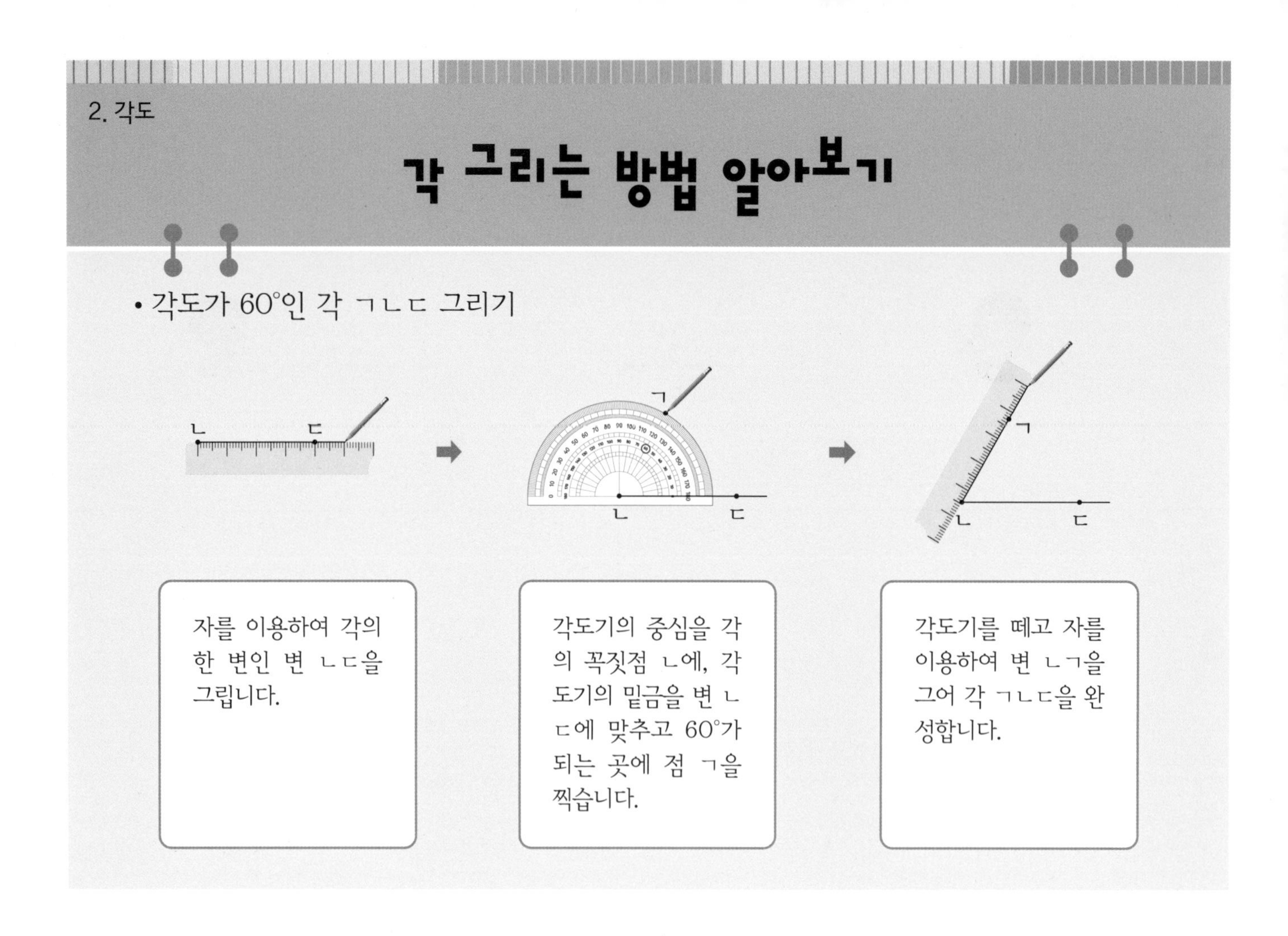
• 각도가 60°인 각 ㄱㄴㄷ 그리기
ㄴ
ㄷ
ㄱ
ㄴ
ㄷ
ㄱ
ㄴ
ㄷ
자를 이용하여 각의 한 변인 변 ㄴㄷ을 그립니다.
각도기의 중심을 각의 꼭짓점 ㄴ에, 각도기의 밑금을 변 ㄴㄷ에 맞추고 60°가 되는 곳에 점 ㄱ을 찍습니다.
각도기를 떼고 자를 이용하여 변 ㄴㄱ을 그어 각 ㄱㄴㄷ을 완성합니다.

1 각도기를 이용하여 각도가 50°인 각을 바르게 그린 것을 찾아 기호를 써 보세요.

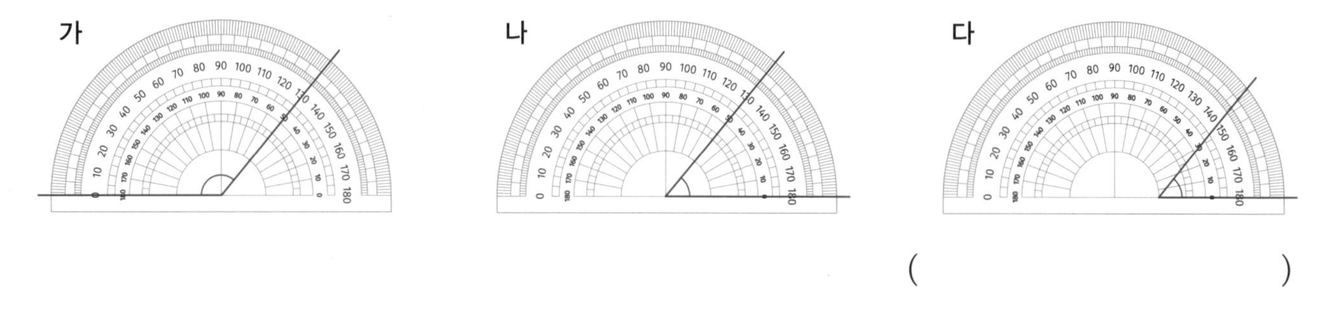
가
나
다

( )

2 각도기를 이용하여 각도가 150°인 각을 그리려고 합니다. 점을 찍어야 하는 곳을 찾아 기호를 써 보세요.

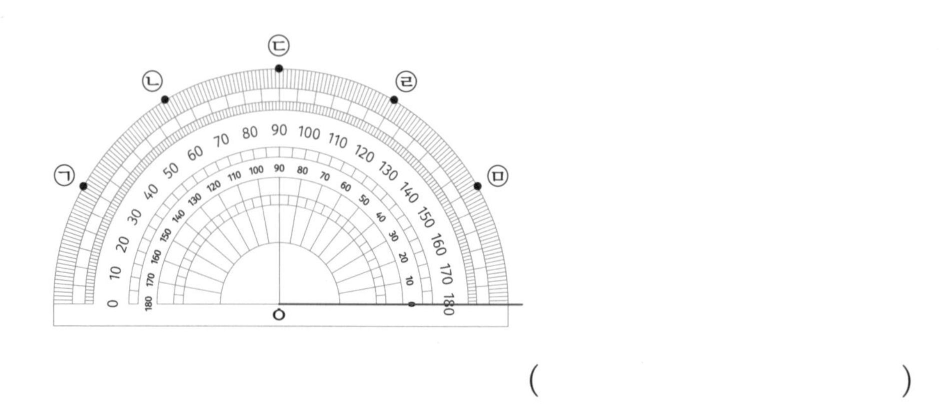
㉠
㉡
㉢
㉣
㉤
ㅇ

( )

3 주어진 각도의 각을 각도기 위에 그려 보세요.

❶ 80° ❷ 125°

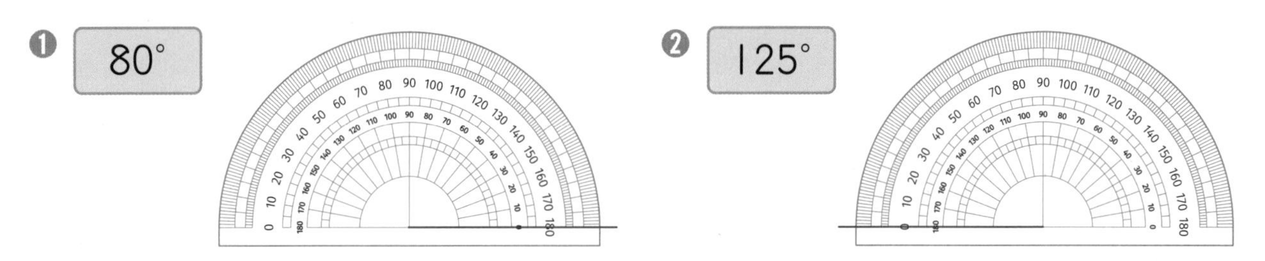

4 각도기와 자를 이용하여 주어진 각도의 각을 그려 보세요.

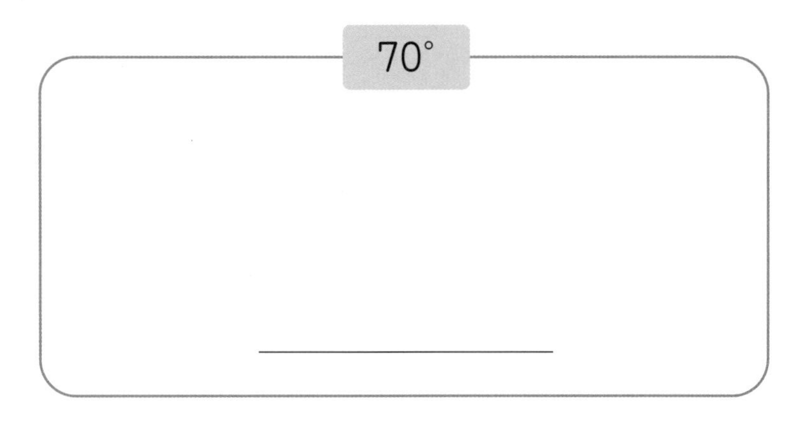

5 점 ㄱ을 꼭짓점으로 하여 주어진 각도의 각을 그려 보세요.

❶ 40° ❷ 145°

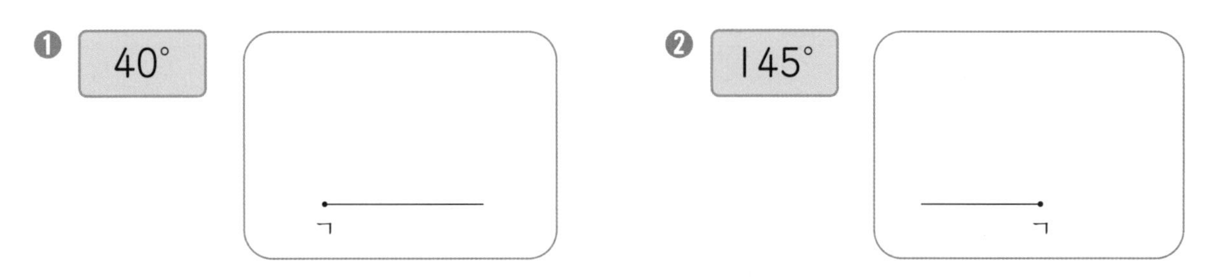

6 주어진 각도와 크기가 같은 각을 그려 보세요.

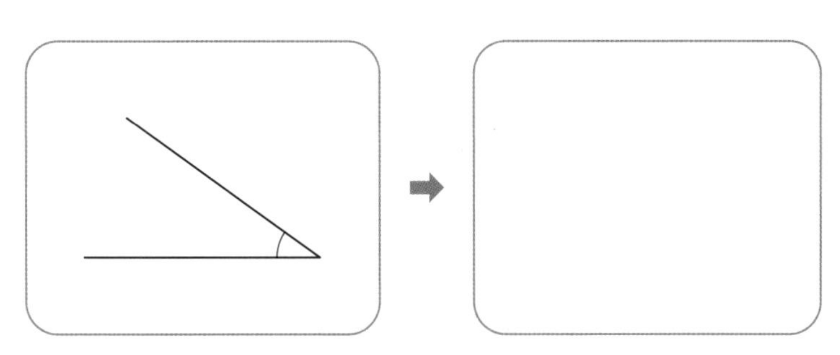

직각보다 작은 각과 큰 각 알아보기

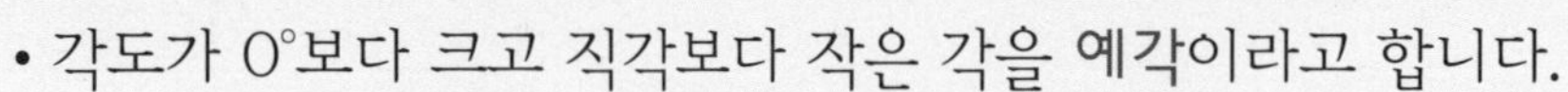

• 각도가 0°보다 크고 직각보다 작은 각을 예각이라고 합니다.

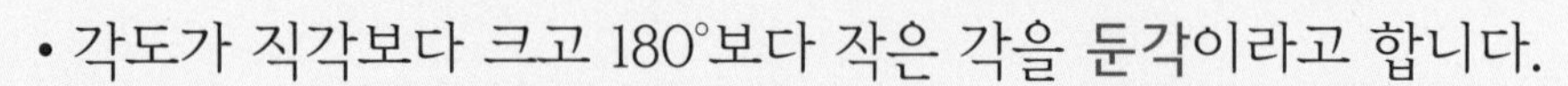

• 각도가 직각보다 크고 180°보다 작은 각을 둔각이라고 합니다.

예각	직각	둔각
0°<(예각)<90°	90°	90°<(둔각)<180°

주의 90°, 180°는 예각도 둔각도 아닙니다.

1 각을 보고 예각과 둔각 중 어느 것인지 □ 안에 알맞은 말을 써넣으세요.

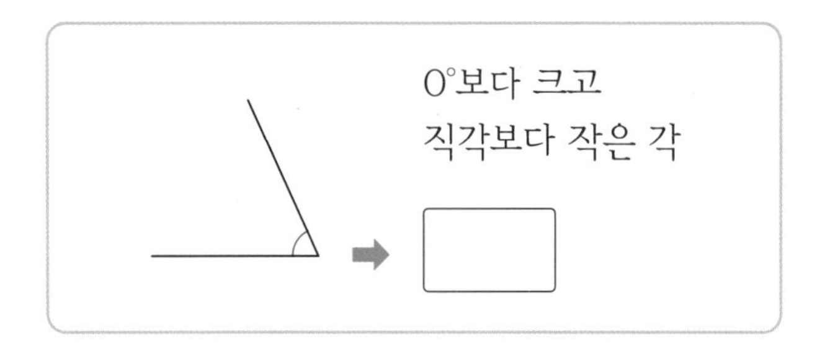

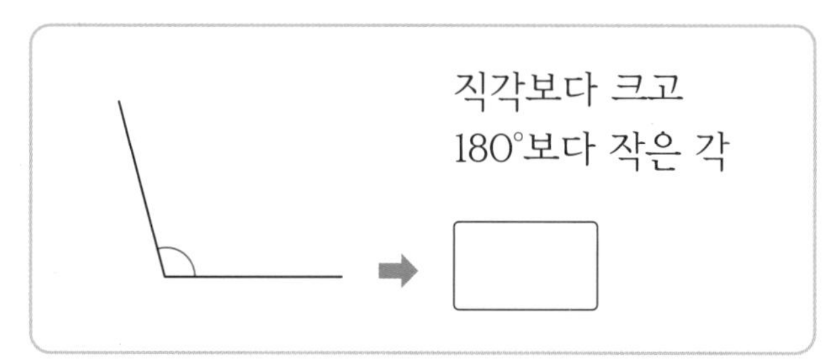

2 예각, 직각, 둔각의 크기를 비교하여 가장 작은 각부터 차례로 써넣으세요.

3 주어진 각이 예각, 둔각 중 어느 것인지 써 보세요.

❶

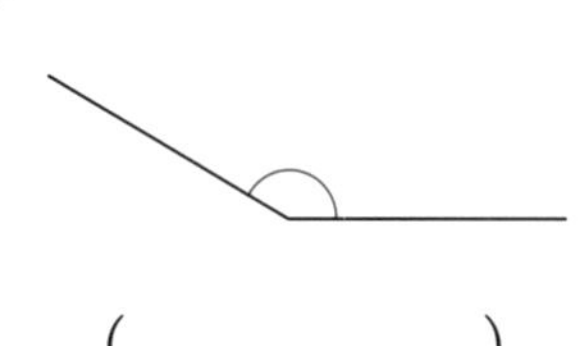

(　　　　)

❷

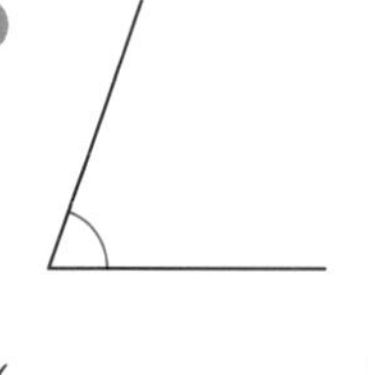

(　　　　)

❸

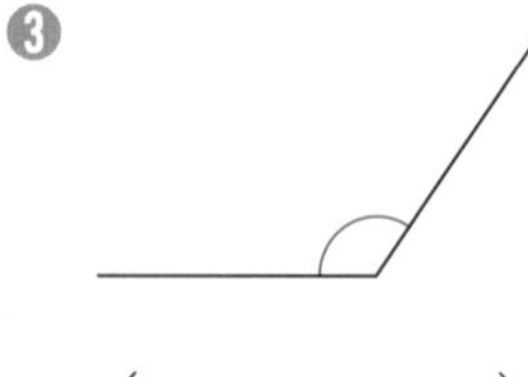

(　　　　)

4 주어진 각을 예각, 직각, 둔각으로 분류하여 기호를 써넣으세요.

㉠ 70°	㉡ 90°	㉢ 160°
㉣ 25°	㉤ 110°	㉥ 45°

예각	직각	둔각

5 시계의 긴바늘과 짧은바늘이 이루는 각이 예각, 직각, 둔각 중 어느 것인지 써 보세요.

❶ ( )

❷ ( )

6 각도기 위의 주어진 선분을 이용하여 예각과 둔각을 그려 보세요.

❶ 예각

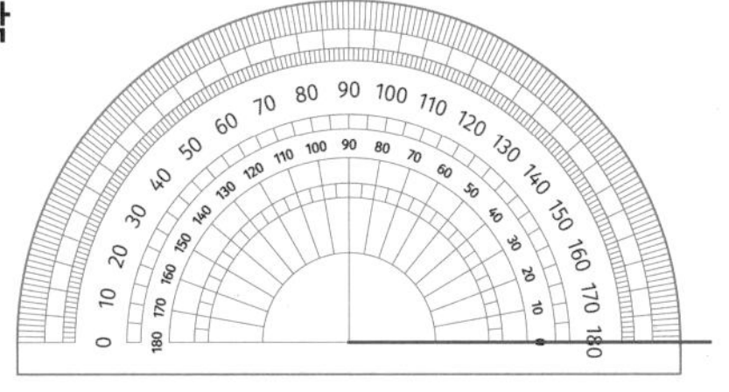

❷ 둔각

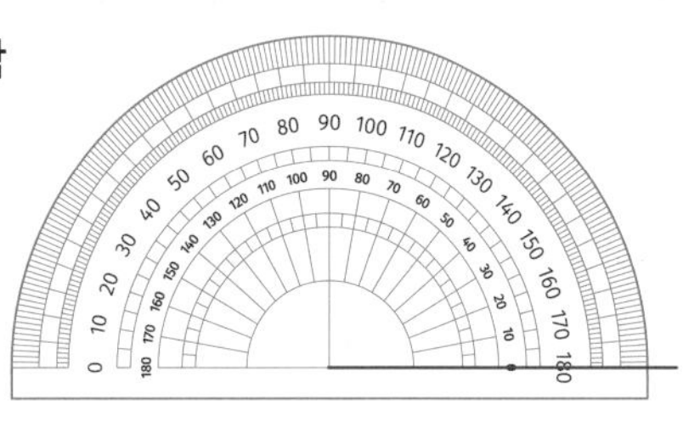

7 점 ㄱ에서 선분을 그어 둔각을 그리려고 합니다. 이어야 하는 점을 찾아 기호를 써 보세요.

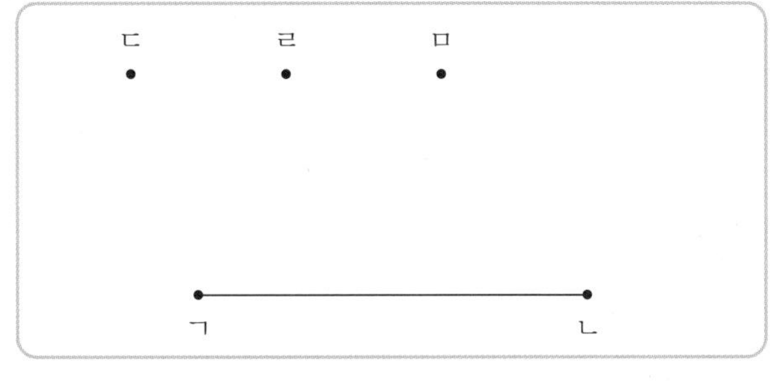

점 ( )

각도 어림하기

- 각도기를 이용하지 않고 어림하기 쉬운 90°, 180°를 기준으로 어림합니다.
- 어림한 각도와 각도기로 잰 각도의 차이가 작을수록 어림을 정확하게 한 것입니다.

1 펼쳐진 책의 각도를 어림하고 각도기로 재어 확인해 보세요.

2 각도를 어림하고 각도기로 재어 확인해 보세요.

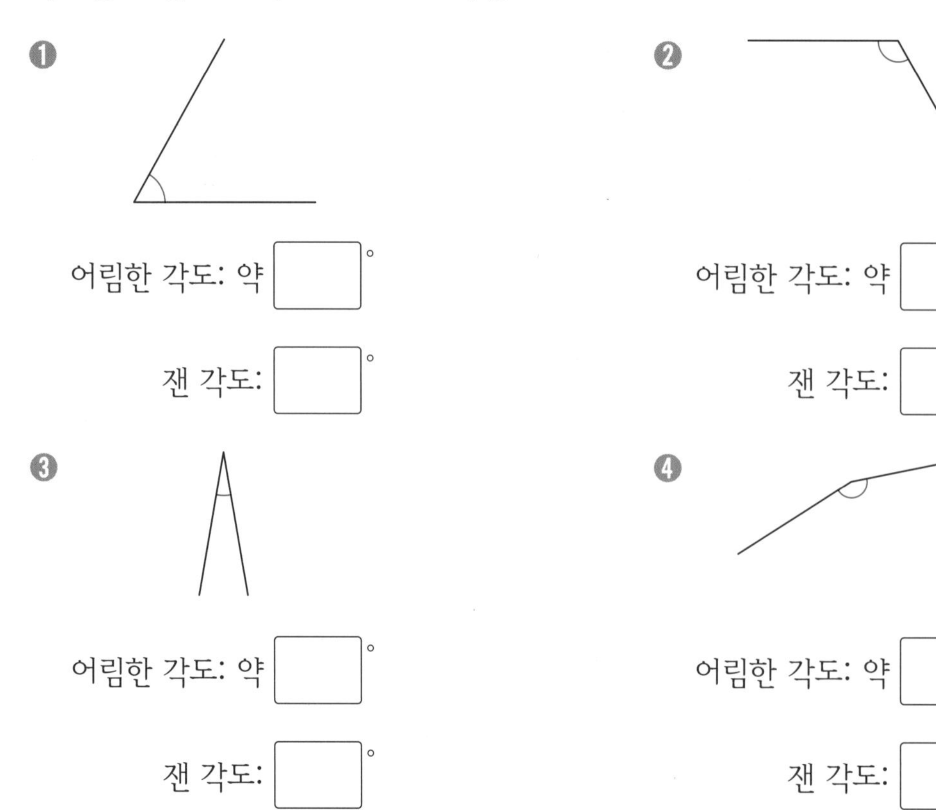

3 자만 이용하여 주어진 각도의 각을 어림하여 그리고, 각도기로 재어 보세요.

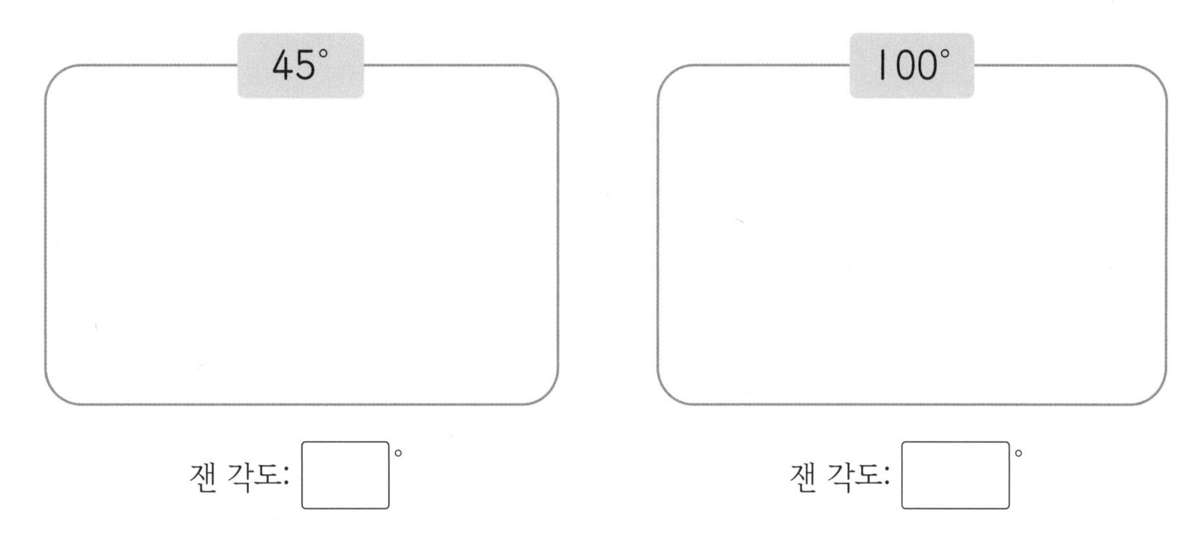
45°
100°

잰 각도: □°　　　　잰 각도: □°

4 두 친구가 각도를 어림하였습니다. 빈칸에 알맞은 수 또는 말을 써넣으세요.

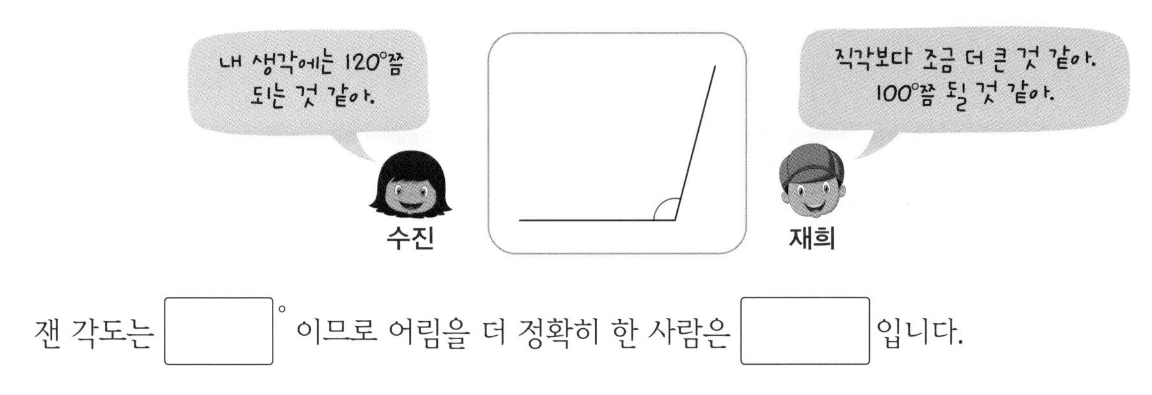
내 생각에는 120°쯤
되는 것 같아.
수진
직각보다 조금 더 큰 것 같아.
100°쯤 될 것 같아.
재희

잰 각도는 □° 이므로 어림을 더 정확히 한 사람은 □ 입니다.

5 삼각자의 각과 비교하여 각도를 어림하고, 각도기로 재어 확인해 보세요.

30°
60°

❶ 어림한 각도: 약 □°

잰 각도: □°

❷ 어림한 각도: 약 □°

잰 각도: □°

각도의 합과 차 구하기

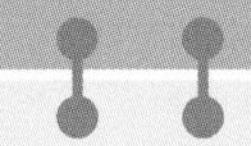

각도의 합과 차는 자연수의 덧셈과 뺄셈과 같은 방법으로 계산합니다.

• 각도의 합

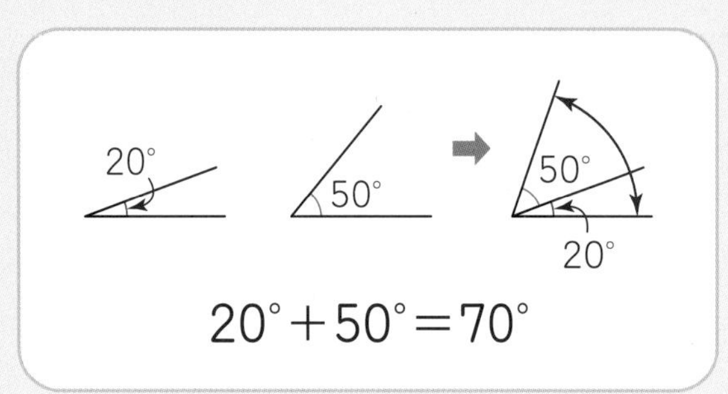

$20° + 50° = 70°$

• 각도의 차

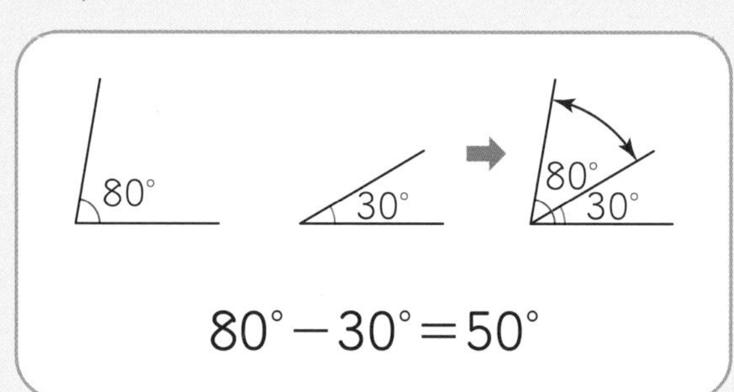

$80° - 30° = 50°$

1 두 각도의 합을 구해 보세요.

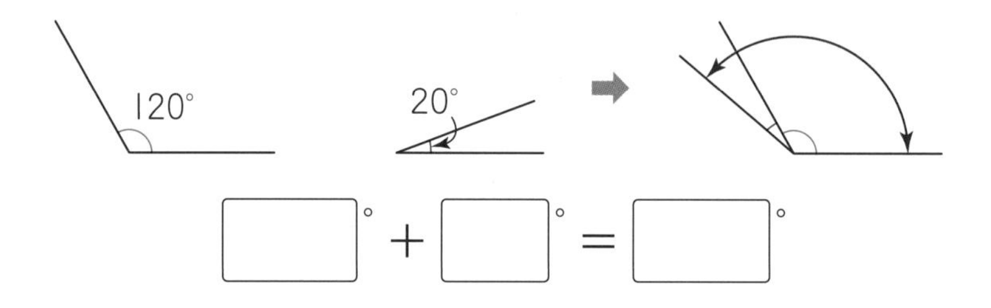

$\square° + \square° = \square°$

2 두 각도의 차를 구해 보세요.

110°　50°

$\square° - \square° = \square°$

3 두 각도의 합과 차를 구해 보세요.

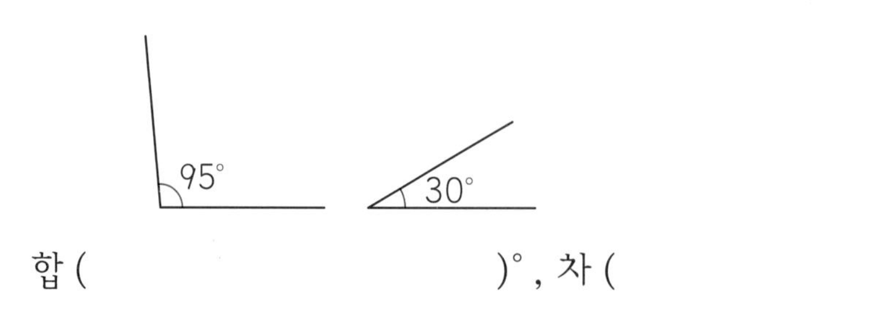

합 (　　　　　　)°, 차 (　　　　　　)°

4 각도의 합과 차를 구해 보세요.

❶ $120° + 15° = \square°$　　❷ $75° - 45° = \square°$

❸ $90° + 55° = \square°$　　❹ $105° - 60° = \square°$

5 친구들의 대화를 보고 진서가 만든 각의 크기를 구해 보세요.

> **윤아:** 나는 크기가 25°인 각을 만들었어.
>
> **진서:** 내가 만든 각은 윤아가 만든 각보다 80° 더 커.

(　　　　　　　　)°

6 그림에서 ㉠$+30°+90°=180°$입니다. ㉠의 각도는 몇 도인지 구해 보세요.

(　　　　　　　　)°

7 우산의 각도를 지금보다 80° 더 크게 펼치려고 합니다. 펼치기 전의 우산의 각도를 재어 보고, 우산을 펼치고 난 후 우산의 각도는 몇 도가 되는지 구해 보세요.

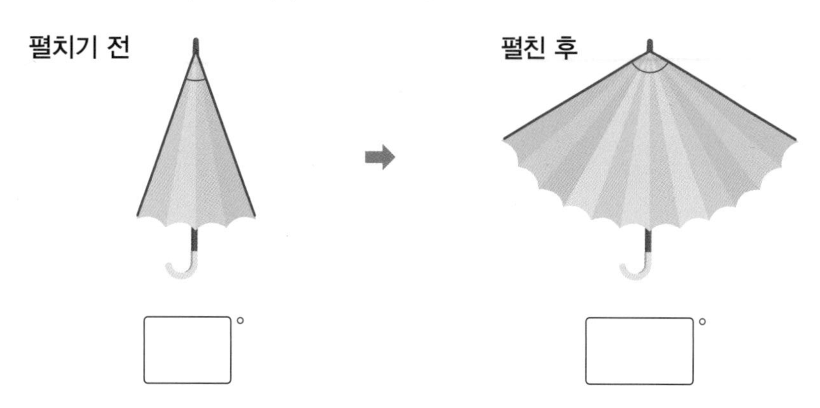

삼각형의 세 각의 크기의 합 알아보기

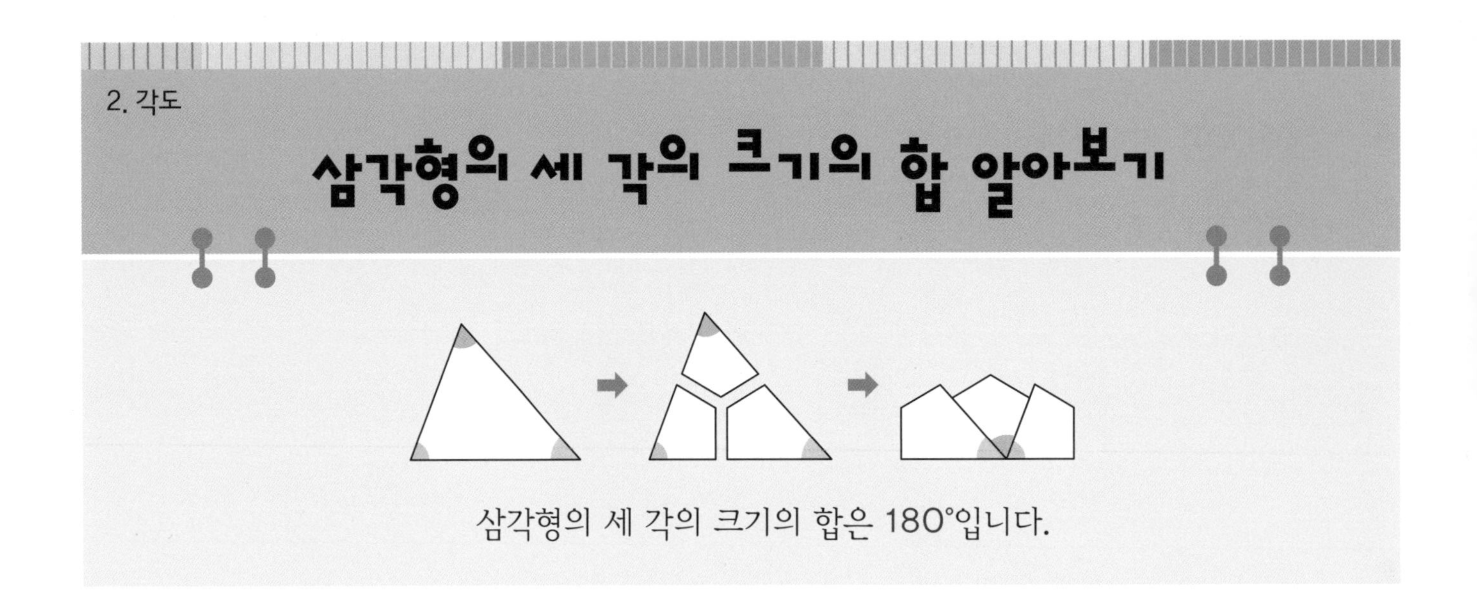

삼각형의 세 각의 크기의 합은 180°입니다.

1 각도기로 삼각형의 세 각의 크기를 각각 재어 보고, 삼각형의 세 각의 크기의 합을 구해 보세요.

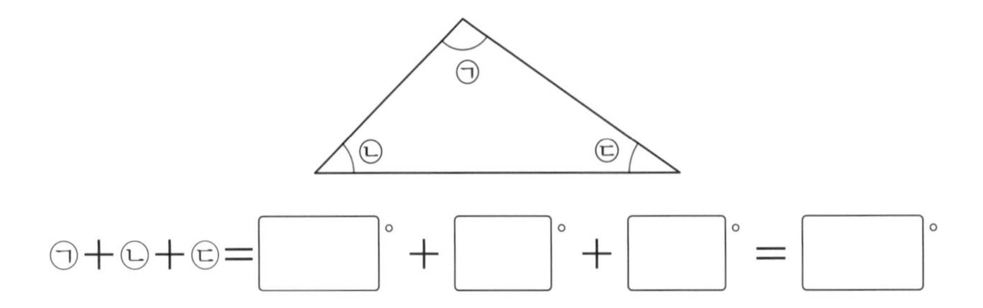

㉠+㉡+㉢= □° + □° + □° = □°

2 삼각형의 세 각의 크기의 합을 구해 보세요.

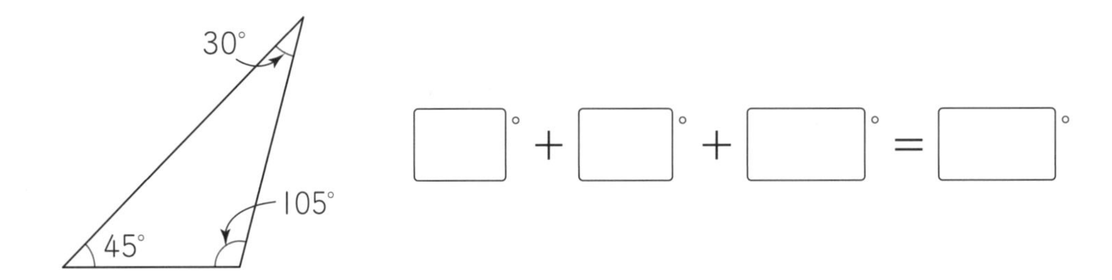

□° + □° + □° = □°

3 삼각형을 잘라서 세 꼭짓점이 한 점에 모이도록 겹치지 않게 이어 붙였습니다. ㉠의 각도를 구해 보세요.

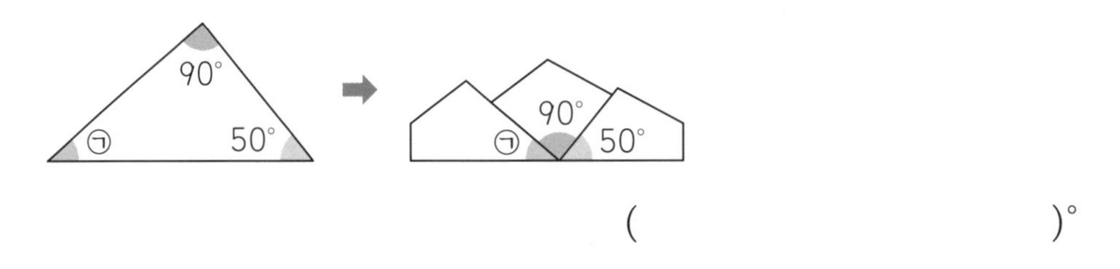

(　　　　　　　　)°

4 삼각형의 세 각의 크기의 합이 180°인 성질을 이용하여 ★의 각도를 구해 보세요.

(　　　　　　　　)°

5 □ 안에 알맞은 수를 써넣으세요.

❶

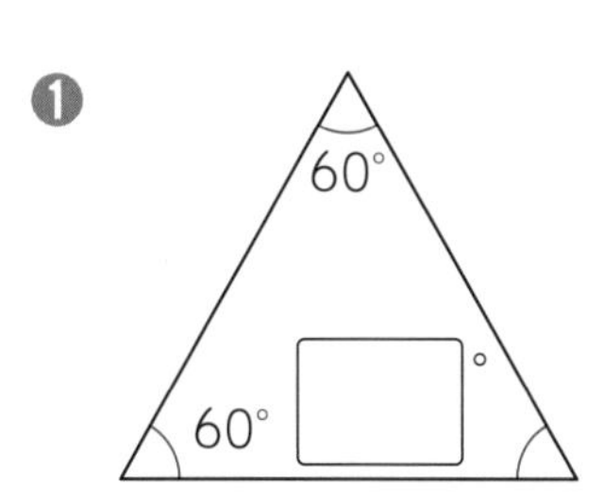

❷

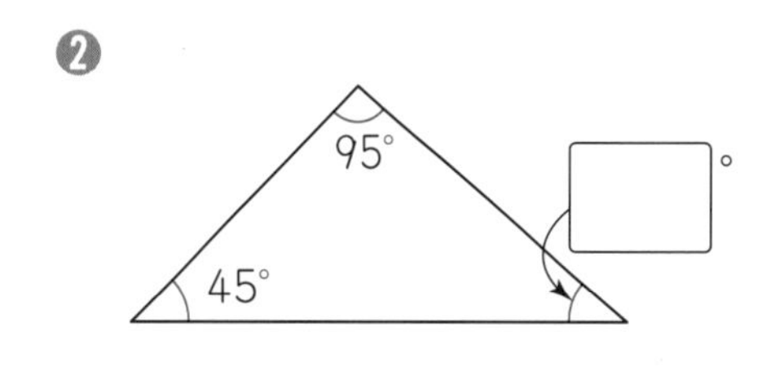

6 ㉠과 ㉡의 각도의 합을 구해 보세요.

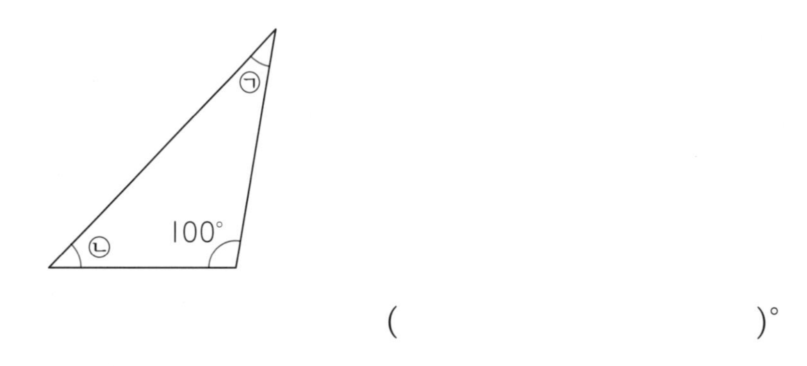

(　　　　　　　　)°

7 삼각형의 세 각의 크기를 잘못 잰 사람을 찾아 이름을 써 보세요.

> **민영:** 내가 잰 삼각형의 각도는 세 각 모두 45°야.
>
> **서준:** 내가 잰 각도는 100°, 40°, 40° 였어.

(　　　　　　　　)

사각형의 네 각의 크기의 합 알아보기

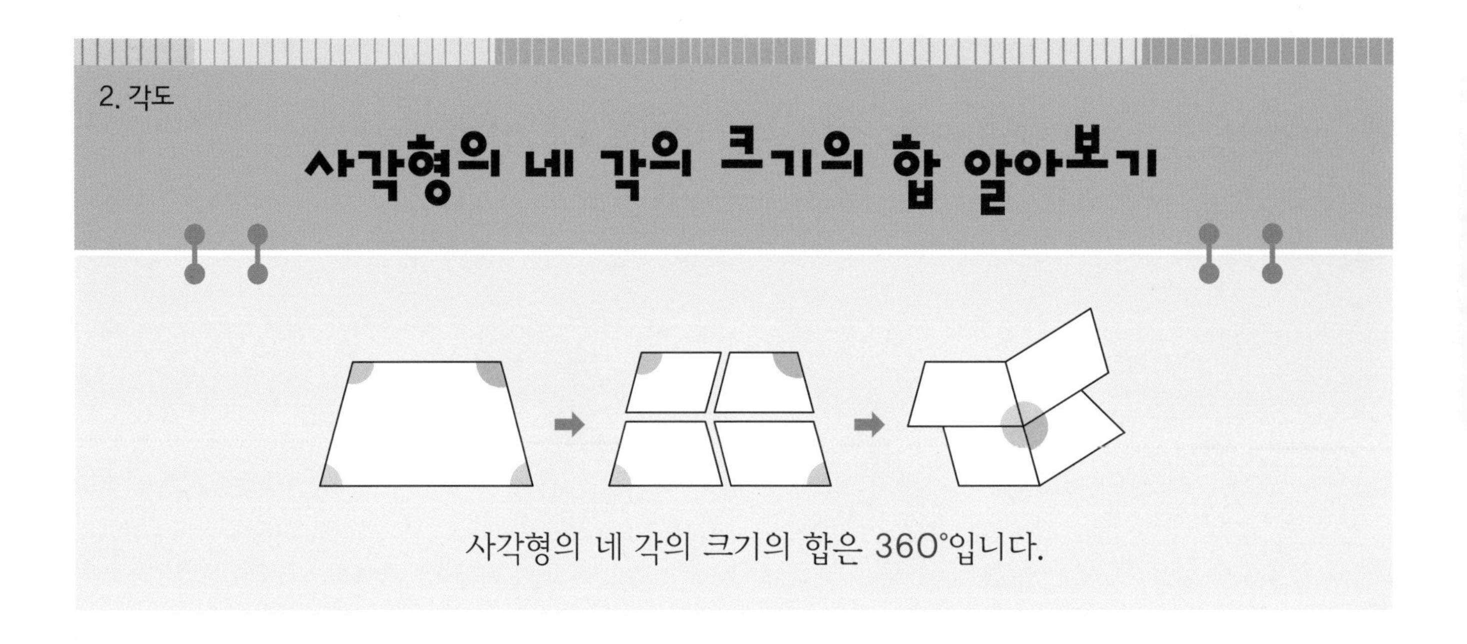

사각형의 네 각의 크기의 합은 360°입니다.

1 각도기로 사각형의 네 각의 크기를 각각 재어 보고, 사각형의 네 각의 크기의 합을 구해 보세요.

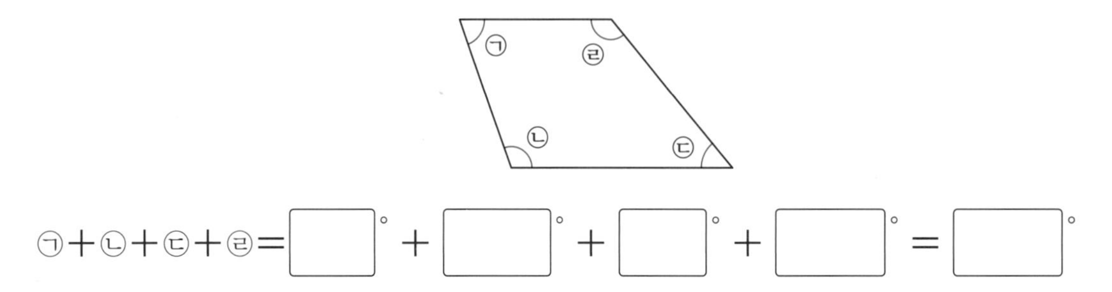

㉠+㉡+㉢+㉣= □° + □° + □° + □° = □°

2 사각형의 네 각의 크기의 합을 구해 보세요.

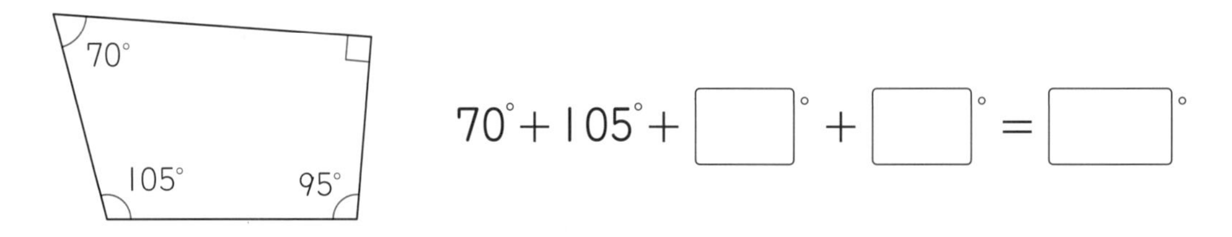

70°+105°+ □° + □° = □°

3 사각형을 잘라서 네 꼭짓점이 한 점에 모이도록 겹치지 않게 이어 붙였습니다. ㉠의 각도를 구해 보세요.

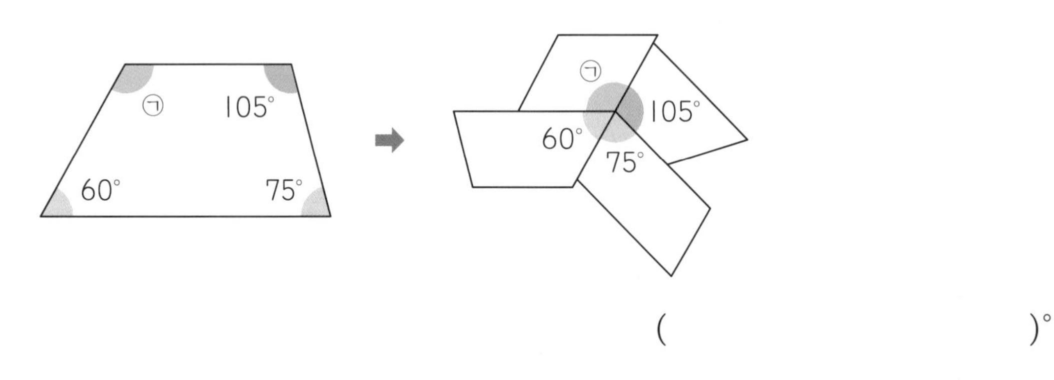

( )°

4 □ 안에 알맞은 수를 써넣으세요.

❶

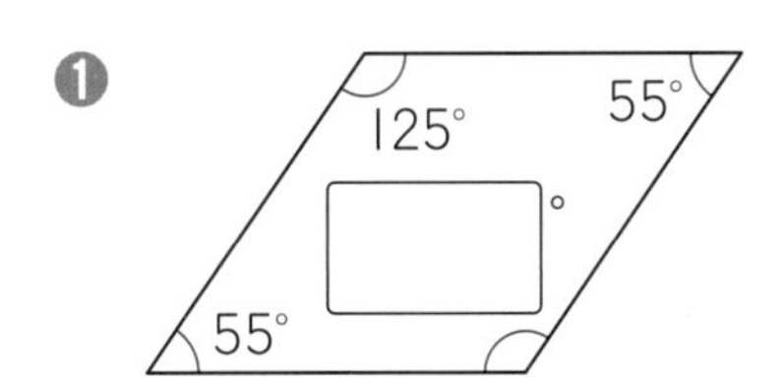

❷

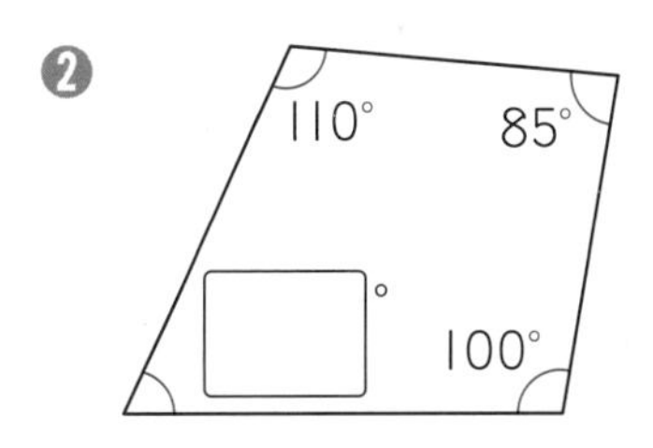

5 ㉠의 각도를 구해 보세요.

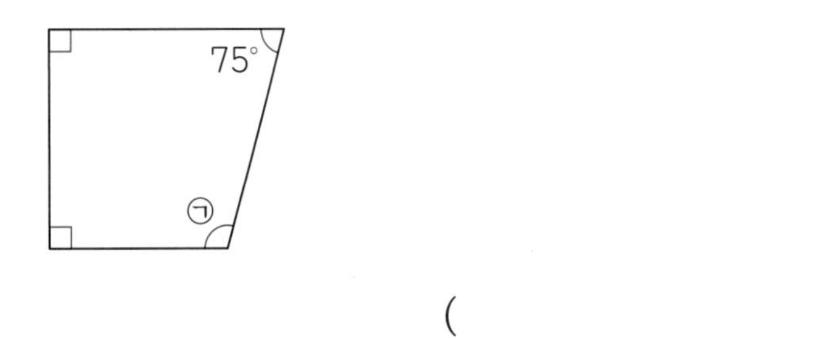

(　　　　　　　　　　)°

6 사각형의 두 각의 크기입니다. 나머지 두 각의 크기의 합을 구해 보세요.

120°, 90°

(　　　　　　　　　　)°

7 주어진 네 각으로 사각형을 그릴 수 <u>없는</u> 것을 찾아 기호를 써 보세요.

㉠ 120°, 60°, 100°, 70°　　㉡ 100°, 90°, 70°, 100°

(　　　　　　　　　　)

연습 문제

1 각 중에서 가장 큰 각에 ○표, 가장 작은 각에 △표 하세요.

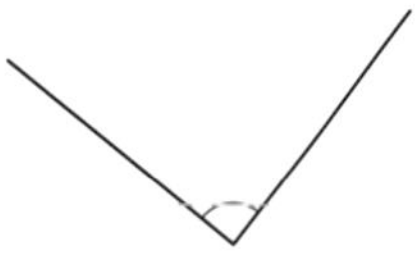

( )

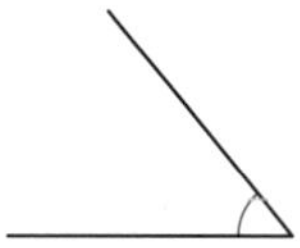

( )

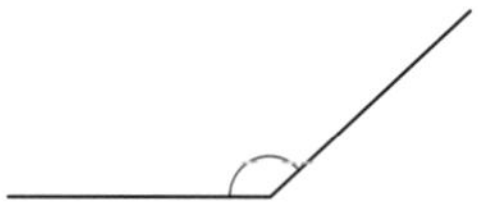

( )

2 각도를 읽어 보세요.

❶

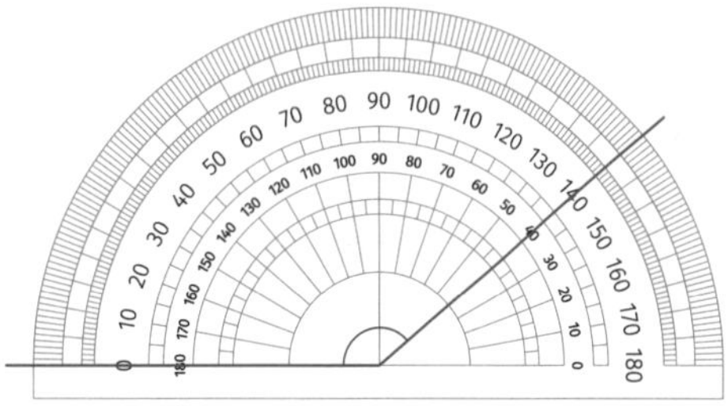

( )°

❷

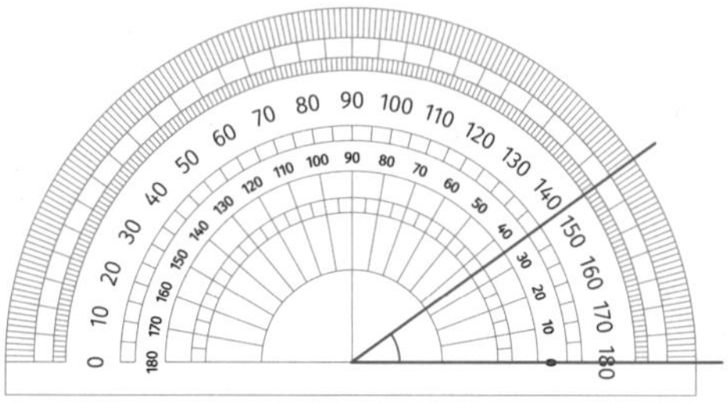

( )°

3 주어진 각도의 각을 각도기 위에 그려 보세요.

❶ 60°

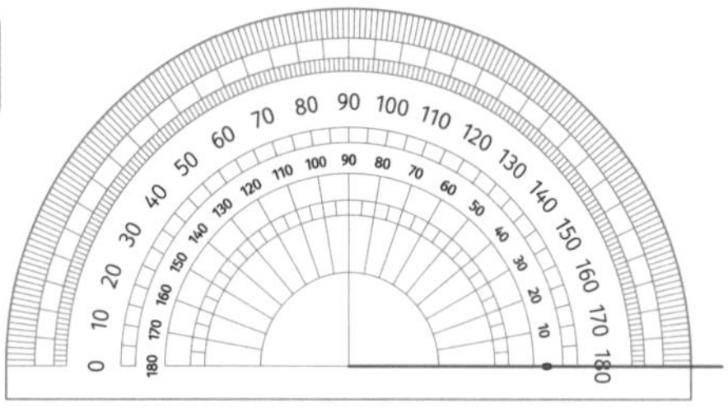

❷ 130°

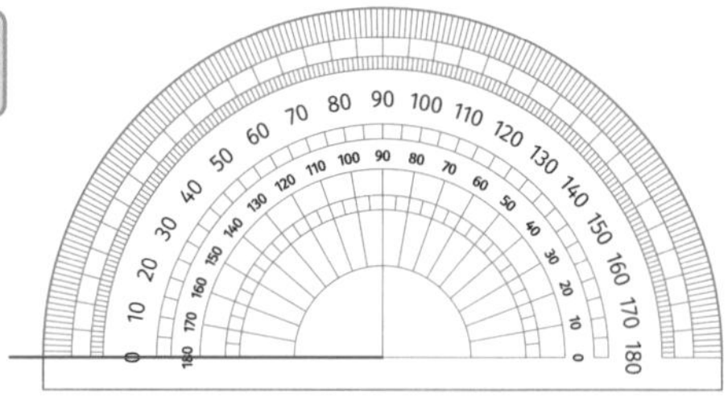

4 예각에는 ○표, 둔각에는 △표 하세요.

25°, 95°, 60°, 45°, 125°, 15°, 170°, 100°

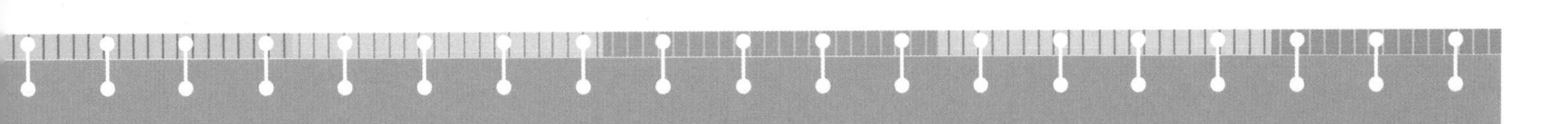

5 각도를 어림하고, 각도기로 재어 확인해 보세요.

❶

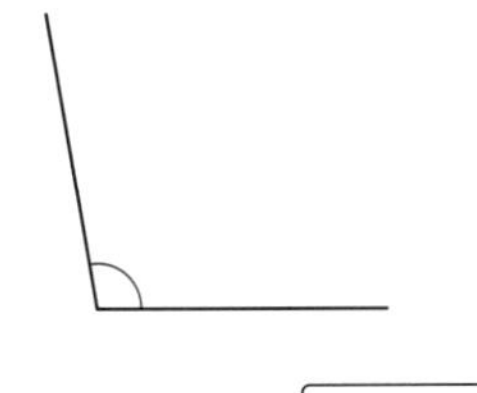

어림한 각도: 약 □°

잰 각도: □°

❷

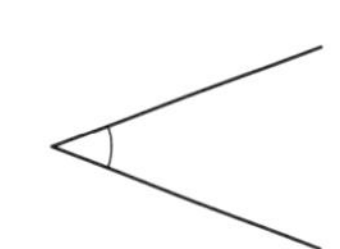

어림한 각도: 약 □°

잰 각도: □°

6 각도의 합과 차를 구해 보세요.

❶ $90^\circ+65^\circ=\square^\circ$

❷ $135^\circ-40^\circ=\square^\circ$

❸ $150^\circ+25^\circ=\square^\circ$

❹ $100^\circ-35^\circ=\square^\circ$

7 □ 안에 알맞은 수를 써넣으세요.

❶

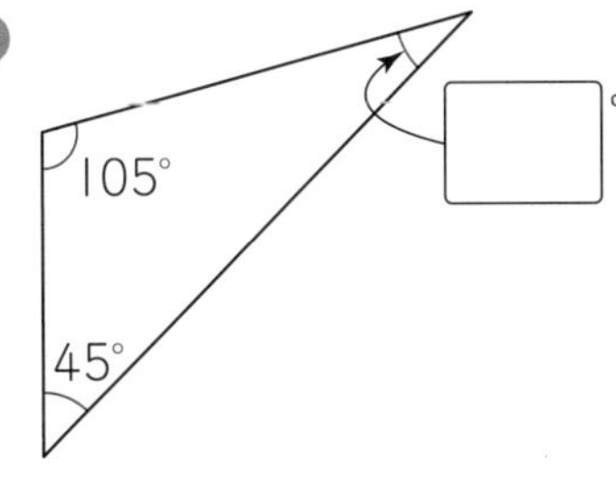

❷

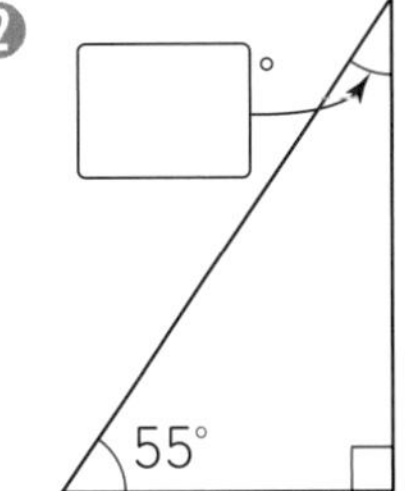

8 □ 안에 알맞은 수를 써넣으세요.

❶

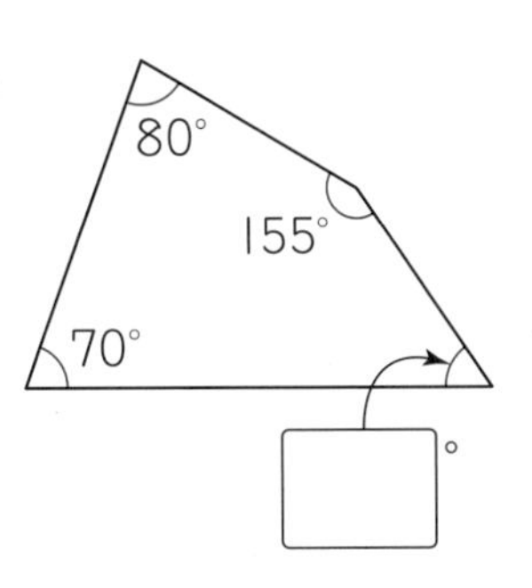

❷

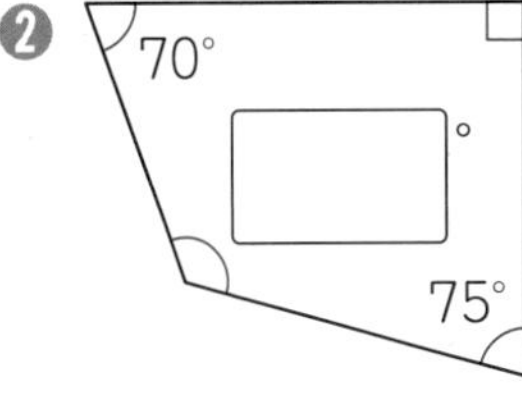

단원 평가

1 각의 크기가 가장 큰 것부터 순서대로 □ 안에 1, 2, 3을 써넣으세요.

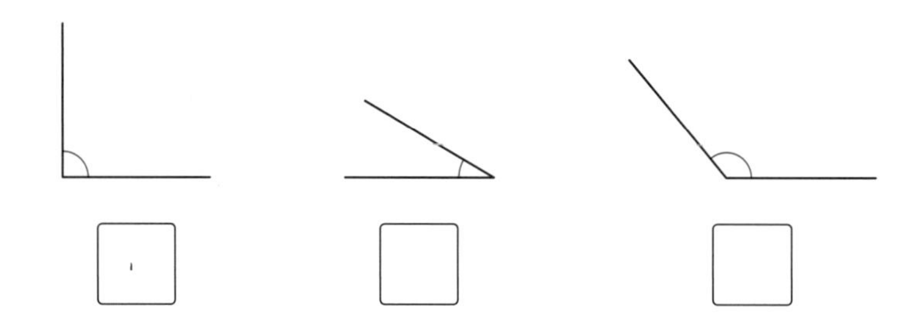

2 각도기를 이용하여 80°인 각 ㄱㄴㄷ을 그리려고 합니다. 그리는 순서대로 기호를 써 보세요.

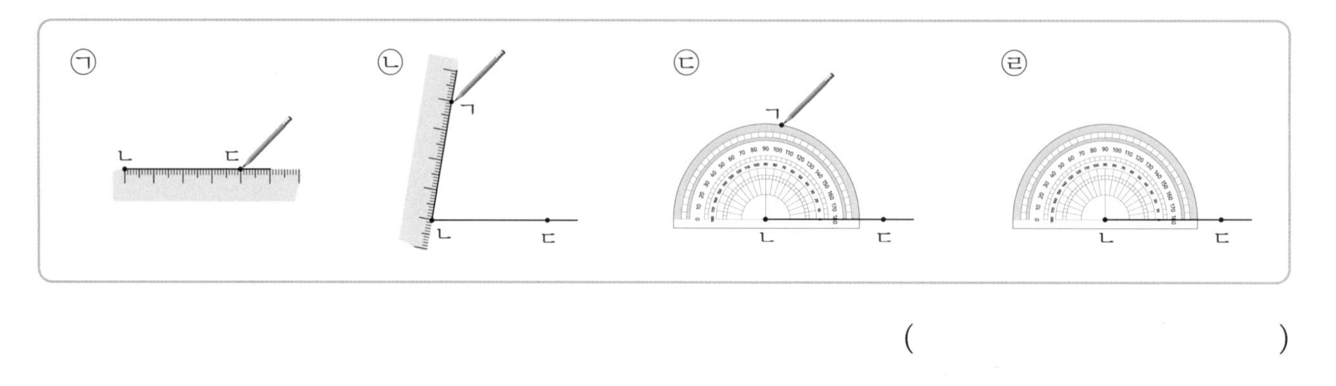

(　　　　　　　　　　　　)

3 예각이 가장 많은 도형부터 순서대로 기호를 써 보세요.

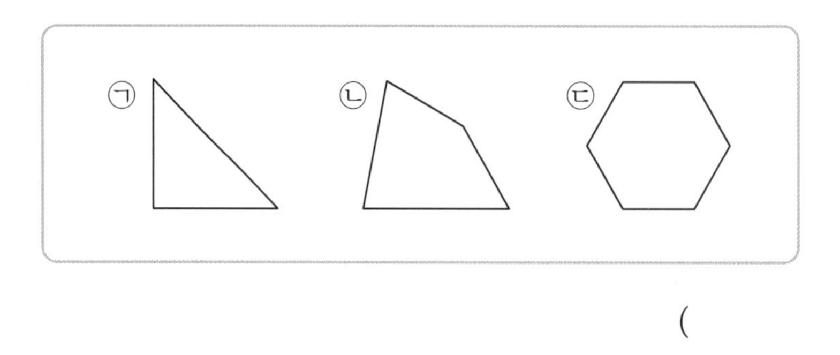

(　　　　　　　　　　　　)

4 각도가 150°인 각을 각도기 위에 그려 보세요.

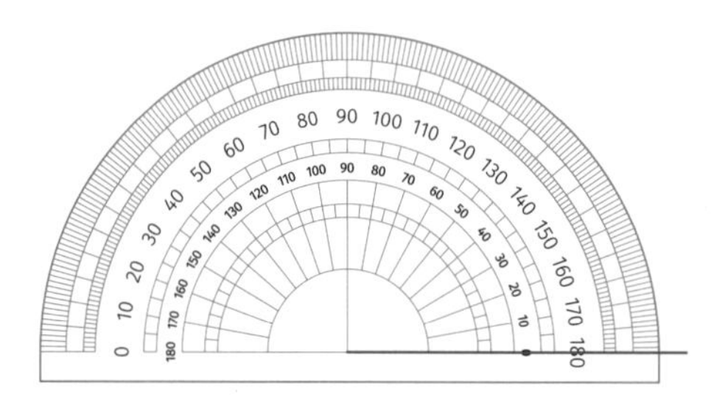

5 실제 각도에 더 가깝게 어림한 사람은 누구인지 찾아 이름을 써 보세요.

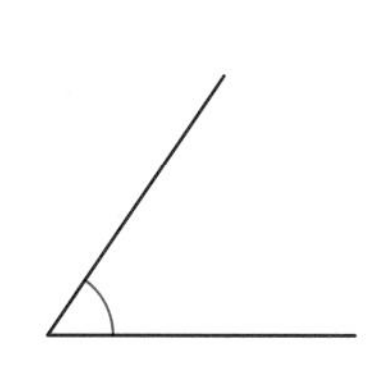

재훈: 내 생각에는 30°쯤 되는 것 같아.

민지: 내 생각에는 60°쯤 되는 것 같아.

(　　　　　　　　　　)

6 각도가 가장 큰 각을 찾아 기호를 써 보세요.

㉠ 90°보다 30° 큰 각	㉡ 120°+10°
㉢ 직각보다 45° 큰 각	㉣ 180°−20°

(　　　　　　　　　　)

7 □ 안에 알맞은 수를 써넣으세요.

❶

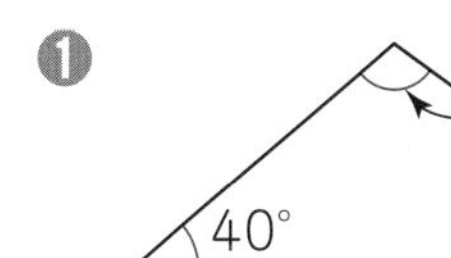

❷

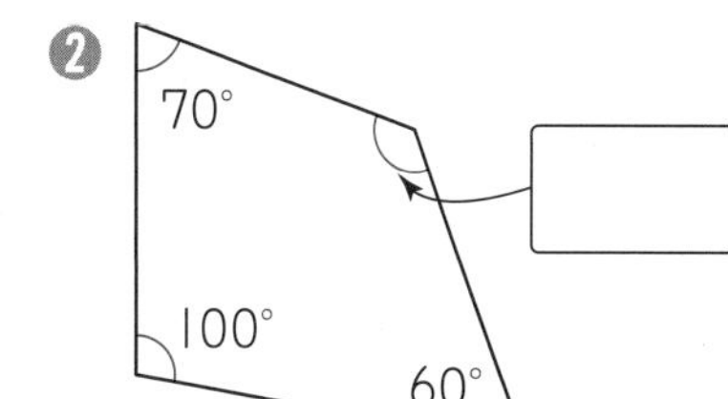

8 ㉠과 ㉡의 각도의 합은 얼마인지 구해 보세요.

❶

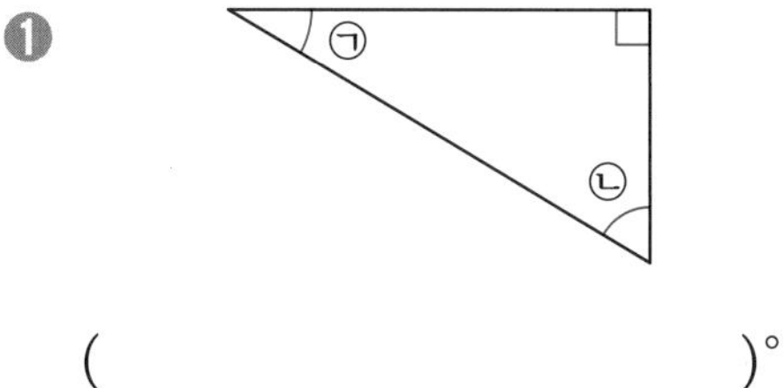

(　　　　　　　　　　)°

❷

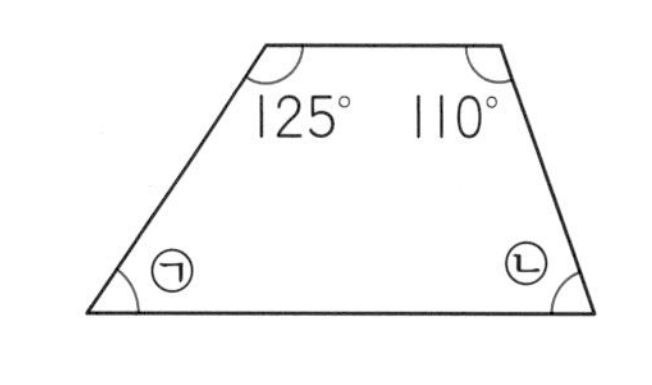

(　　　　　　　　　　)°

실력 키우기

1 그림에서 찾을 수 있는 크고 작은 둔각은 모두 몇 개인지 구해 보세요.

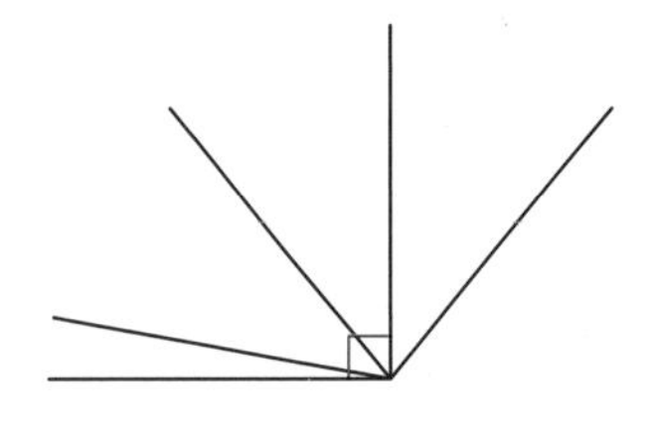

( )개

2 가장 큰 각도와 가장 작은 각도의 합과 차를 구해 보세요.

65° 20° 100° 155° 90° 145°

합 ( )°, 차 ( )°

3 □ 안에 알맞은 수를 써넣으세요.

❶ 75°+60°=180°−□°

❷ 125°−50°=50°+□°

❸ 110°+36°=120°+□°

❹ 107°−27°=150°−□°

4 □ 안에 알맞은 수를 써넣으세요.

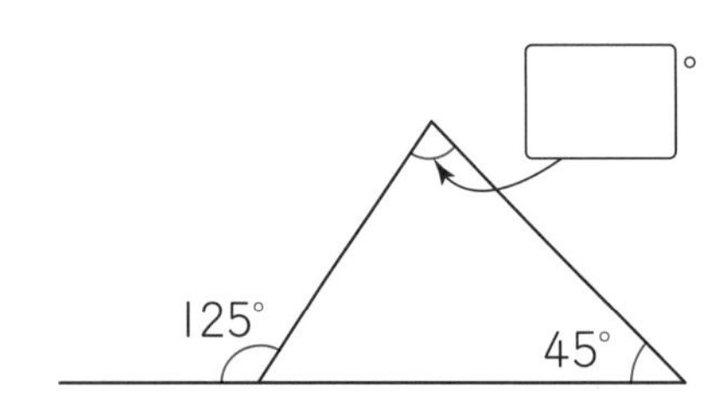

3. 곱셈과 나눗셈

- (세 자리 수)×(몇십)
- (세 자리 수)×(두 자리 수)
- 몇십으로 나누기
- 몇십몇으로 나누기
- 나머지가 없는 (세 자리 수)÷(두 자리 수)
- 나머지가 있는 (세 자리 수)÷(두 자리 수)

(세 자리 수)×(몇십)

(세 자리 수)×(몇)을 계산한 다음 0을 붙입니다.

$$123\times20=123\times2\times10$$
$$=246\times10$$
$$=2460$$

$123\times2=246$ (10배 ↓, 10배 ↓) $123\times20=2460$

1 412×2를 이용하여 412×20을 계산해 보세요.

	천의 자리	백의 자리	십의 자리	일의 자리		결과
412×2					➡	
412×20					➡	

2 □ 안에 알맞은 수를 써넣으세요.

$312\times3=$ □ (10배)

$312\times30=$ □

$$\begin{array}{r} 3\ 1\ 2 \\ \times\quad\ 3 \\ \hline \square \end{array} \Rightarrow \begin{array}{r} 3\ 1\ 2 \\ \times\ \ 3\ 0 \\ \hline \square \end{array}$$

(10배)

3 보기 와 같이 계산해 보세요.

보기 $320\times3=960$ ➡ $320\times30=9600$

❶ $324\times2=648$ ➡ $324\times20=$ □

❷ $196\times3=$ □ ➡ $196\times30=$ □

4 계산해 보세요.

❶ 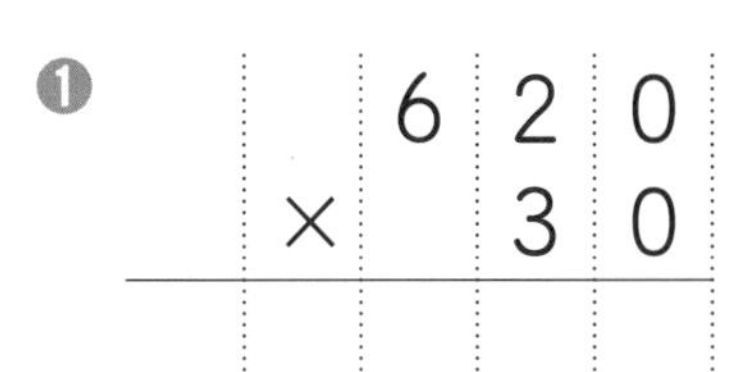

❷
$$\begin{array}{r} 307 \\ \times \quad 50 \\ \hline \end{array}$$

5 계산 결과가 같은 것끼리 이어 보세요.

400×40 •		• 600×60
200×60 •		• 400×30
900×40 •		• 800×20

6 크기를 비교하여 ○ 안에 $>$, $=$, $<$를 알맞게 써넣으세요.

❶ 140×20  280

❷ 432×70 ○ 31000

7 5장의 수 카드 [2], [4], [6], [0], [8]을 한 번씩만 사용하여 가장 큰 세 자리 수와 가장 작은 두 자리 수를 만들고, 만든 두 수의 곱을 구해 보세요.

❶ 만들 수 있는 가장 큰 세 자리 수 (　　　　　　　　　　)

❷ 만들 수 있는 가장 작은 두 자리 수 (　　　　　　　　　　)

❸ 두 수의 곱 **식** ________________________ **답** ________________

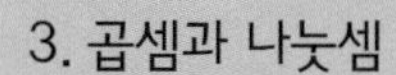

(세 자리 수)×(두 자리 수)

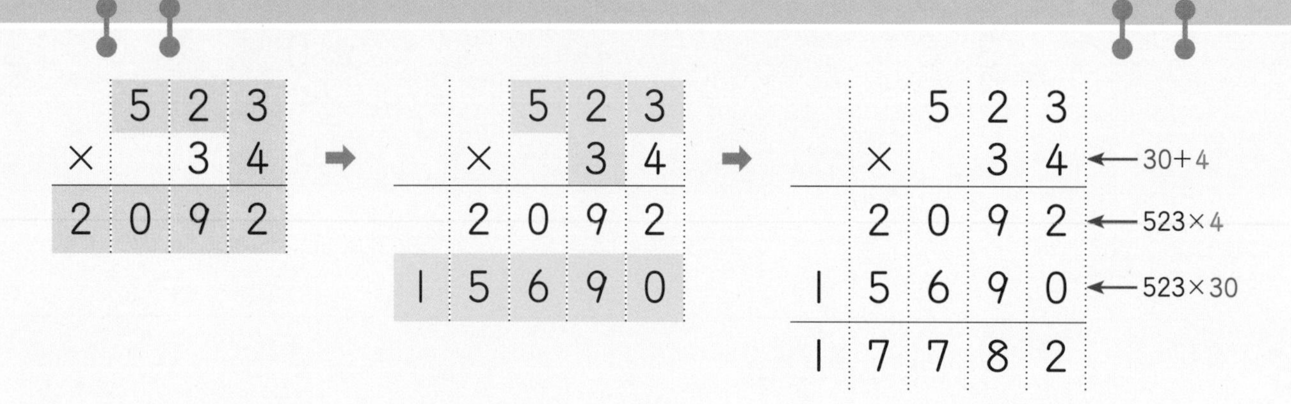

❶ 523×4를 계산합니다.

❷ 523×30을 계산합니다.

❸ 두 곱셈의 계산 결과를 더합니다.

1 □ 안에 알맞은 수를 써넣으세요.

168×20 168×4

168×24=□+□=□

2 253×36을 계산하려고 합니다. □ 안에 알맞은 수를 써넣으세요.

253×36
- 253× 6 =□
- 253×30 =□

□

3 □ 안에 알맞은 수를 써넣으세요.

❶

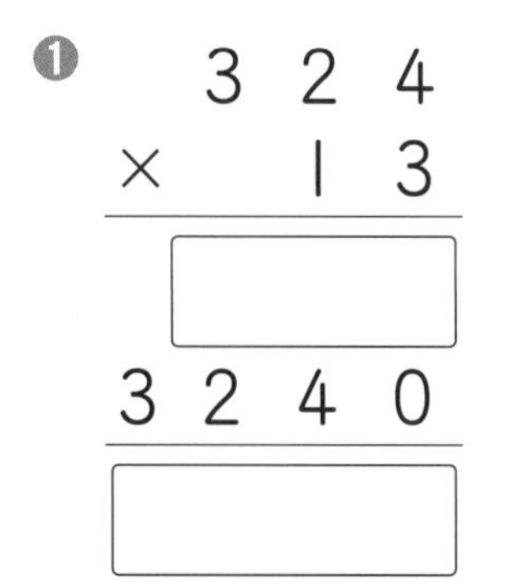

❷

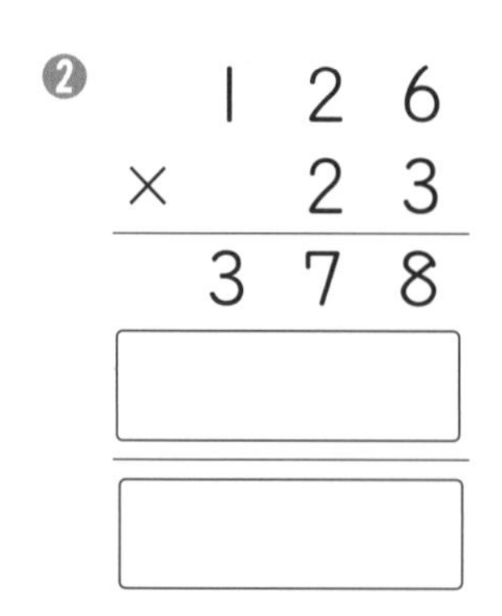

4 계산해 보세요.

❶
$$\begin{array}{r} 312 \\ \times \quad 26 \\ \hline \end{array}$$

❷
$$\begin{array}{r} 512 \\ \times \quad 62 \\ \hline \end{array}$$

❸
$$\begin{array}{r} 223 \\ \times \quad 73 \\ \hline \end{array}$$

5 가장 큰 수와 가장 작은 수의 곱을 구해 보세요.

37	295	89	163

( )

6 잘못 계산한 곳을 찾아 바르게 계산해 보세요.

$$\begin{array}{r} 424 \\ \times \quad 63 \\ \hline 1272 \\ 2544 \\ \hline 3816 \end{array}$$

바른 계산

$$\begin{array}{r} 424 \\ \times \quad 63 \\ \hline \end{array}$$

7 크기를 비교하여 ○ 안에 >, =, <를 알맞게 써넣으세요.

❶ 198×62 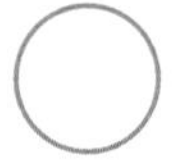 400×30

❷ 700×20  743×18

몇십으로 나누기

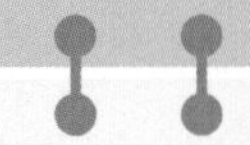
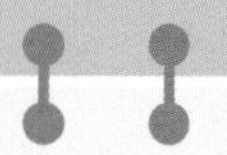

곱셈식을 이용하여 (세 자리 수)÷(몇십)을 계산하고, 계산 결과를 확인합니다.

$30 \times 5 = 150$
$30 \times 6 = 180$
$30 \times 7 = 210$

$$\begin{array}{r} 6 \\ 30\overline{)\,1\ 8\ 7} \\ 1\ 8\ 0 \\ \hline 7 \end{array}$$

6 ← 몫, 7 ← 나머지

확인 $30 \times 6 = 180$

$180 + 7 = 187$

1 빈칸에 알맞은 수를 써넣고 200÷50의 몫을 구해 보세요.

×	3	4	5
50			

$200 \div 50 = \square$

2 왼쪽 곱셈식을 이용하여 계산해 보세요.

$60 \times 3 = 180$
$60 \times 4 = 240$
$60 \times 5 = 300$

$60\overline{)\,2\ 5\ 8}$

3 계산을 하고, 계산한 결과가 맞는지 확인해 보세요.

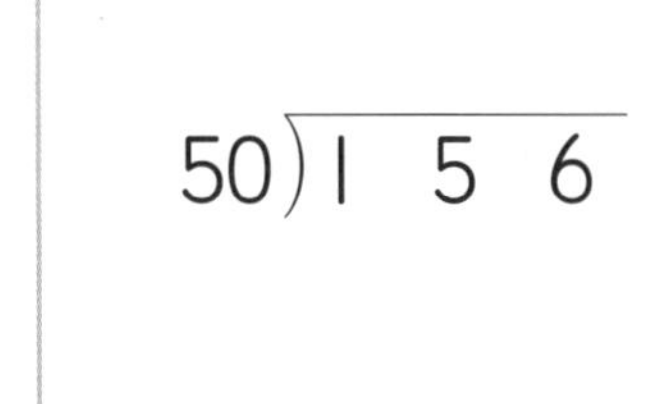

$50\overline{)\,1\ 5\ 6}$

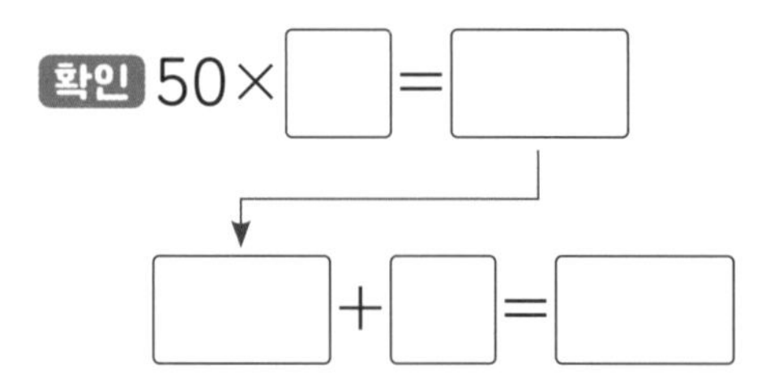

확인 $50 \times \square = \square$

$\square + \square = \square$

4 계산해 보세요.

❶

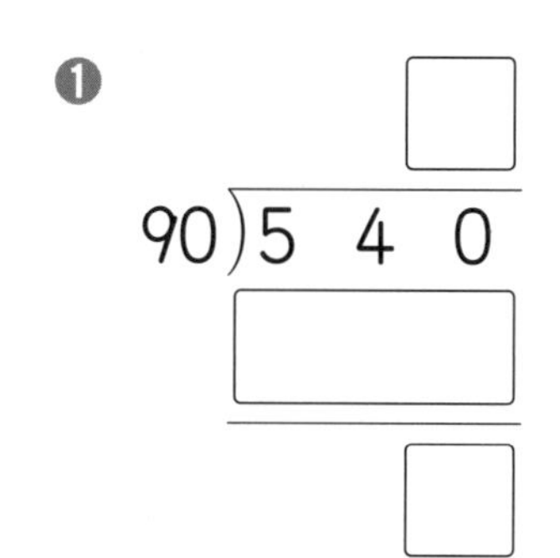

❷

$$70\overline{)426}$$

5 몫이 큰 순서대로 기호를 써 보세요.

㉠ 120÷40	㉡ 250÷30
㉢ 500÷80	㉣ 545÷60

( )

6 왼쪽 나눗셈의 나머지를 오른쪽에서 찾아 이어 보세요.

95÷30 •	• 6
356÷70 •	• 5
164÷40 •	• 4

7 나눗셈의 몫과 나머지의 합을 구해 보세요.

325÷40

( )

몇십몇으로 나누기

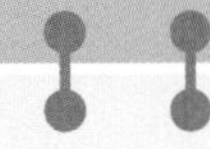

• (두 자리 수)÷(두 자리 수) 계산하기

$15\times2=30$
$15\times3=45$
$15\times4=60$

$$\begin{array}{r} 3 \leftarrow \text{몫} \\ 15\overline{)45} \\ 45 \\ \hline 0 \leftarrow \text{나머지} \end{array}$$

확인 $15\times3=45$

• (세 자리 수)÷(두 자리 수) 계산하기

$35\times4=140$
$35\times5=175$
$35\times6=210$

$$\begin{array}{r} 5 \leftarrow \text{몫} \\ 35\overline{)176} \\ 175 \\ \hline 1 \leftarrow \text{나머지} \end{array}$$

확인 $35\times5=175$

$175+1=176$

1 어림한 나눗셈의 몫으로 가장 적절한 것에 ○표 하세요.

❶ $81\div21$ 4 5 40 50

❷ $249\div50$ 5 10 50

2 곱셈식을 완성하고 나눗셈을 계산해 보세요.

$23\times2=\square$
$23\times3=\square$
$23\times4=\square$

$23\overline{)72}$

3 □ 안에 알맞은 수를 써넣으세요.

❶

$$\begin{array}{r} \square \\ 31\overline{)\,9\ 3} \\ \square \leftarrow 31\times\square \\ \hline \square \end{array}$$

❷

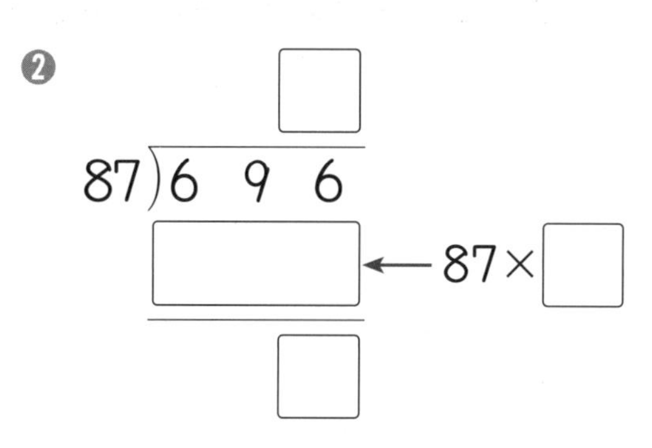

$$\begin{array}{r} \square \\ 87\overline{)\,6\ 9\ 6} \\ \square \leftarrow 87\times\square \\ \hline \square \end{array}$$

4 계산해 보세요.

❶ $16\overline{)\,9\ 0}$

❷ $76\overline{)\,6\ 2\ 2}$

5 나머지의 크기를 비교하여 나머지가 더 큰 것의 기호를 써 보세요.

㉠ 200÷22 ㉡ 145÷71

( )

6 잘못 계산한 곳을 찾아 바르게 계산해 보세요.

163÷21
➡160÷20=8

$$\begin{array}{r} 8 \\ 21\overline{)\,1\ 6\ 3} \\ 1\ 6\ 8 \\ \hline 5 \end{array}$$

➡

바른 계산

$21\overline{)\,1\ 6\ 3}$

나머지가 없는 (세 자리 수)÷(두 자리 수)

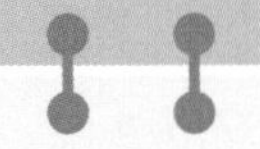

25×20=500, 25×30=750이므로 몫은 20과 30 사이로 어림할 수 있습니다.

```
      2                      2 5
25)6 2 5           ➡   25)6 2 5
   5 0 0 ← 25×20          5 0 0
   1 2 5 ← 625−500        1 2 5
                          1 2 5 ← 25×5
                              0 ← 125−125
```

몫 25 나머지 0

확인 25×25=625

1 빈칸에 알맞은 수를 써넣고 775÷25의 몫을 바르게 어림한 것에 ○표 하세요.

×25

10	20	30	40
250			

20과 30 사이의 수 ( )　　30과 40 사이의 수 ( )

2 곱셈식을 이용하여 나눗셈을 계산하려고 합니다. □ 안에 알맞은 수를 써넣으세요.

14×10=140
14×20=280
14×30=420

```
      2 □
14)3 6 4
   2 8 0 ← 14×20
     8 4 ← 364−280
     □   ← 14×□
       0
```

3 계산해 보세요.

❶

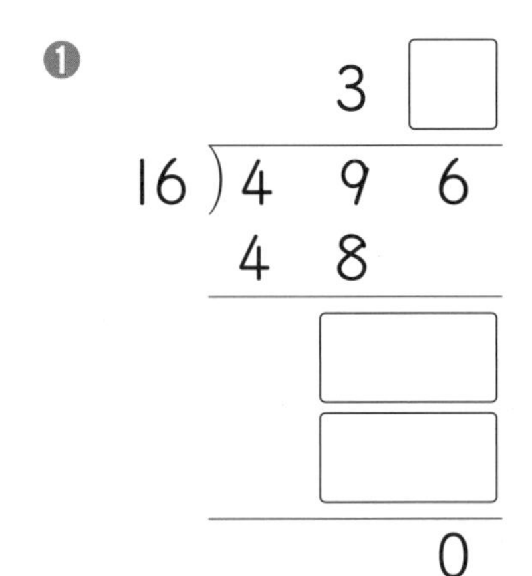

❷

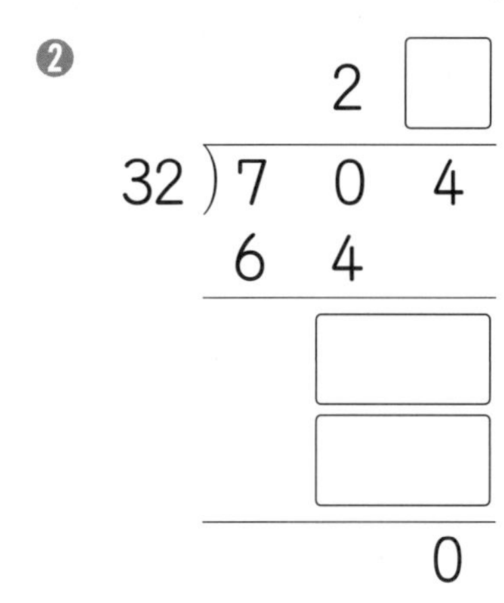

4 계산을 하고, 계산한 결과가 맞는지 곱셈으로 확인해 보세요.

52)6 2 4

몫 ____________

나머지 ____________

확인 52×□=□

5 몫의 크기를 비교하여 ◯ 안에 >, =, <를 알맞게 써넣으세요.

480÷32 ◯ 304÷19

6 몫이 두 자리 수인 나눗셈을 모두 찾아 기호를 써 보세요.

㉠ 567÷21	㉡ 368÷46
㉢ 900÷75	㉣ 518÷74

(　　　　　　　　)

나머지가 있는 (세 자리 수)÷(두 자리 수)

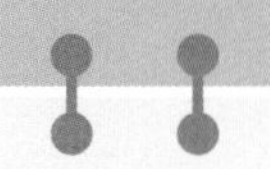

15×40=600, 15×50=750이므로 몫은 40과 50 사이로 어림할 수 있습니다.

```
      4                     4 4
15)6 6 7          ➡   15)6 6 7
   6 0 0 ← 15×40          6 0 0
   -----                  -----
     6 7 ← 667−600          6 7
                            6 0 ← 15×4
                            ---
                              7 ← 67−60
```

몫 44 나머지 7

확인 15×44=660

660+7=667

1 빈칸에 알맞은 수를 써넣고 456÷13의 몫을 어림해 보세요.

×13	10	20	30	40	50
	130				

456÷13의 몫은 ☐보다 크고 ☐보다 작습니다.

2 ☐ 안에 알맞은 식을 보기에서 찾아 기호를 써 보세요.

보기
㉠ 28×1
㉡ 875−840
㉢ 28×30

```
       3 1
28)8 7 5
   8 4 0 ← ☐
   -----
     3 5 ← ☐
     2 8 ← ☐
     ---
       7
```

3 □ 안에 알맞은 수를 써넣으세요.

❶

$$\begin{array}{r} 4\,\square \\ 12\,\overline{)\,4\;9\;3} \\ 4\;8 \\ \hline \square \\ \square \\ \hline \square \end{array}$$

❷

$$\begin{array}{r} 2\,\square \\ 38\,\overline{)\,9\;6\;7} \\ 7\;6 \\ \hline \square \\ \square \\ \hline \square \end{array}$$

❸

$$\begin{array}{r} \square \\ 46\,\overline{)\,8\;0\;6} \\ \square \\ \hline \square \\ \square \\ \hline \square \end{array}$$

4 계산을 하고, 계산한 결과가 맞는지 확인해 보세요.

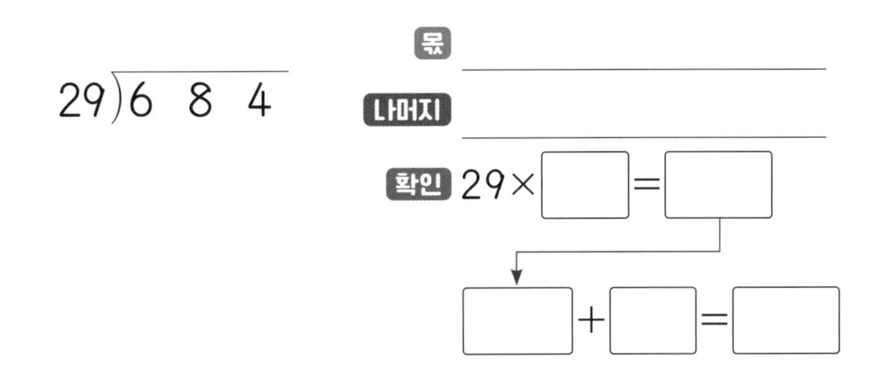

5 계산을 하고 나머지가 큰 순서대로 기호를 써 보세요.

㉠ 164÷12	㉡ 715÷14	㉢ 266÷21

( )

6 잘못 계산한 곳을 찾아 바르게 계산해 보세요.

$$\begin{array}{r} 3 \\ 23\,\overline{)\,7\;0\;6} \\ 6\;9\;0 \\ \hline 1\;6 \end{array}$$

➡ 바른 계산

$$23\,\overline{)\,7\;0\;6}$$

연습 문제

[1~18] 계산해 보세요.

1 $\begin{array}{r} 400 \\ \times \quad 20 \\ \hline \end{array}$

2 $\begin{array}{r} 610 \\ \times \quad 30 \\ \hline \end{array}$

3 $\begin{array}{r} 192 \\ \times \quad 40 \\ \hline \end{array}$

4 $\begin{array}{r} 609 \\ \times \quad 40 \\ \hline \end{array}$

5 $\begin{array}{r} 503 \\ \times \quad 30 \\ \hline \end{array}$

6 $\begin{array}{r} 178 \\ \times \quad 55 \\ \hline \end{array}$

7 $\begin{array}{r} 503 \\ \times \quad 38 \\ \hline \end{array}$

8 $\begin{array}{r} 243 \\ \times \quad 64 \\ \hline \end{array}$

9 $\begin{array}{r} 718 \\ \times \quad 32 \\ \hline \end{array}$

10

$20\overline{)140}$

11

$50\overline{)420}$

12

$25\overline{)75}$

13

$31\overline{)72}$

14

$38\overline{)281}$

15

$15\overline{)510}$

16

$36\overline{)972}$

17

$38\overline{)994}$

18

$14\overline{)625}$

단원 평가

1 □ 안에 알맞은 수를 써넣으세요.

❶ $740 \times 8 = 5920$

$740 \times 80 = \square$

❷ $360 \times 4 = \square$

$360 \times 40 = \square$

2 계산해 보세요.

❶ $\begin{array}{r} 460 \\ \times \quad 20 \\ \hline \end{array}$

❷ $\begin{array}{r} 625 \\ \times \quad 30 \\ \hline \end{array}$

❸ $\begin{array}{r} 327 \\ \times \quad 41 \\ \hline \end{array}$

3 계산 결과가 가장 큰 것부터 순서대로 ○ 안에 1, 2, 3을 써넣으세요.

390×70 ○	630×50 ○	387×90 ○

4 가장 큰 수와 가장 작은 수의 곱을 구해 보세요.

36	453	45	412

( )

5 케이크 한 판에 들어가는 달걀은 13개입니다. 케이크 159판에 들어가는 달걀은 모두 몇 개인지 구해 보세요.

식 ______________ 답 ______________ 개

6 빈칸에 알맞은 수를 써넣고 85÷17의 몫을 구해 보세요.

×	1	2	3	4	5
17					

85÷17=□

7 계산해 보세요.

❶ $28\overline{)84}$

❷ $52\overline{)384}$

8 몫의 크기를 비교하여 ○ 안에 >, =, <를 알맞게 써넣으세요.

795÷45 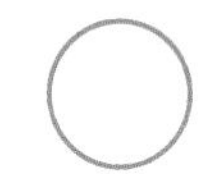 342÷29

9 나눗셈의 몫이 6일 때 □ 안에 알맞은 수를 보기에서 찾아 기호를 써 보세요.

2□8÷40

보기 ㉠ 0 ㉡ 4 ㉢ 8 ㉢ 9

( )

10 과수원에서 복숭아를 90개 땄습니다. 이 복숭아를 한 상자에 15개씩 담으려고 합니다. 상자는 몇 개가 필요한지 구해 보세요.

식 ______________ 답 ______________ 개

실력 키우기

1 민식이는 하루에 책을 120분 동안 읽었습니다. 31일 동안 책을 읽은 시간은 몇 분인지 구해 보세요.

식 ______________________ 답 ______________ 분

2 초콜릿 85개를 26명의 학생들에게 똑같이 나누어 주려고 합니다. 학생 한 명당 가질 수 있는 초콜릿의 개수를 구해 보세요.

식 ______________________ 답 ______________ 개

3 호두과자 892개를 한 상자에 35개씩 나누어 담으려고 합니다. 상자에 담고 남는 호두과자는 몇 개인지 구해 보세요.

식 ______________________ 답 ______________ 개

4 어떤 수에 20을 곱해야 할 것을 잘못하여 나누었더니 몫이 9이고 나머지가 10이었습니다. 어떤 수를 구해 보세요.

(　　　　　　　　　)

5 어떤 수에 36을 곱해야 할 것을 잘못하여 나누었더니 몫이 8이고 나머지가 5였습니다. 바르게 계산한 값을 구해 보세요.

(　　　　　　　　　)

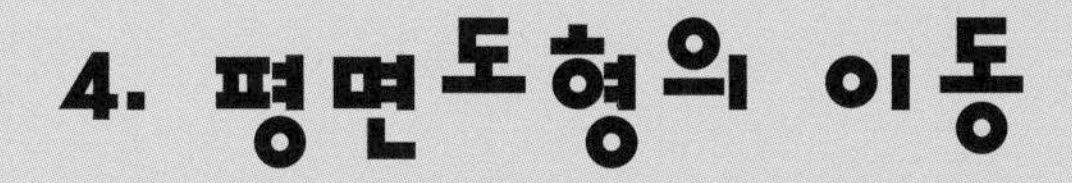

- 평면도형 밀기
- 평면도형 뒤집기
- 평면도형 돌리기
- 평면도형 뒤집고 돌리기
- 무늬 꾸미기

평면도형 밀기

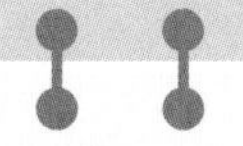

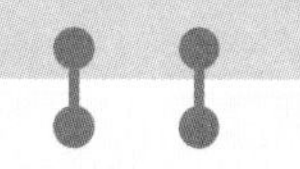

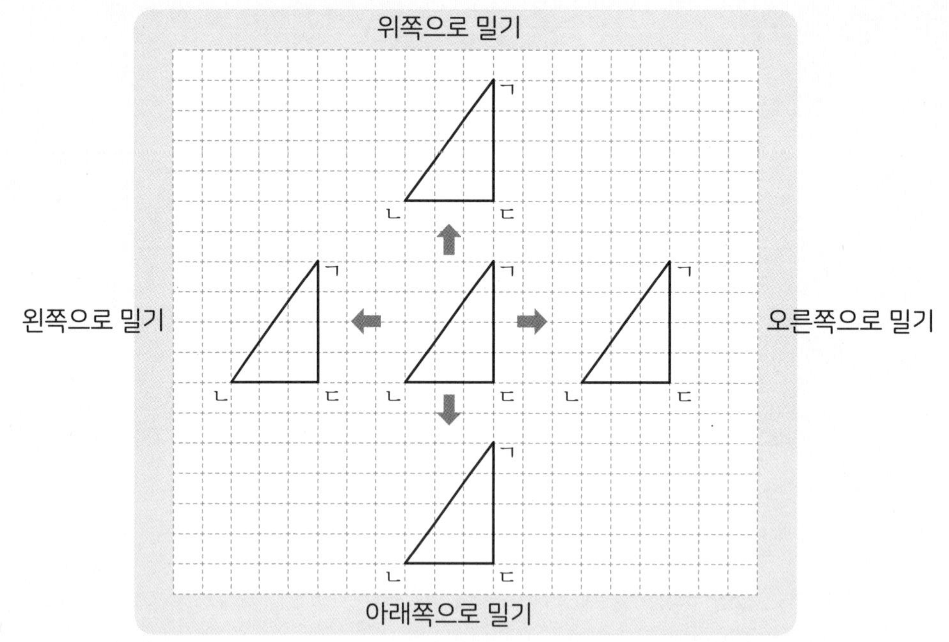

평면도형을 왼쪽, 오른쪽, 위쪽, 아래쪽으로 밀면 모양은 그대로이고, 위치만 바뀝니다.

1 모양 조각을 오른쪽으로 밀었습니다. 알맞은 것을 찾아 ○표 하세요.

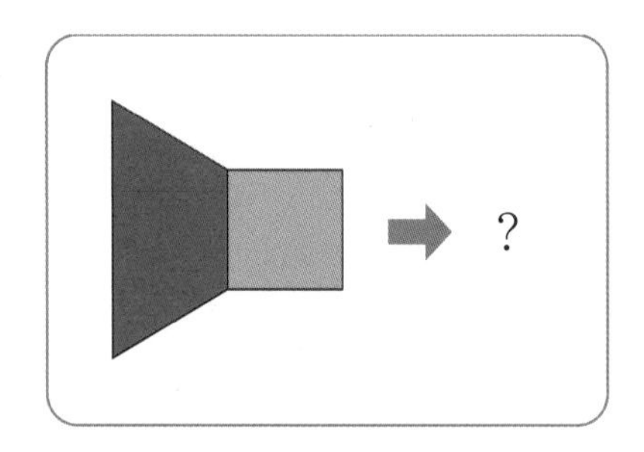

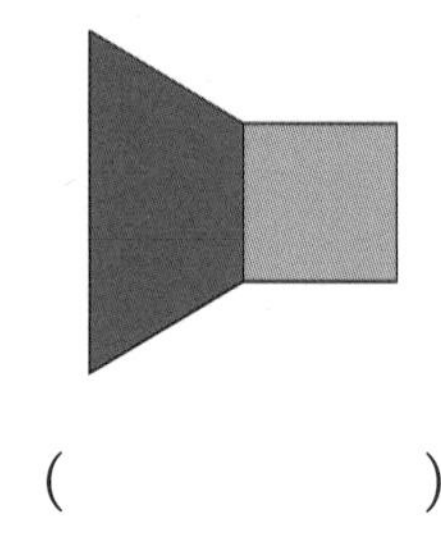

( )

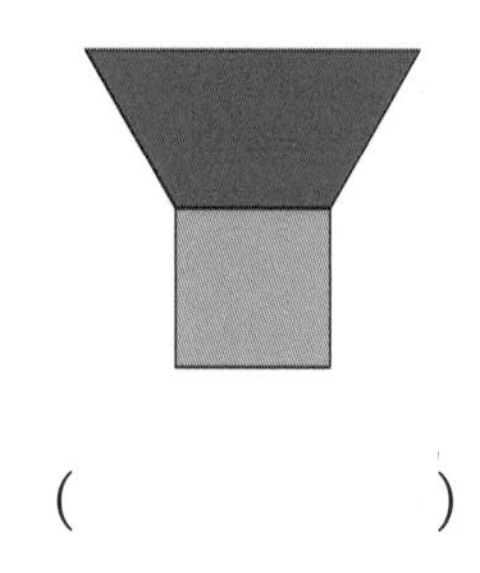

( )

2 알맞은 말에 ○표 하세요.

❶ 도형을 밀면 모양은 (변합니다 , 변하지 않습니다).

❷ 도형을 밀면 민 방향에 따라 위치가 (바뀝니다 , 바뀌지 않습니다).

3 도형을 화살표 방향으로 밀었을 때의 도형을 그려 보세요.

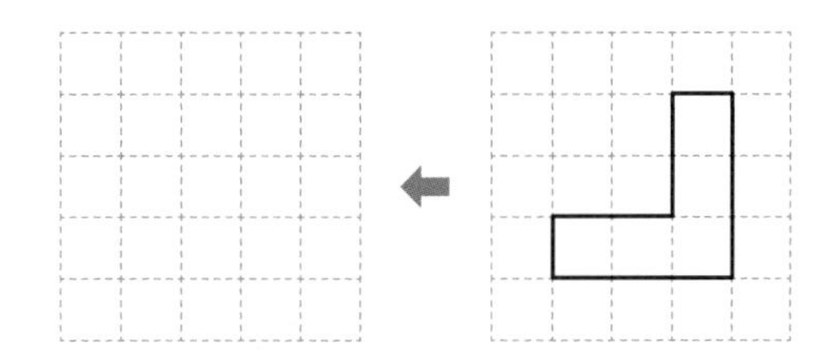

4 도형의 이동 방법을 설명해 보세요.

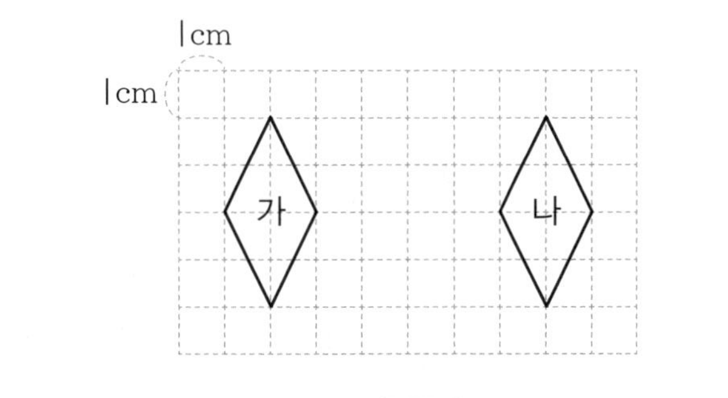

가 도형은 나 도형을 ☐쪽으로 ☐ cm 밀어서 이동한 도형입니다.

5 도형을 오른쪽과 위쪽으로 5 cm 밀었을 때의 도형을 각각 그려 보세요.

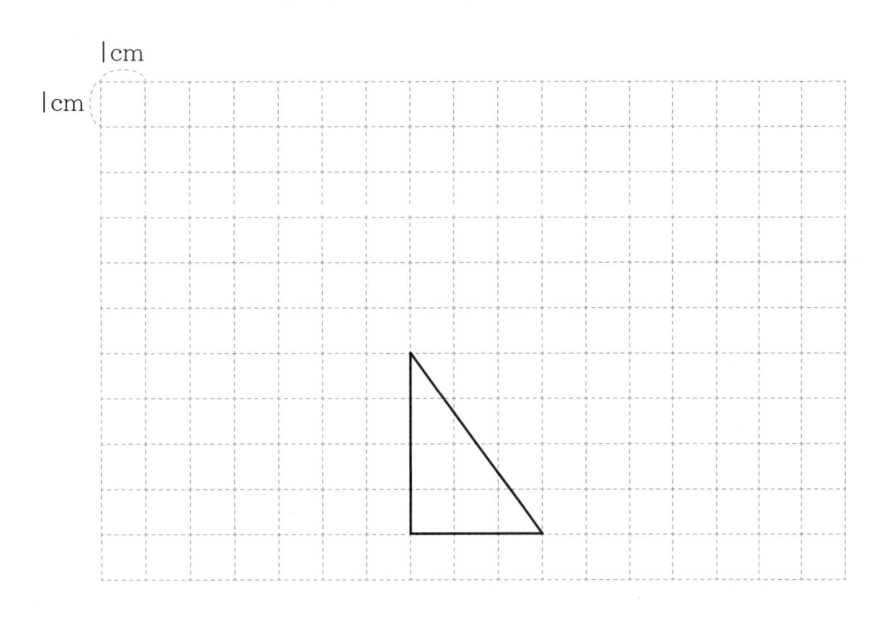

평면도형 뒤집기

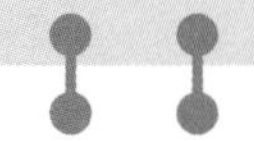
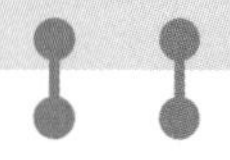

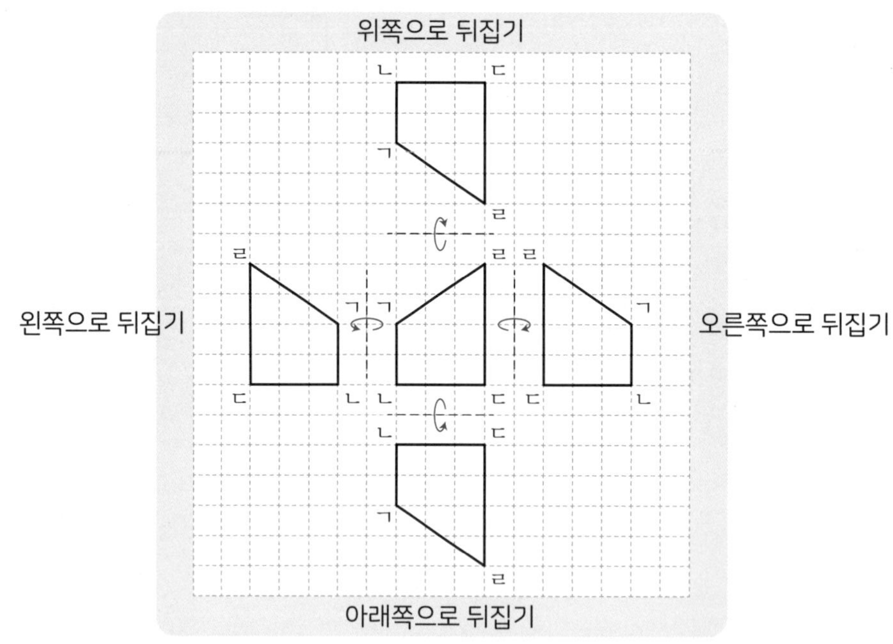

도형을 오른쪽이나 왼쪽으로 뒤집으면 오른쪽과 왼쪽이 서로 바뀝니다.
도형을 위쪽이나 아래쪽으로 뒤집으면 위쪽과 아래쪽이 서로 바뀝니다.

1 모양 조각을 아래쪽으로 뒤집었습니다. 알맞은 것을 찾아 ○표 하세요.

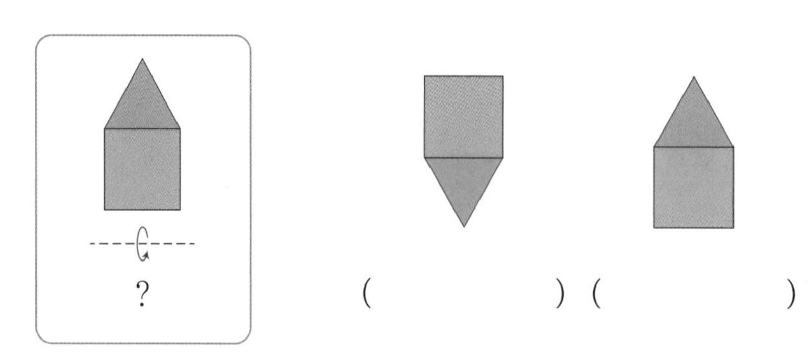

2 설명이 맞으면 ○표, 틀리면 ×표 하세요.

❶ 도형을 위쪽으로 뒤집으면 도형의 방향은 뒤집기 전과 똑같습니다. (　　　　　)

❷ 도형을 왼쪽으로 뒤집으면 도형의 오른쪽과 왼쪽이 서로 바뀝니다. (　　　　　)

3 도형을 왼쪽과 오른쪽으로 뒤집었을 때의 도형을 그려 보세요.

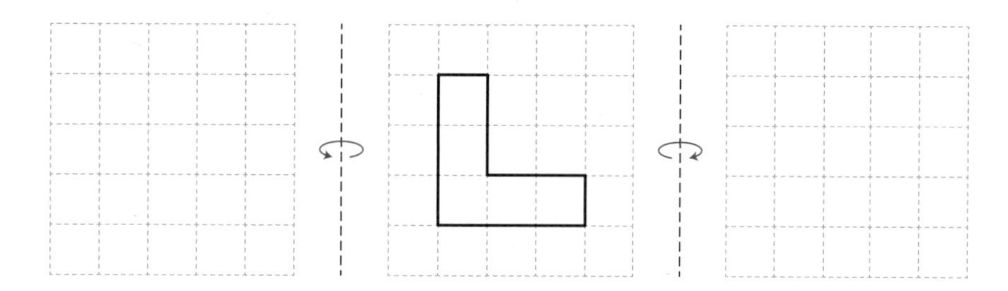

4 도형을 왼쪽, 오른쪽, 위쪽, 아래쪽으로 뒤집었을 때의 도형을 각각 그려 보세요.

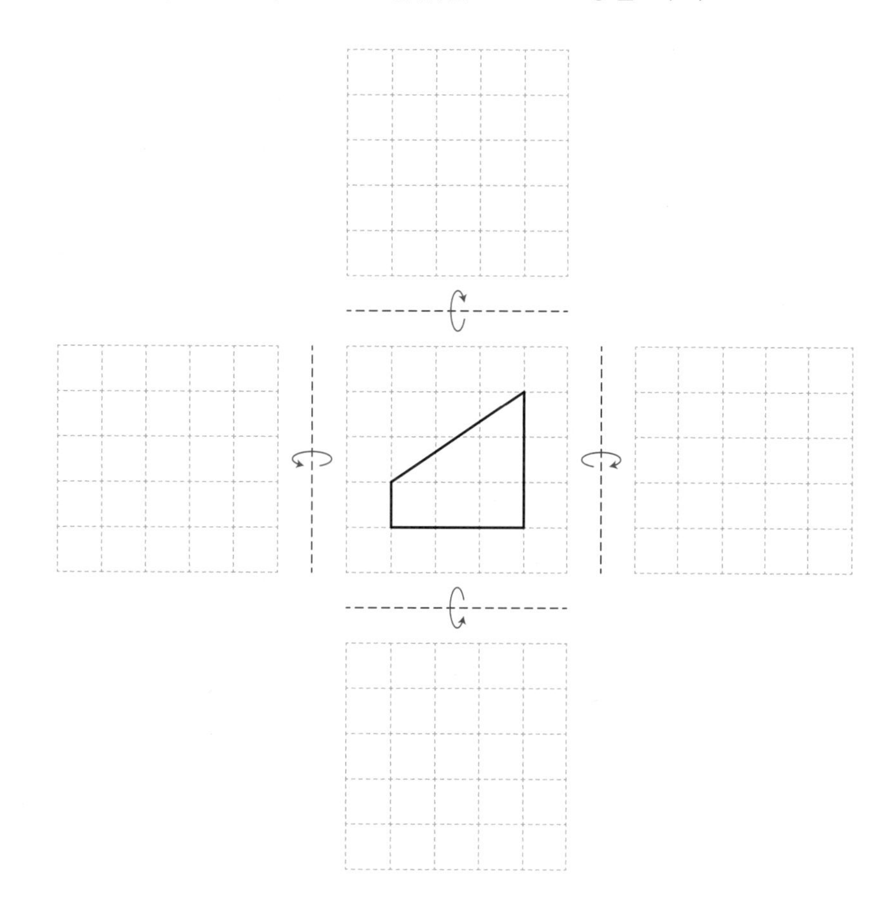

5 위쪽으로 뒤집었을 때의 모양이 처음 모양과 같은 알파벳을 모두 찾아 기호를 써 보세요.

( )

평면도형 돌리기

• 평면도형을 시계 방향으로 90°, 180°, 270°, 360° 돌리기

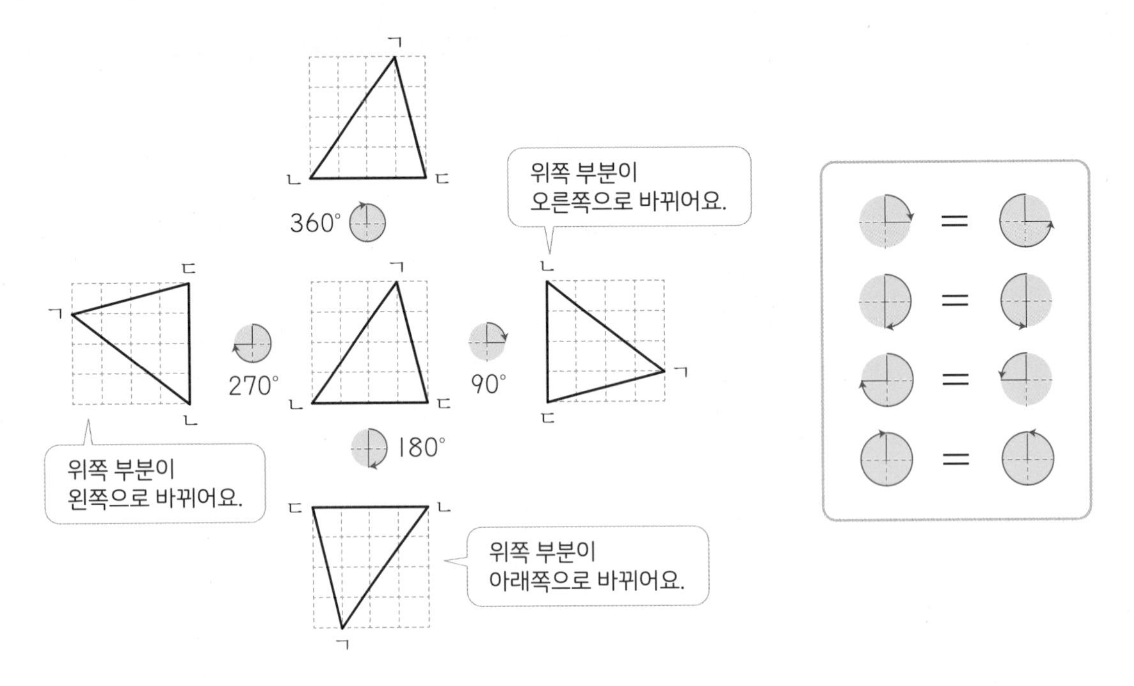
ㄱ
ㄴ
ㄷ
360°
위쪽 부분이
오른쪽으로 바뀌어요.
270°
90°
180°
위쪽 부분이
왼쪽으로 바뀌어요.
위쪽 부분이
아래쪽으로 바뀌어요.
=

도형을 돌리면 **모양은 변하지 않고, 방향만 바뀝니다.**

1 모양 조각을 시계 방향으로 180°만큼 돌렸습니다. 알맞은 것을 찾아 ○표 하세요.

?

( ) ( )

2 도형을 시계 방향과 시계 반대 방향으로 90°만큼 돌렸을 때의 도형을 각각 그려 보세요.

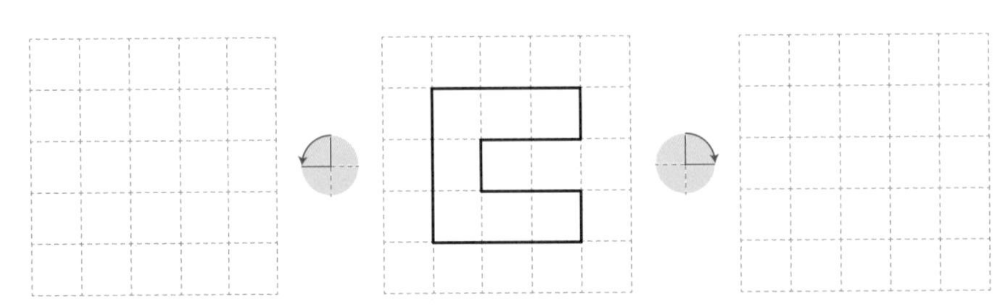

3 □ 안에 알맞은 기호를 써넣으세요.

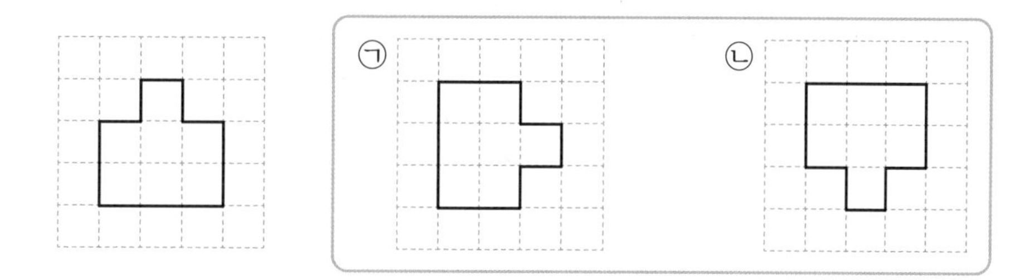

❶ 주어진 도형을 시계 방향으로 90°만큼 돌리면 □이 됩니다.

❷ 주어진 도형을 시계 반대 방향으로 180°만큼 돌리면 □이 됩니다.

4 도형을 시계 반대 방향으로 주어진 각도만큼 돌렸을 때의 도형을 각각 그려 보세요.

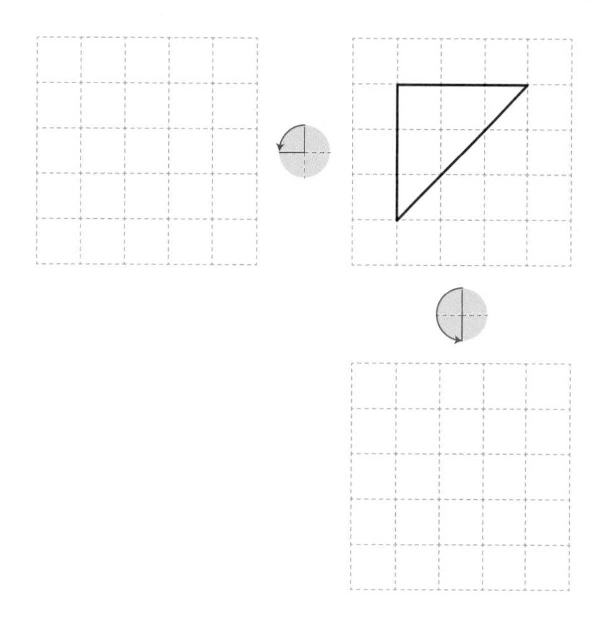

5 두 친구가 모양을 보고 대화를 나누었습니다. 바르게 말한 친구에게 ○표 하세요.

동규: **N**을 시계 반대 방향으로 90°만큼 돌렸더니 **Z**가 되었어. (　　　　　)

민서: **N**을 시계 방향으로 180°만큼 돌렸더니 **Z**가 되었어. (　　　　　)

평면도형 뒤집고 돌리기

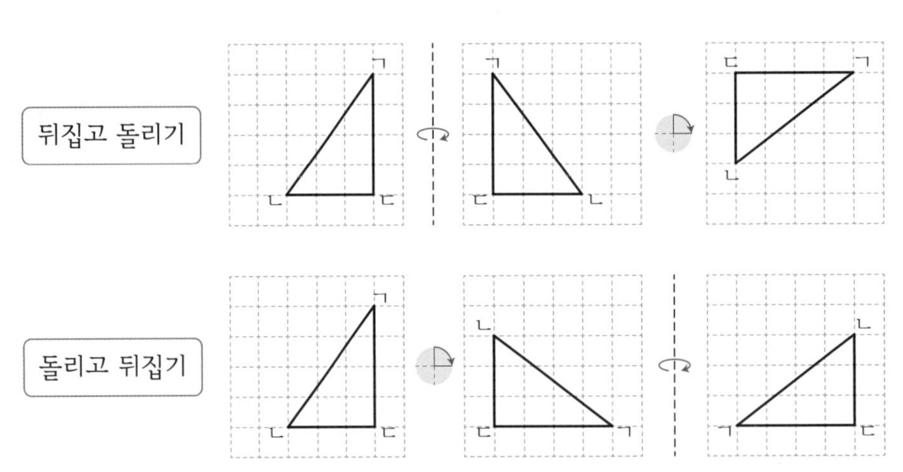

도형을 움직인 순서가 다르면 도형의 방향이 다를 수 있습니다.

1 모양 조각을 오른쪽으로 뒤집고 시계 방향으로 90°만큼 돌렸습니다. 알맞은 것을 찾아 ○표 하세요.

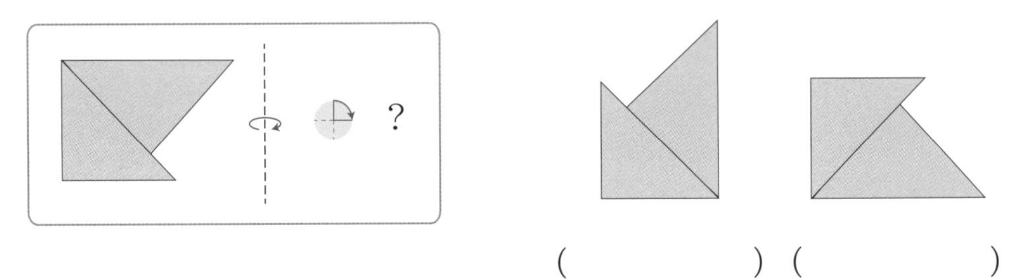

( ) ( )

2 도형을 보고 움직인 방법을 설명해 보세요.

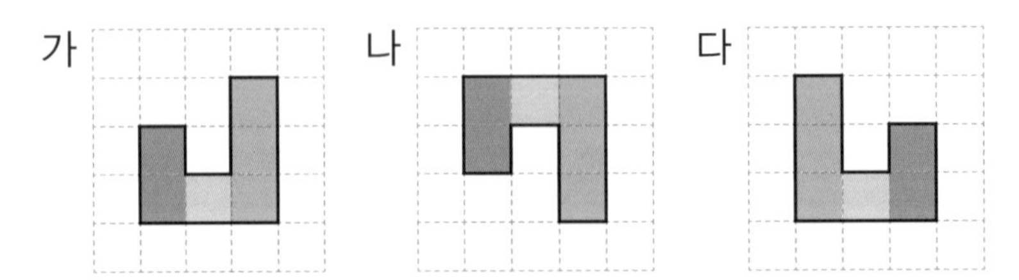

가를 (위쪽 , 오른쪽)으로 뒤집으면 나가 됩니다. 나를 시계 방향으로 (270° , 180°)만큼 돌리면 다가 됩니다.

3 도형을 뒤집고 돌린 모양과 돌리고 뒤집은 모양을 각각 그려 보세요.

❶ 도형을 오른쪽으로 뒤집고 시계 방향으로 90°만큼 돌렸을 때의 모양

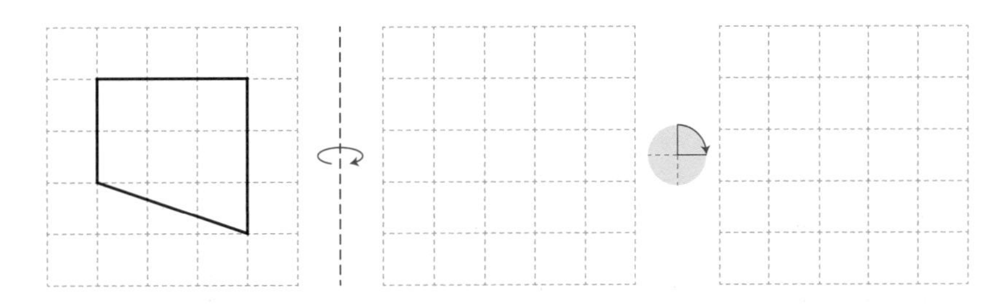

❷ 도형을 시계 방향으로 90°만큼 돌리고 오른쪽으로 뒤집었을 때의 모양

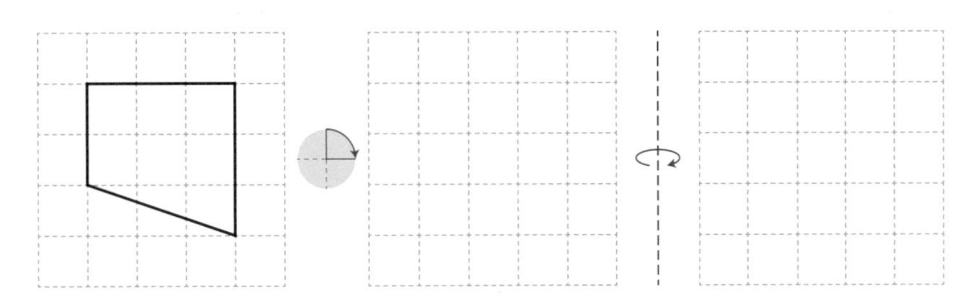

4 알맞은 말에 ○표 하세요.

❶ 도형을 움직인 순서가 다르면 도형의 방향이 (일정합니다 , 다를 수 있습니다).

❷ 뒤집고 돌린 도형을 그릴 때에는 (뒤집은 , 돌린) 도형을 먼저 그려야 합니다.

5 도형을 아래쪽으로 뒤집고 시계 반대 방향으로 90°만큼 돌렸을 때의 도형을 그려 보세요.

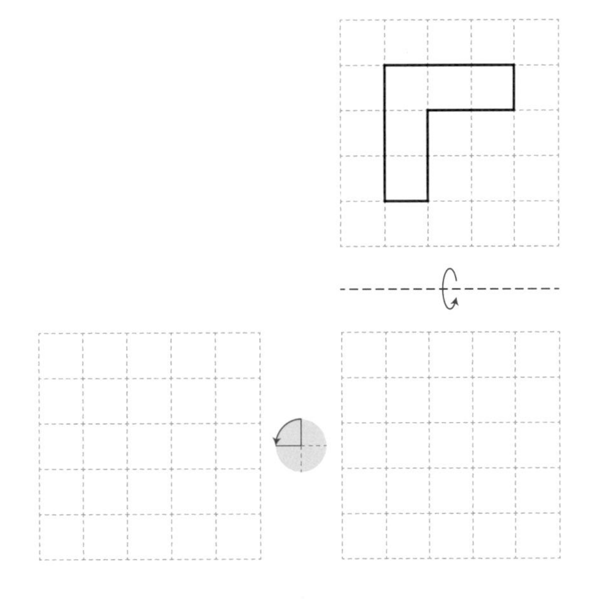

무늬 꾸미기

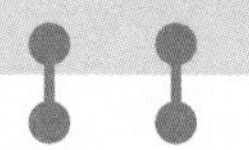

모양을 밀기, 뒤집기, 돌리기하여 규칙적인 무늬를 만들 수 있습니다.

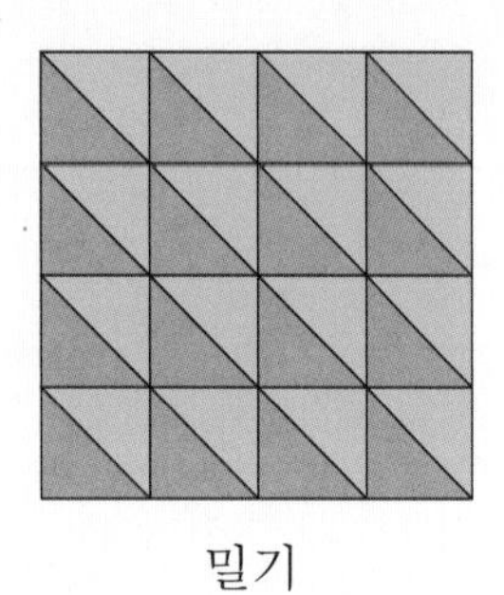

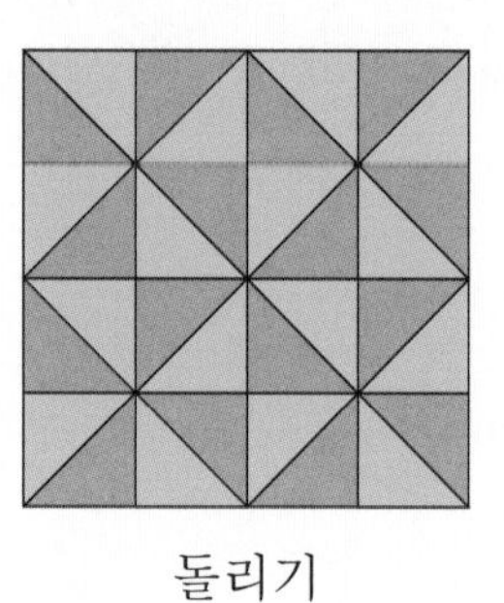

밀기　　뒤집기　　돌리기

1 모양을 이용하여 무늬를 만든 방법으로 알맞은 것끼리 선으로 이어 보세요.

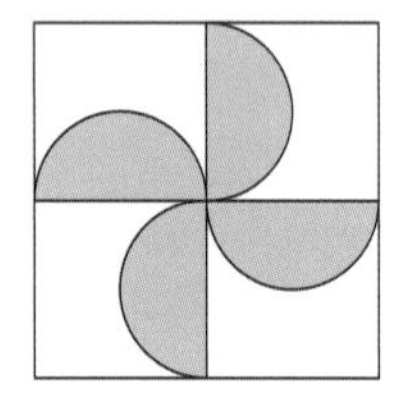

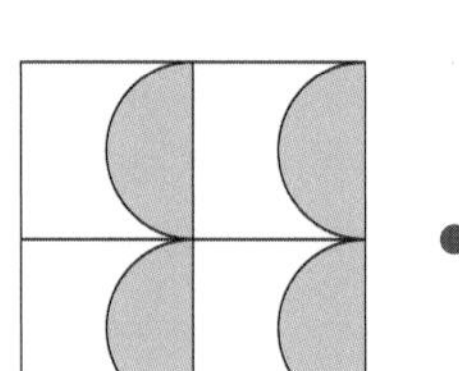

밀기

뒤집기

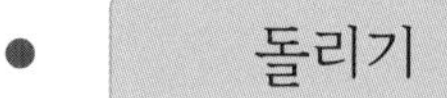

2 모양으로 밀기를 이용하여 규칙적인 무늬를 만들어 보세요.

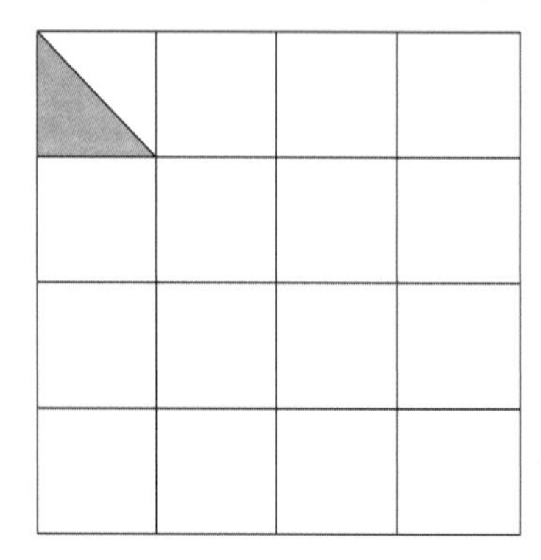

3 모양을 뒤집기를 이용하여 규칙적인 무늬를 만들었습니다. 빈칸에 들어갈 모양을 그려 보세요.

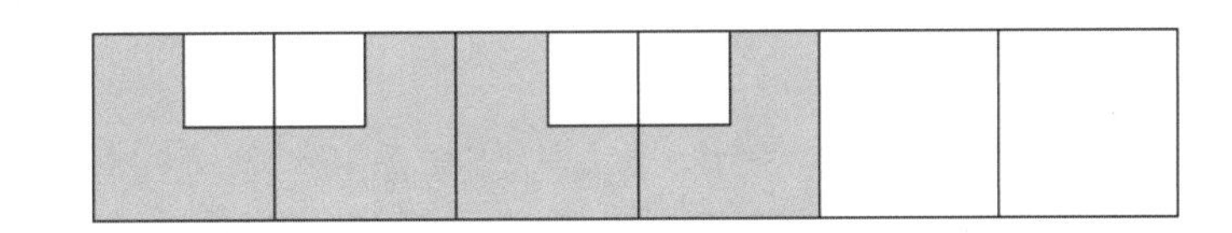

4 모양으로 규칙적인 무늬를 만들었습니다. 어떤 방법을 이용하여 무늬를 꾸몄는지 바르게 이야기한 친구에게 ○표 하세요.

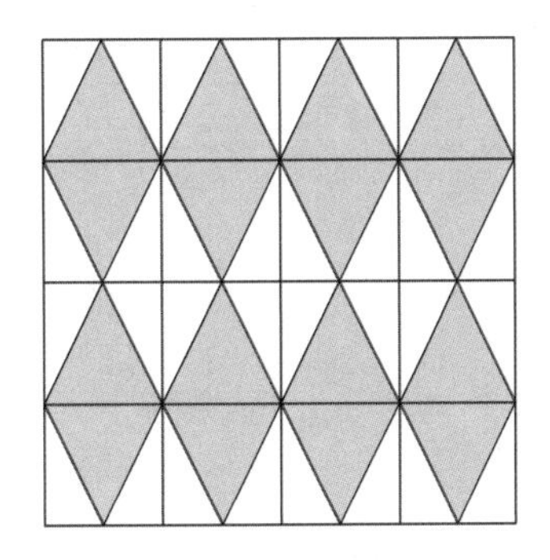

호연: 모양을 위쪽과 아래쪽으로 뒤집기를 반복하면 이 무늬를 만들 수 있어. (   )

예원: 모양을 아래쪽으로 밀어서 만든 무늬야. (   )

5 모양으로 돌리기를 이용하여 규칙적인 무늬를 만들어 보세요.

연습 문제

1 주어진 도형을 왼쪽, 오른쪽, 위쪽, 아래쪽으로 밀었을 때의 도형을 각각 그려 보세요.

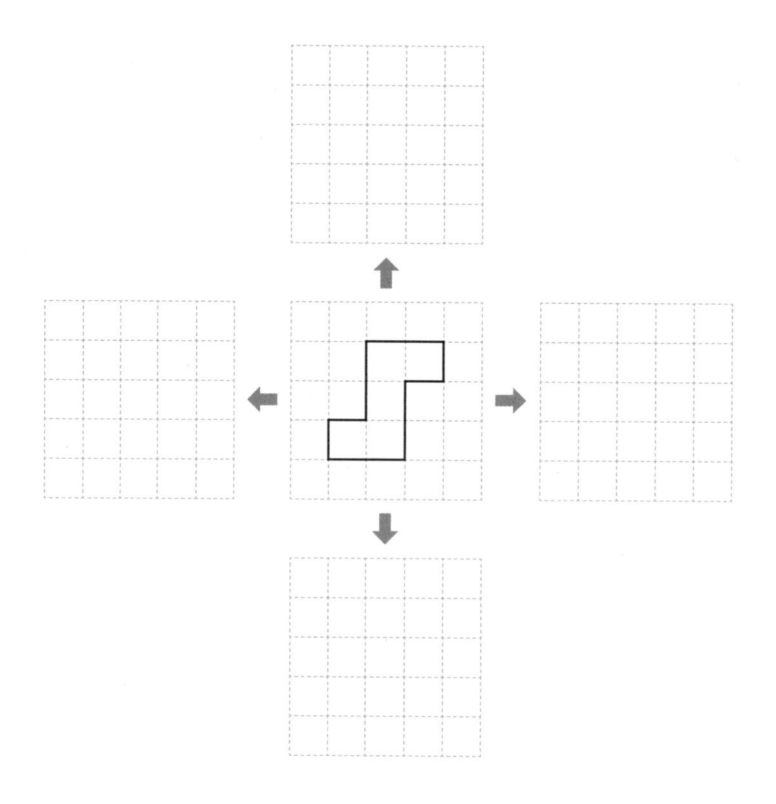

2 주어진 도형을 왼쪽, 오른쪽, 위쪽, 아래쪽으로 뒤집었을 때의 도형을 각각 그려 보세요.

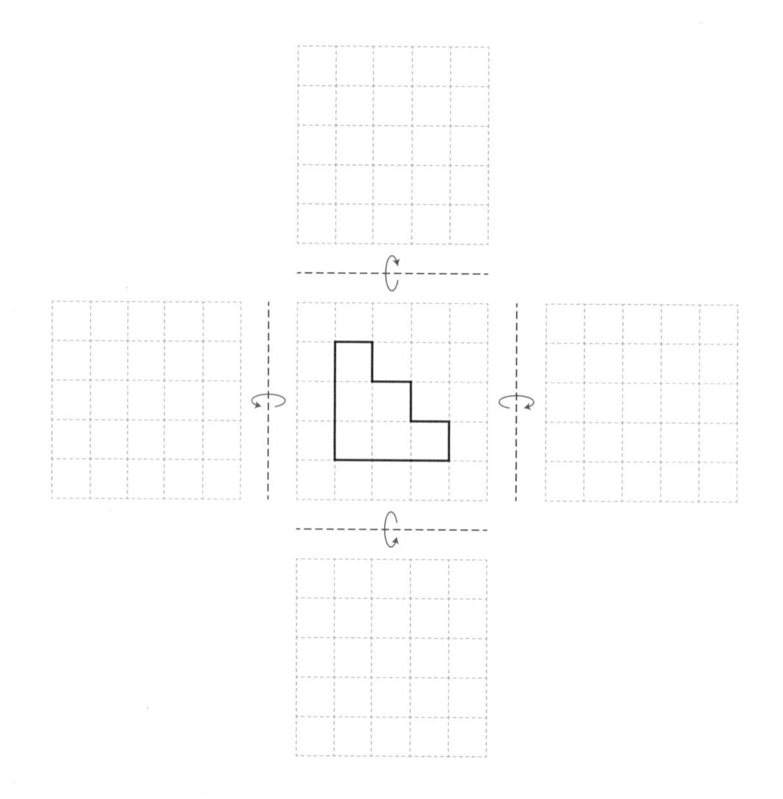

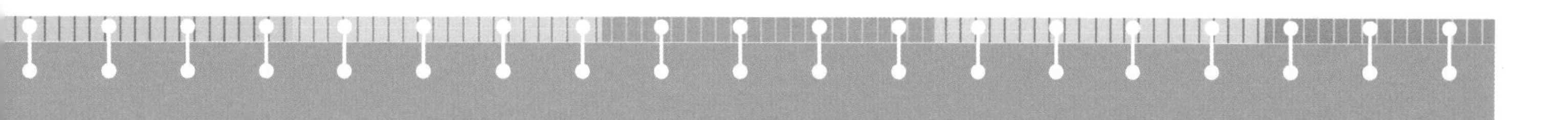

3 시계 반대 방향으로 주어진 각도만큼 돌렸을 때의 도형을 각각 그려 보세요.

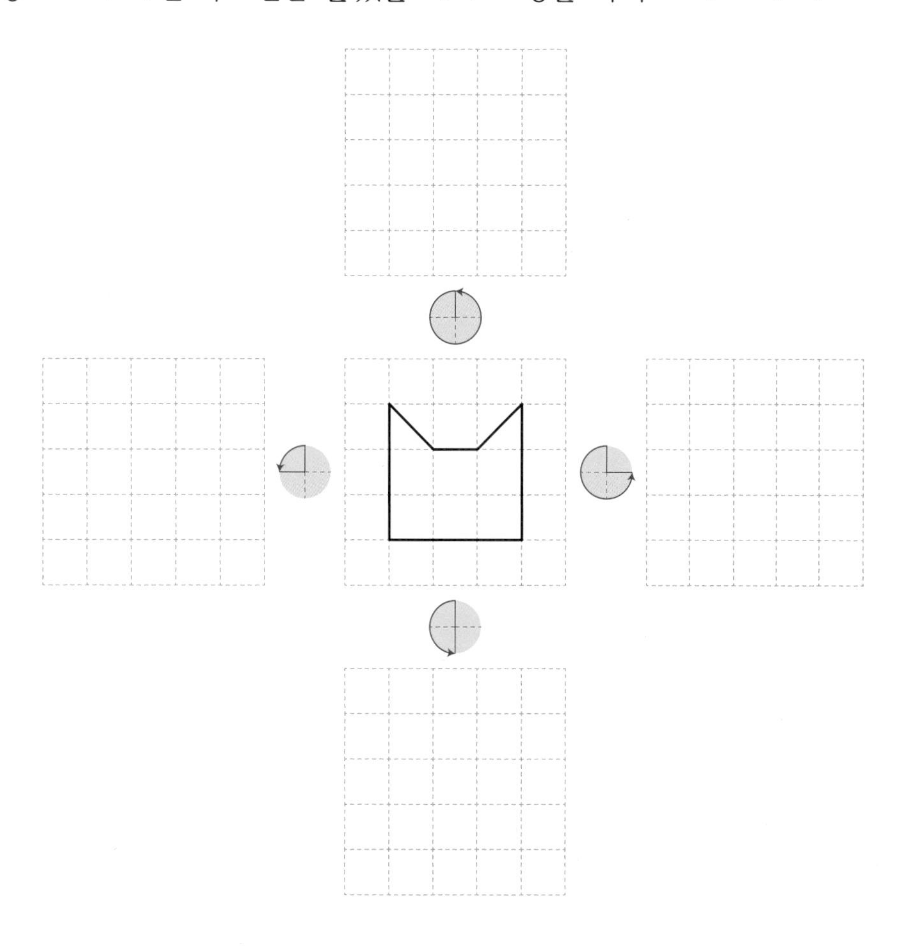

4 시계 방향으로 270°만큼 돌리고 아래쪽으로 뒤집었을 때의 도형을 그려 보세요.

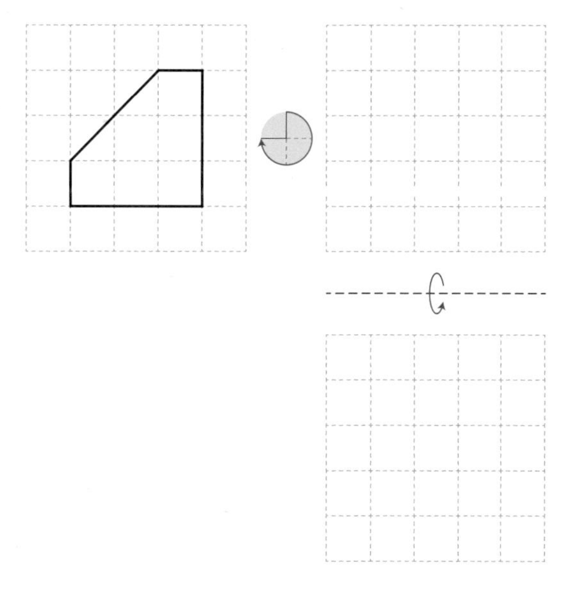

단원 평가

1 오른쪽 도형을 왼쪽으로 밀었습니다. 알맞은 말에 ○표 하세요.

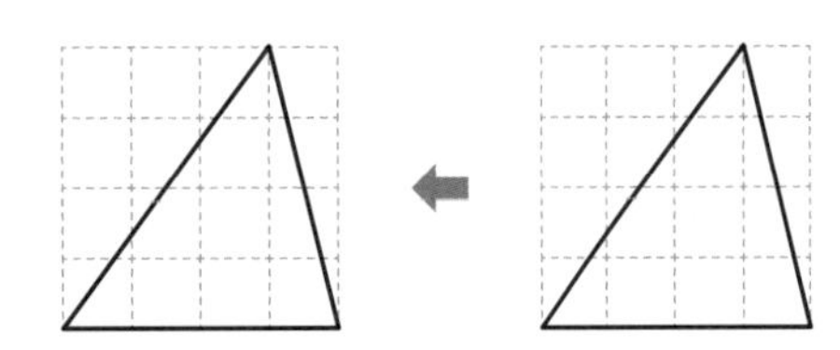

도형을 밀면 모양은 (변하고 , 변하지 않고),
위치는 (변합니다 , 변하지 않습니다).

2 도형을 왼쪽으로 7 cm 밀고 아래쪽으로 2 cm 밀었을 때의 도형을 그려 보세요.

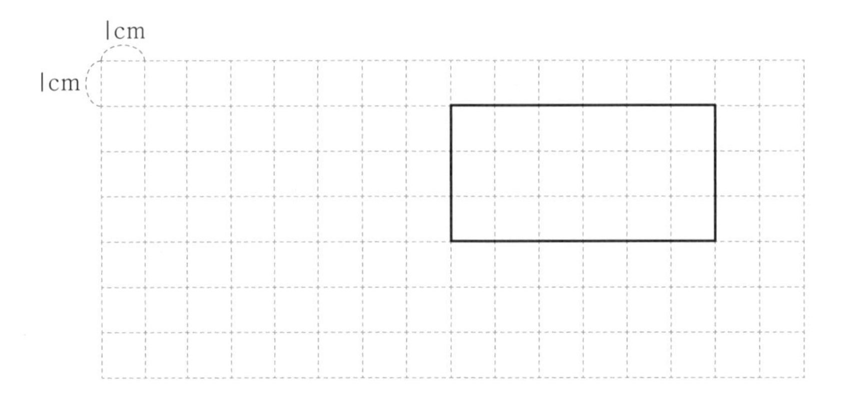

3 처음 도형과 아래쪽으로 뒤집었을 때의 도형의 모양이 같은 것을 모두 찾아 기호를 써 보세요.

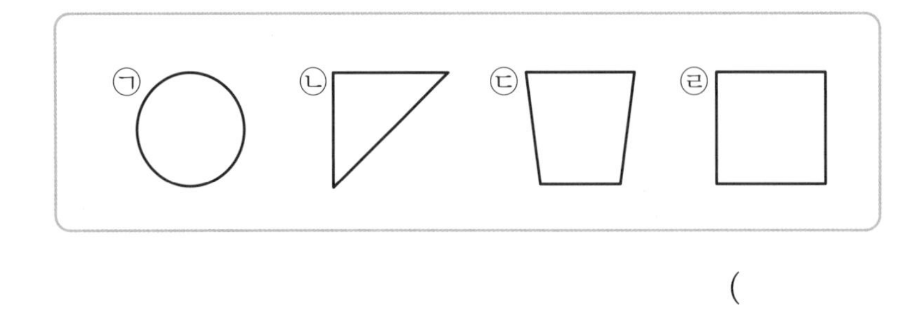

( )

4 어떤 도형을 시계 방향으로 90°만큼 돌린 도형입니다. 돌리기 전의 도형을 찾아 기호를 써 보세요.

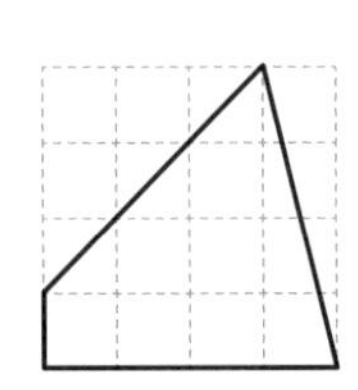

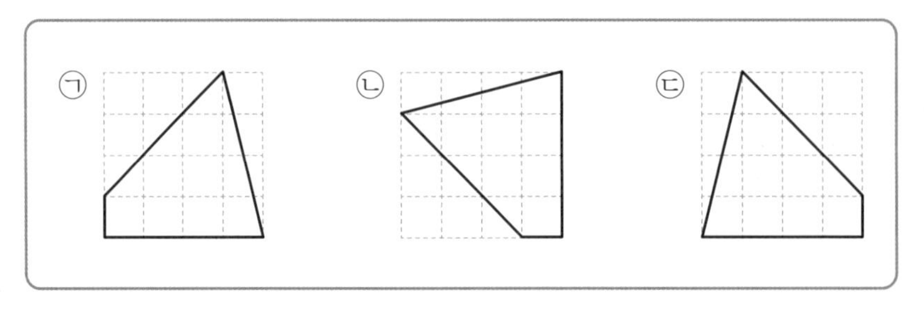

( )

5 돌리기를 했을 때 서로 같은 모양이 되는 것끼리 선으로 이어 보세요.

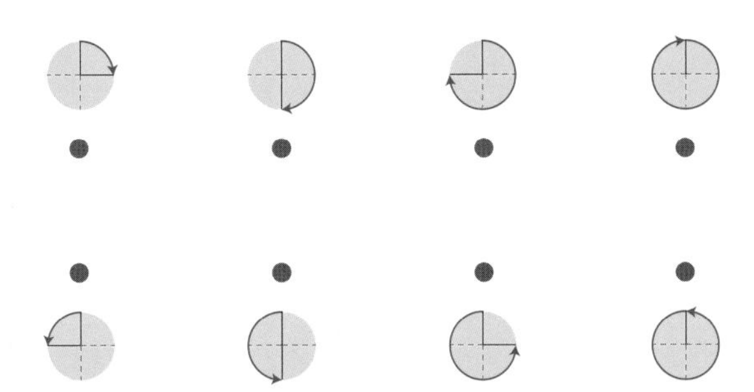

6 파란색 모양 조각을 움직여서 빈 곳을 채우려고 합니다. 모양 조각을 어떻게 움직여야 하는지 바르게 설명한 것을 모두 찾아 기호를 써 보세요.

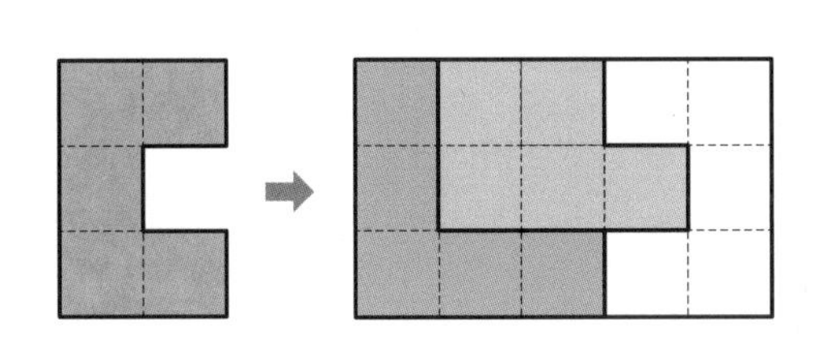

㉠ 시계 방향으로 180°만큼 돌립니다.

㉡ 시계 반대 방향으로 90°만큼 돌립니다.

㉢ 아래쪽으로 뒤집습니다.

㉣ 왼쪽으로 뒤집습니다.

( )

7 주어진 수를 시계 방향으로 180°만큼 돌리고 오른쪽으로 뒤집었을 때 나타나는 수를 구해 보세요.

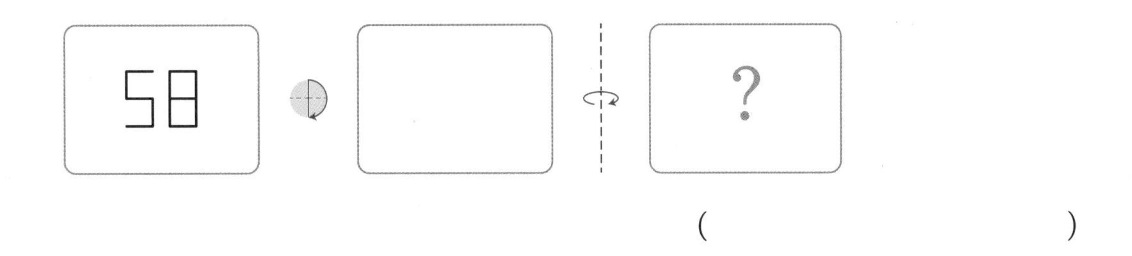

( )

8 다음 무늬를 만든 방법을 바르게 설명한 것을 찾아 기호를 써 보세요.

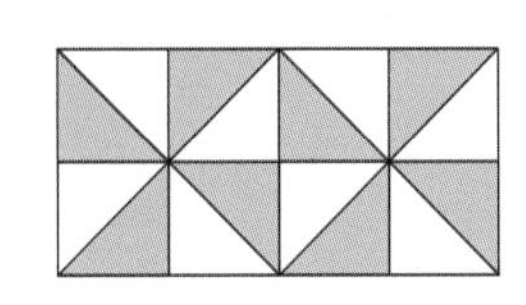

㉠ 모양을 시계 방향으로 90° 만큼 돌려서 만듭니다.

㉡ 모양을 아래쪽으로 뒤집어서 만듭니다.

( )

실력 키우기

1 도형을 아래쪽으로 2번 뒤집고 시계 반대 방향으로 180°만큼 돌렸을 때의 도형을 그려 보세요.

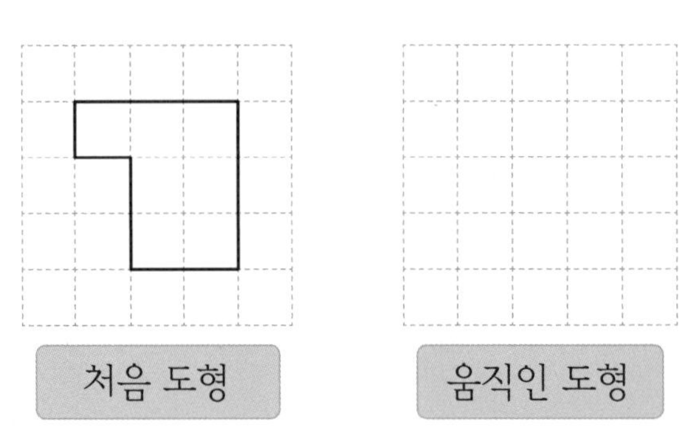

2 어떤 도형을 시계 반대 방향으로 90°만큼 2번 돌리고 아래쪽으로 3번 뒤집었더니 다음과 같은 도형이 되었습니다. 처음 도형을 그려 보세요.

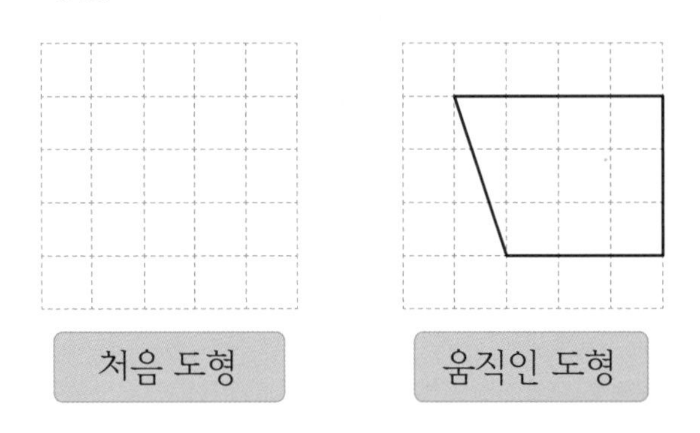

3 도형을 움직인 방법을 찾아 기호를 써 보세요.

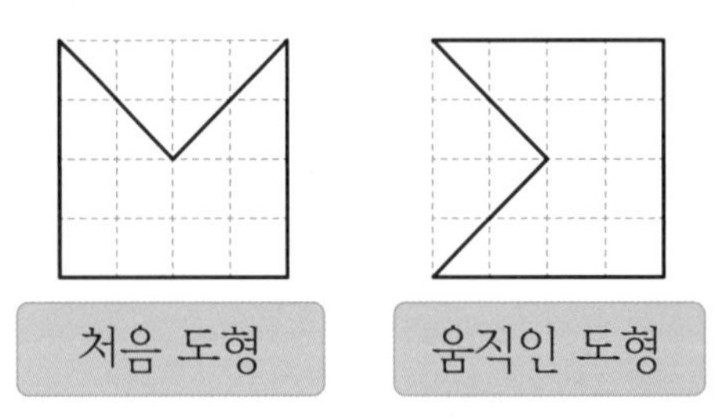

㉠ 왼쪽으로 2번 뒤집고 시계 반대 방향으로 180°만큼 돌리기

㉡ 아래쪽으로 뒤집고 시계 방향으로 90°만큼 돌리기

㉢ 위쪽으로 3번 뒤집고 시계 방향으로 90°만큼 2번 돌리기

( )

5. 막대그래프

- 막대그래프 알아보기
- 막대그래프 보고 내용 알아보기
- 막대그래프 그리는 방법 알아보기
- 자료를 조사하여 막대그래프로 나타내기
- 실생활에서 막대그래프를 이용하고 해석하기

막대그래프 알아보기

조사한 자료의 수량을 막대 모양으로 나타낸 그래프를 막대그래프라고 합니다.

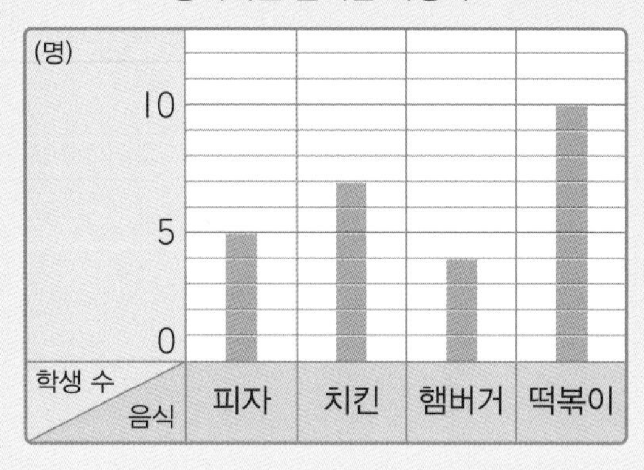

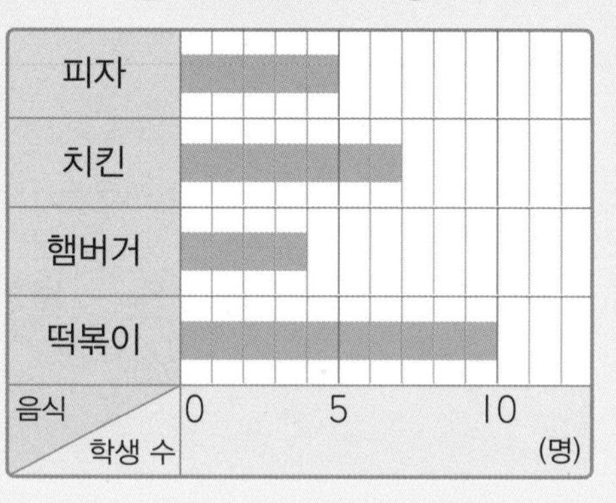

[1~3] 동이가 요일별로 넘은 줄넘기 횟수를 나타낸 그래프입니다. 물음에 답하세요.

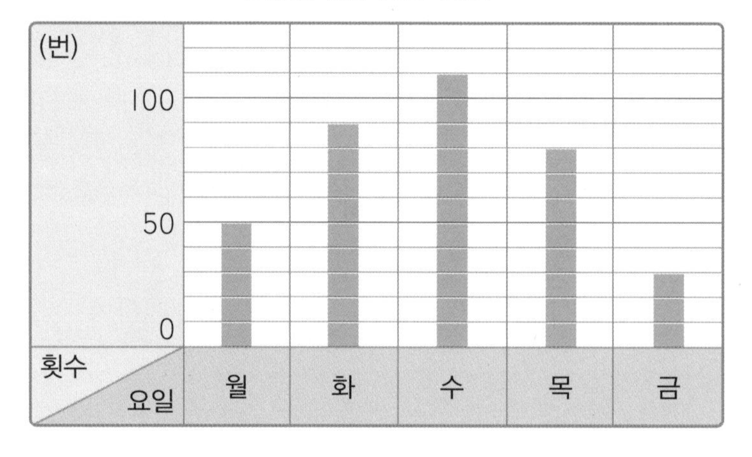

1 자료의 수량을 막대 모양으로 나타낸 그래프를 무엇이라고 하나요?

( )

2 가로와 세로는 각각 무엇을 나타내나요?

가로 ( ), 세로 ( )

3 세로 눈금 한 칸은 몇 번을 나타내나요?

( )번

[4~7] 유섭이네 반 학생들이 여름방학에 가고 싶은 곳을 조사하여 나타낸 표와 막대그래프입니다. 물음에 답하세요.

여름방학에 가고 싶은 곳별 학생 수

가고 싶은 곳	놀이동산	수영장	바다	계곡	합계
학생 수(명)	4	5	9	8	26

여름방학에 가고 싶은 곳별 학생 수

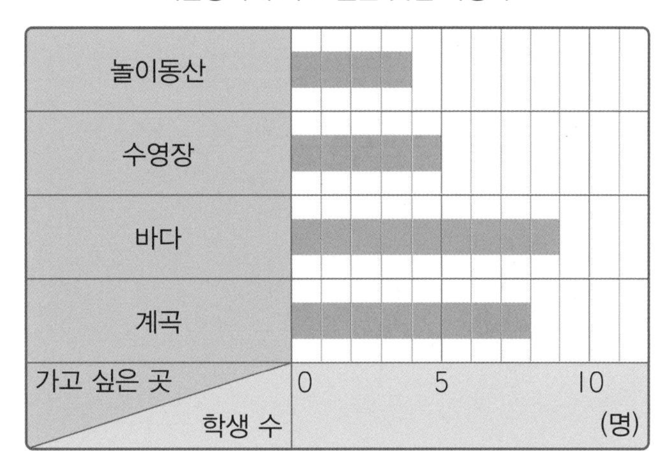

4 무엇을 조사하여 막대그래프로 나타내었나요?

( )

5 막대그래프의 가로와 세로는 각각 무엇을 나타내나요?

가로 ( ), 세로 ( )

6 가로 눈금 한 칸은 몇 명을 나타내나요?

( )명

7 표와 막대그래프의 특징을 찾아 기호를 써 보세요.

㉠ 학생 수를 숫자로 나타냅니다.
㉡ 학생 수를 막대의 길이로 나타냅니다.
㉢ 막대의 길이로 자료의 많고 적음을 한눈에 비교하기 쉽습니다.
㉣ 조사한 전체 학생 수가 몇 명인지 나타나 있습니다.

표 ( ), 막대그래프 ( )

막대그래프 보고 내용 알아보기

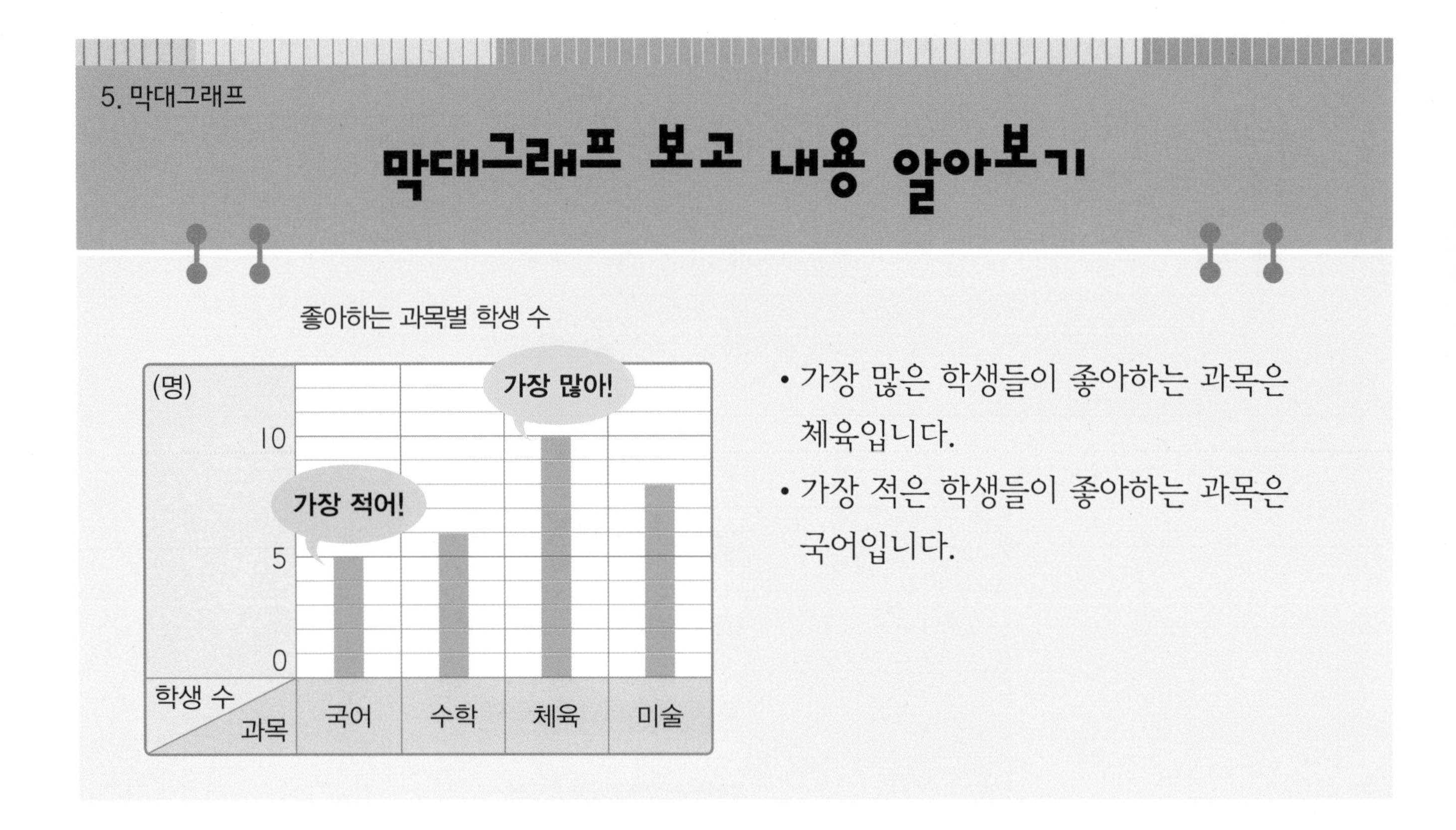

- 가장 많은 학생들이 좋아하는 과목은 체육입니다.
- 가장 적은 학생들이 좋아하는 과목은 국어입니다.

[1~3] 세희네 학교 4학년 학생들의 장래 희망을 조사하여 나타낸 막대그래프입니다. 물음에 답하세요.

장래 희망별 학생 수

장래 희망 \ 학생 수	
의사	
연예인	
선생님	
요리사	
	0 50 100 (명)

1 요리사가 되고 싶은 학생들은 모두 몇 명인가요?

( )명

2 가장 많은 학생들이 원하는 장래 희망은 무엇인가요?

( )

3 가장 적은 학생들이 원하는 장래 희망은 무엇인가요?

( )

4 명호네 반 학생들이 좋아하는 동물을 조사하여 나타낸 막대그래프입니다. 알맞은 말에 ○표 하세요.

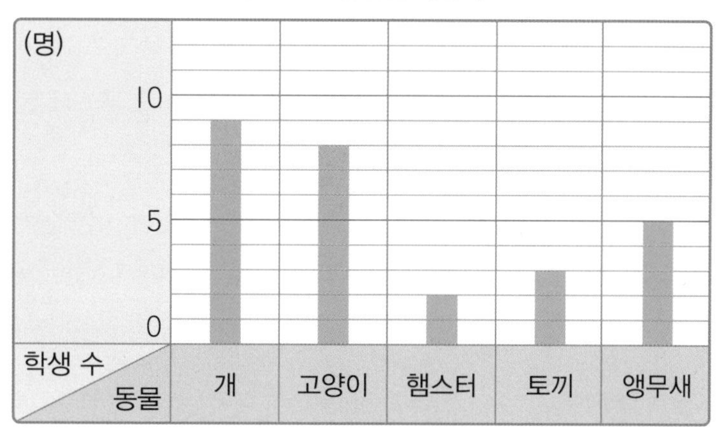

❶ 가장 많은 학생들이 좋아하는 동물은 (개 , 고양이 , 햄스터)입니다.

❷ 앵무새를 좋아하는 학생들은 햄스터를 좋아하는 학생보다 (3명 , 4명) 더 많습니다.

❸ 개를 좋아하는 학생 수는 토끼를 좋아하는 학생 수의 (2배 , 3배)입니다.

[5~6] 4학년 1반과 2반 학생들이 하고 싶은 운동을 조사하여 각각 나타낸 막대그래프입니다. 물음에 답하세요.

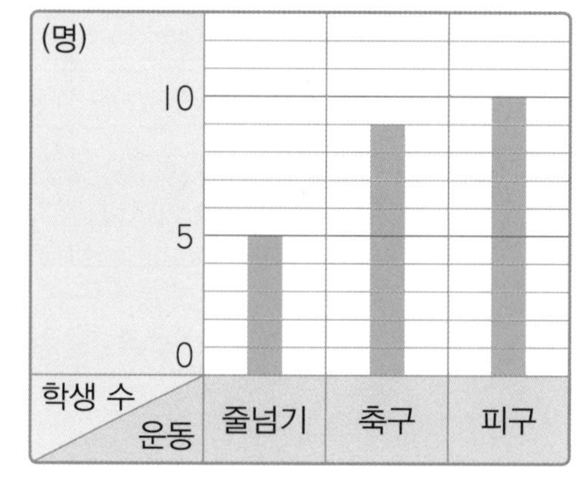

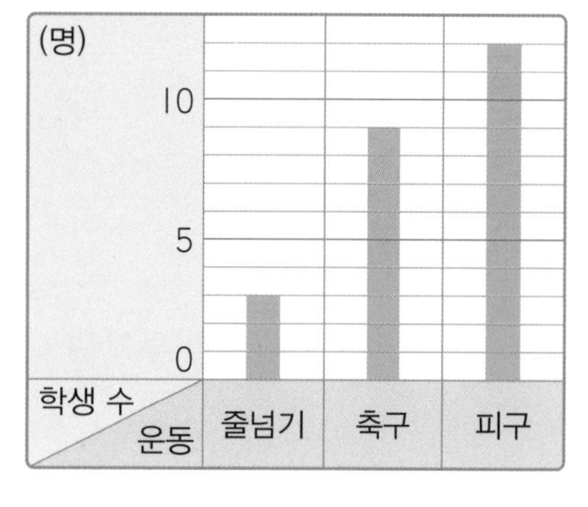

5 4학년 1반과 2반에서 가장 많은 학생들이 하고 싶어 하는 운동은 각각 무엇인지 써 보세요.

1반 ( ), 2반 ( )

6 4학년 1반과 2반이 같이 운동을 한다면 어떤 운동으로 정하면 좋을지 써 보세요.

( )

막대그래프 그리는 방법 알아보기

좋아하는 운동별 학생 수

(명)
10
5
0
학생 수
운동
축구
피구
수영
배드민턴

❶ 가로는 운동, 세로는 학생 수로 나타냅니다.

❷ 세로 눈금 1칸은 1명을 나타냅니다.

❸ 운동마다 학생 수만큼 막대를 그립니다.

❹ 조사한 내용을 제목으로 적습니다.

[1~3] 현수네 가족이 줄넘기를 한 횟수를 조사하여 막대그래프로 나타내려고 합니다. 물음에 답하세요.

현수네 가족의 줄넘기 횟수

가족	아버지	어머니	현수	동생
횟수(번)	80	100	60	40

현수네 가족의 줄넘기 횟수

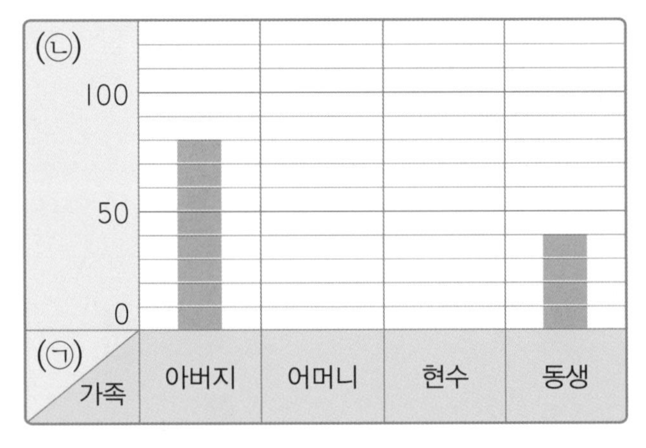

1 가로에 가족을 나타내면 세로에 무엇을 나타내야 하는지 ㉠과 ㉡에 알맞은 말을 써 보세요.

㉠ (　　　　　　　　), ㉡ (　　　　　　　　)

2 세로 눈금 한 칸은 몇 번을 나타내나요?

(　　　　　　　　)번

3 막대그래프를 완성해 보세요.

[4~7] 세호네 농장의 종류별 동물 수를 조사하여 막대그래프로 나타내려고 합니다. 물음에 답하세요.

세호네 농장의 종류별 동물 수

동물	닭	오리	돼지	소	합계
동물 수(마리)	10	8	6	4	28

4 가로에 동물을 나타낸다면 세로에는 무엇을 나타내어야 하는지 써 보세요.

( )

5 세로 눈금 한 칸이 1마리를 나타낸다면 오리는 몇 칸으로 나타내어야 하는지 써 보세요.

( )칸

6 표를 보고 막대그래프로 나타내어 보세요.

(마리)				
10				
5				
0				
동물 수 / 동물				

7 세로 눈금 한 칸을 2마리로 나타내어 다시 그래프를 그린다면 오리는 몇 칸으로 나타내어야 하나요?

( )칸

자료를 조사하여 막대그래프로 나타내기

[1~4] 하민이네 반 학생들이 가고 싶은 체험 학습 장소를 조사한 것입니다. 물음에 답하세요.

가고 싶은 체험 학습 장소

놀이공원	민속촌	동물원	놀이공원	놀이공원
미술관	미술관	동물원	놀이공원	민속촌
미술관	놀이공원	놀이공원	동물원	동물원
민속촌	미술관	놀이공원	동물원	놀이공원

1 조사한 결과를 보고 표를 완성해 보세요.

가고 싶은 체험 학습 장소별 학생 수

장소	놀이공원	민속촌	미술관	동물원	합계
학생 수(명)		3			20

2 표를 보고 막대그래프로 나타내어 보세요.

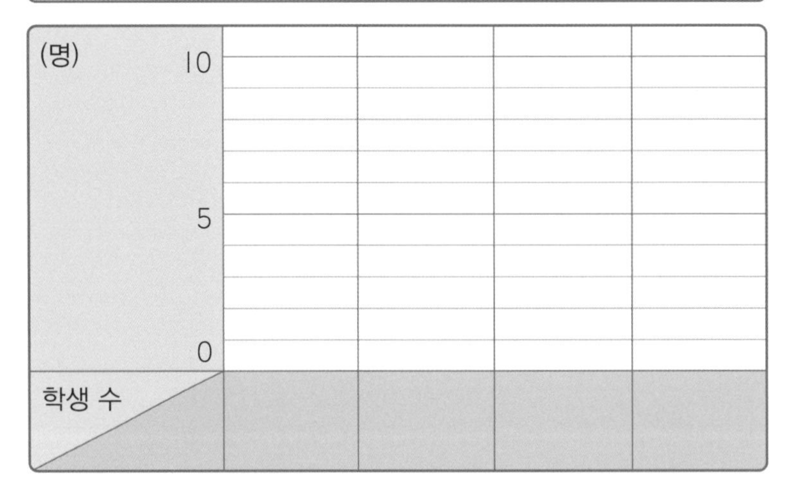

3 가고 싶은 학생 수가 가장 많은 체험 학습 장소부터 순서대로 써 보세요.

( )

4 막대그래프를 보고 체험 학습 장소를 정한다면 어디가 좋은가요?

( )

[5~7] 진아네 반 학생들의 혈액형을 조사한 것입니다. 물음에 답하세요.

학생들의 혈액형

A형	B형
O형	**AB형**

5 조사한 결과를 표로 나타내어 보세요.

혈액형별 학생 수

혈액형	A형	B형	O형	AB형	합계
학생 수(명)					

6 가로 눈금 한 칸을 2명으로 나타낸다면 A형은 몇 칸으로 나타내어야 하나요?

( )칸

7 막대가 가로인 막대그래프로 나타내어 보세요.

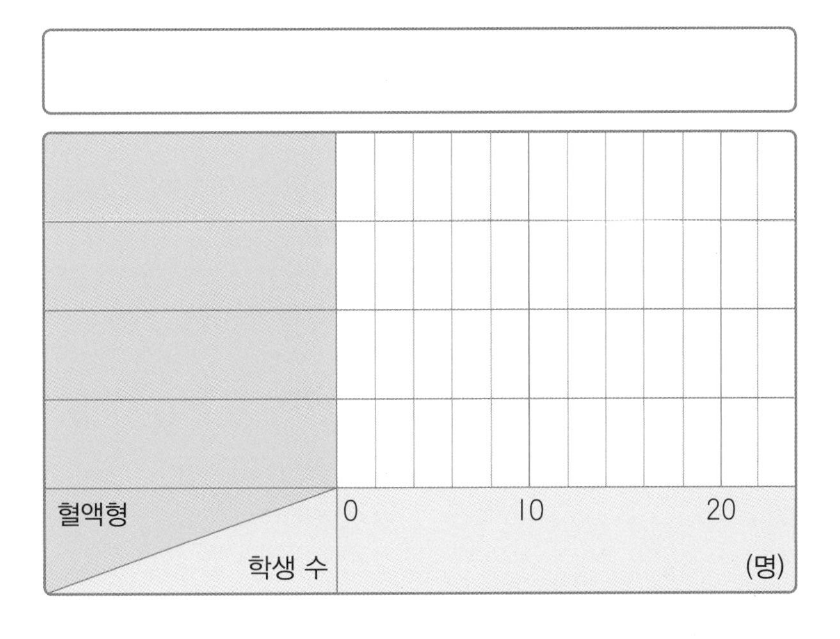

실생활에서 막대그래프를 이용하고 해석하기

[1~3] 선정이네 반 학생들이 한 달 동안 버린 재활용 쓰레기의 양을 조사하여 나타낸 표입니다. 물음에 답하세요.

한 달 동안 버린 재활용 쓰레기의 양

종류	종이류	플라스틱류	병류	캔류	비닐류	합계
쓰레기 양(kg)	9	8	1	2	2	22

1 표를 보고 막대그래프로 나타내어 보세요.

한 달 동안 버린 재활용 쓰레기의 양

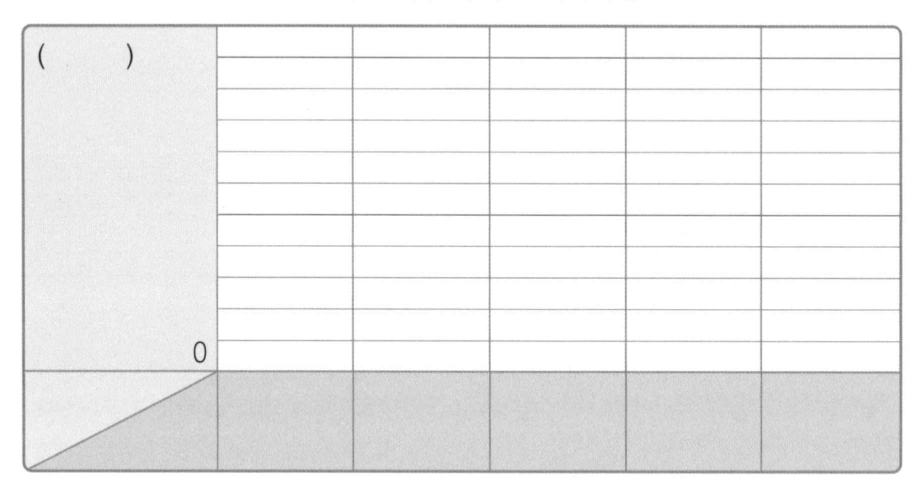

2 가장 많이 버린 재활용 쓰레기는 무엇인지 써 보세요.

( )

3 막대그래프에 대하여 바르게 해석한 사람을 모두 찾아 이름을 써 보세요.

민지: 두 번째로 많이 버린 쓰레기는 플라스틱류야.
현수: 병류와 캔류는 쓰레기 양이 같아.
동희: 가장 적게 버린 쓰레기는 비닐류야.
유진: 플라스틱류의 양은 캔류의 양의 4배야.

( )

[4~7] 서아네 마을의 초등학교별 학생 수를 조사하여 나타낸 막대그래프입니다. 물음에 답하세요.

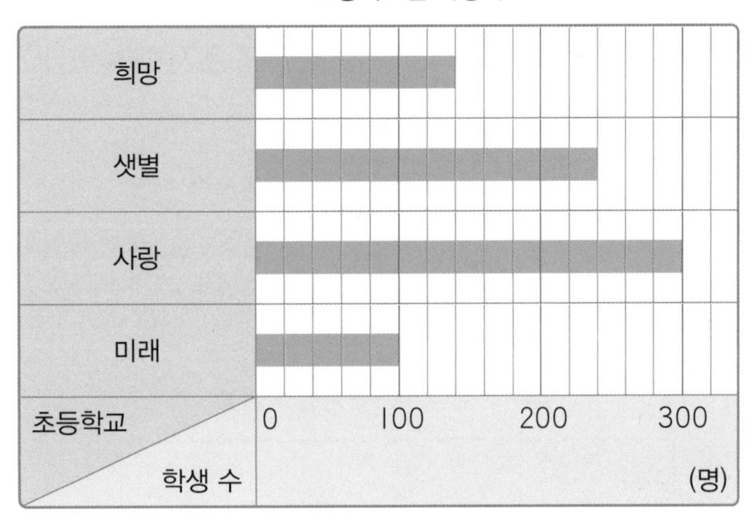

4 막대그래프의 가로와 세로는 각각 무엇을 나타내나요?

가로 ( ), 세로 ( )

5 학생 수가 가장 많은 학교와 가장 적은 학교를 각각 써 보세요.

학생 수가 가장 많은 학교: ( )초등학교

학생 수가 가장 적은 학교: ( )초등학교

6 가로 눈금 한 칸은 몇 명을 나타내나요?

( )명

7 위 막대그래프에 대한 설명으로 옳은 것을 모두 찾아 기호를 써 보세요.

㉠ 샛별초등학교 학생 수는 미래초등학교 학생 수의 2배입니다.

㉡ 희망초등학교는 미래초등학교보다 학생 수가 20명 더 많습니다.

㉢ 학생 수가 200명보다 많은 학교는 샛별초등학교와 사랑초등학교입니다.

㉣ 사랑초등학교 학생 수는 미래초등학교 학생 수의 3배입니다.

( )

연습 문제

[1~4] 정후네 학교 4학년 학생들이 배우고 싶어 하는 운동을 조사하여 막대그래프로 나타내려고 합니다. 물음에 답하세요.

배우고 싶어 하는 운동별 학생 수

운동	농구	수영	탁구	축구	합계
학생 수(명)		24	4	10	

배우고 싶어 하는 운동별 학생 수

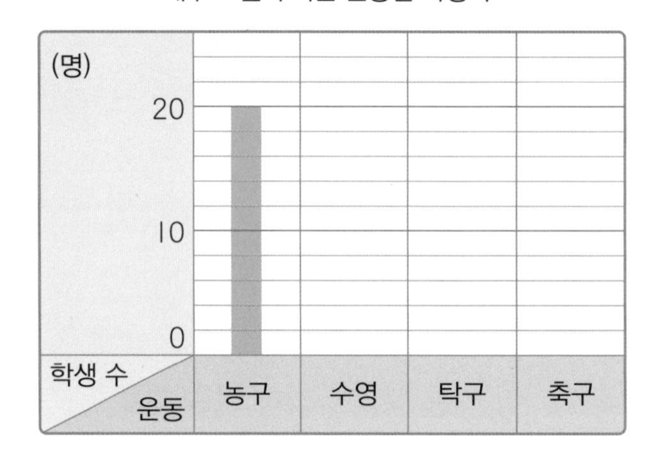

1 농구를 배우고 싶어 하는 학생은 몇 명인가요?

( )명

2 조사한 학생은 모두 몇 명인가요?

( )명

3 세로 눈금 한 칸은 몇 명을 나타내나요?

( )명

4 막대그래프를 완성해 보세요.

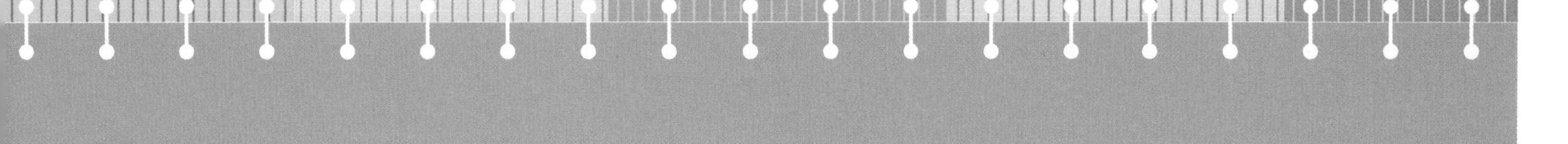

[5~8] 현진이네 학교 학생들이 좋아하는 과목을 조사하여 막대그래프로 나타내려고 합니다. 물음에 답하세요.

좋아하는 과목별 학생 수

과목	수학	국어	과학	체육	합계
학생 수(명)	90	120	70		440

좋아하는 과목별 학생 수

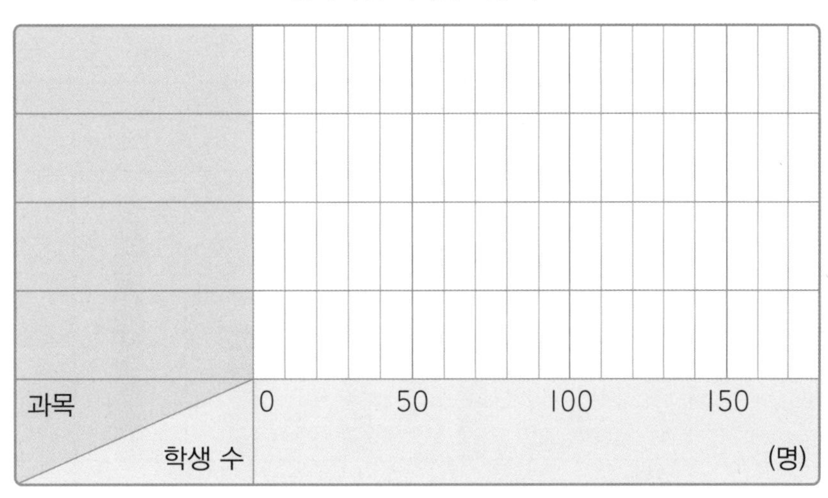

5 체육을 좋아하는 학생은 몇 명인가요?

( )명

6 가로 눈금 한 칸은 몇 명을 나타내나요?

( )명

7 막대그래프를 완성해 보세요.

8 가장 많은 학생들이 좋아하는 과목은 무엇인가요?

( )

단원 평가

1 조사한 자료의 수량을 막대 모양으로 나타낸 그래프를 무엇이라고 하는지 써 보세요.

( )

[2~5] 방과 후 프로그램을 듣는 과목을 조사하여 나타낸 표와 막대그래프입니다. 물음에 답하세요.

방과 후 프로그램 과목별 학생 수

과목	축구	미술	요리	로봇	합계
학생 수 (명)	16	12	10	20	58

방과 후 프로그램 과목별 학생 수

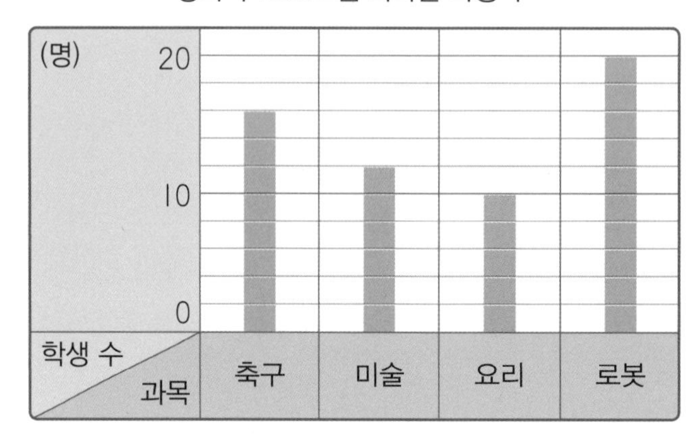

2 막대그래프에서 가로와 세로는 각각 무엇을 나타내나요?

가로 ( ), 세로 ( )

3 세로 눈금 한 칸은 몇 명을 나타내나요?

( )명

4 가장 많은 학생들이 듣는 방과 후 프로그램은 어느 과목인가요?

( )

5 가장 적은 학생들이 듣는 과목을 알아보려면 표와 막대그래프 중 어느 자료가 한눈에 더 잘 드러나나요?

( )

[6~9] 민호네 반 학생들이 자유 시간에 하고 싶은 활동을 조사하여 나타낸 표입니다. 물음에 답하세요.

자유 시간에 하고 싶은 활동별 학생 수

활동	운동	영화 보기	책 읽기	보드게임	합계
학생 수 (명)	7	6	4		27

6 보드게임을 하고 싶어 하는 학생은 몇 명인지 구해 보세요.

( )명

7 표를 보고 막대그래프로 나타내어 보세요.

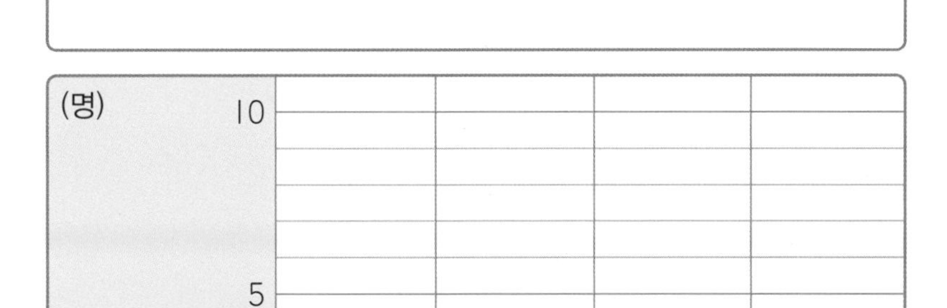

8 가장 많은 학생들이 하고 싶어 하는 활동은 무엇인가요?

( )

9 민호네 반 학생들이 한 가지 활동을 선택해야 한다면 어떤 활동을 하는 것이 좋을지 써 보세요.

( )

실력 키우기

[1~4] 사랑초등학교 4학년 1반과 2반 학생들의 혈액형을 조사하여 막대그래프로 나타냈습니다. 물음에 답하세요.

4학년 1반 혈액형별 학생 수

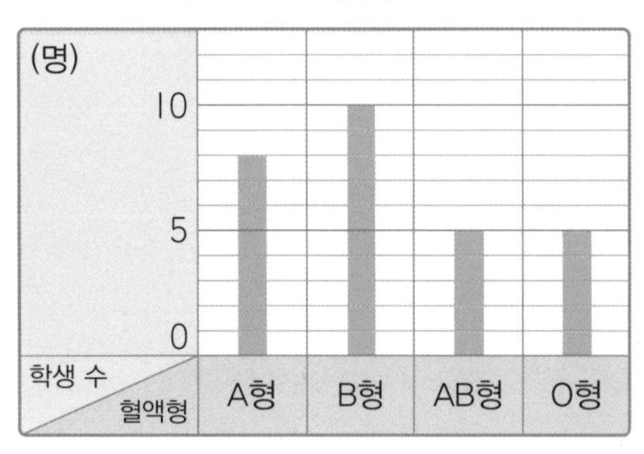

4학년 2반 혈액형별 학생 수

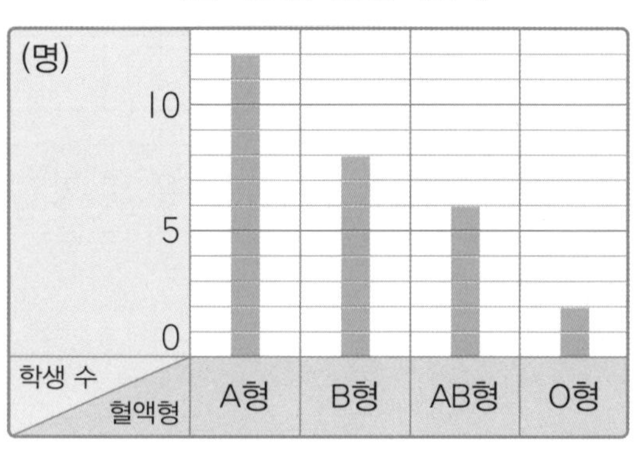

1 4학년 1반에서 가장 많은 학생들이 가진 혈액형은 무엇인가요?

( )형

2 4학년 2반에서 가장 적은 학생들이 가진 혈액형은 무엇인가요?

( )형

3 막대그래프에 대한 설명으로 옳은 것의 기호를 써 보세요.

㉠ 4학년 1반은 4학년 2반보다 O형인 학생이 1명 더 많습니다.
㉡ 4학년 1반과 4학년 2반 두 반 모두 A형인 학생이 가장 많습니다.
㉢ 4학년 1반과 4학년 2반에서 AB형인 학생은 모두 11명입니다.

( )

4 사랑초등학교 4학년 1반과 2반 학생들 중에서 가장 많은 학생들이 가진 혈액형은 무엇인가요?

( )형

6. 규칙 찾기

- 수의 배열에서 규칙 찾기
- 도형의 배열에서 규칙 찾기
- 덧셈식과 뺄셈식에서 규칙 찾기
- 곱셈식과 나눗셈식에서 규칙 찾기
- 생활 속에서 규칙적인 계산식 찾기

수의 배열에서 규칙 찾기

다양한 방향으로 수의 크기 변화를 살펴보고 규칙을 찾습니다.

11	12	13	14
21	22	23	24
31	32	33	34
41	42	43	44

규칙
- 11부터 시작하여 오른쪽으로 1씩 커집니다.
- 11부터 시작하여 아래쪽으로 10씩 커집니다.
- 11부터 시작하여 ↘ 방향으로 11씩 커집니다.

[1~3] 수 배열표를 보고 물음에 답하세요.

112	113	114	115
122	123	124	
	133	134	135
142	143	144	145

1 수 배열표의 빨간색 줄에서 규칙을 찾고, □ 안에 알맞은 수를 써넣으세요.

규칙 114부터 시작하여 아래쪽으로 □씩 커집니다.

2 수 배열표의 초록색 줄에서 규칙을 찾고, □ 안에 알맞은 수를 써넣으세요.

규칙 112부터 시작하여 오른쪽으로 □씩 커집니다.

3 수 배열표의 빈칸에 알맞은 수를 써넣으세요.

[4~5] 수 배열표를 보고 물음에 답하세요.

2	8	32	128
4	16	64	256
8	32	128	512
16	64	256	1024
32	128	512	2048

4 수 배열표의 보라색 줄에서 규칙을 찾고, □ 안에 알맞은 수를 써넣으세요.

규칙 2부터 시작하여 오른쪽으로 □씩 곱하는 규칙입니다.

5 수 배열표의 파란색 줄에서 규칙을 찾고, □ 안에 알맞은 수를 써넣으세요.

규칙 32부터 시작하여 아래쪽으로 □씩 곱하는 규칙입니다.

6 규칙에 따라 수 배열표의 ㉠, ㉡, ㉢에 알맞은 수를 구해 보세요.

×	2	3	㉠
11	22	33	㉡
22	44	66	88
33	66	㉢	132

㉠ ( ), ㉡ ( ), ㉢ ( )

7 규칙적인 수의 배열에서 빈칸에 알맞은 수를 써넣으세요.

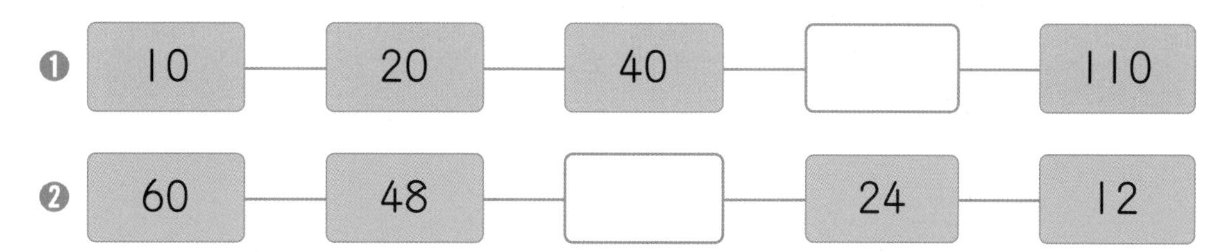

도형의 배열에서 규칙 찾기

도형의 모양, 기준이 되는 도형의 위치, 도형의 개수가 어떻게 변하는지 살펴보고 규칙을 찾습니다.

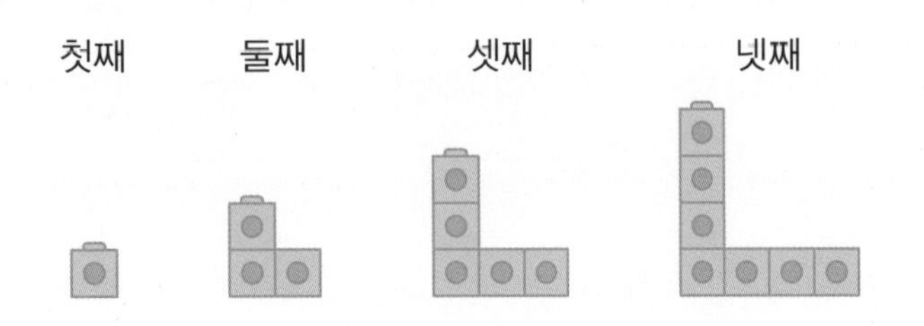

규칙 • 1개에서 시작하여 오른쪽과 위쪽으로 각각 1개씩 늘어납니다.
• 모형의 개수가 2개씩 늘어납니다.

1 도형의 배열을 보고 다섯째에 알맞은 모양에 ○표 하세요.

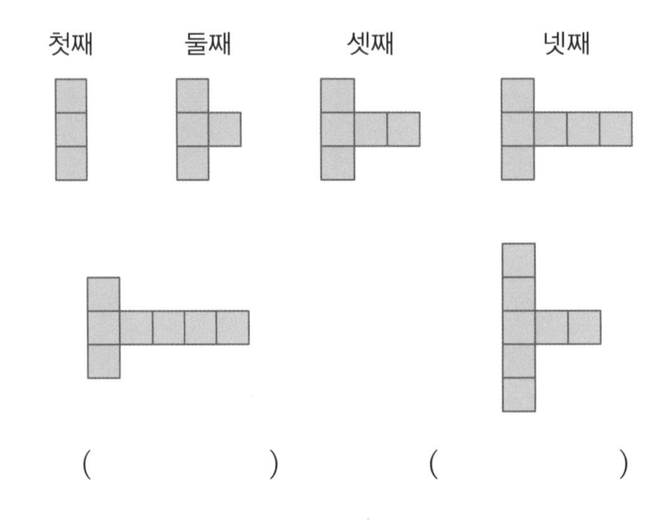

( ) ( )

2 도형의 배열을 보고 다섯째에 알맞은 모양을 그리고, 규칙을 찾아 빈칸에 알맞은 수를 써넣으세요.

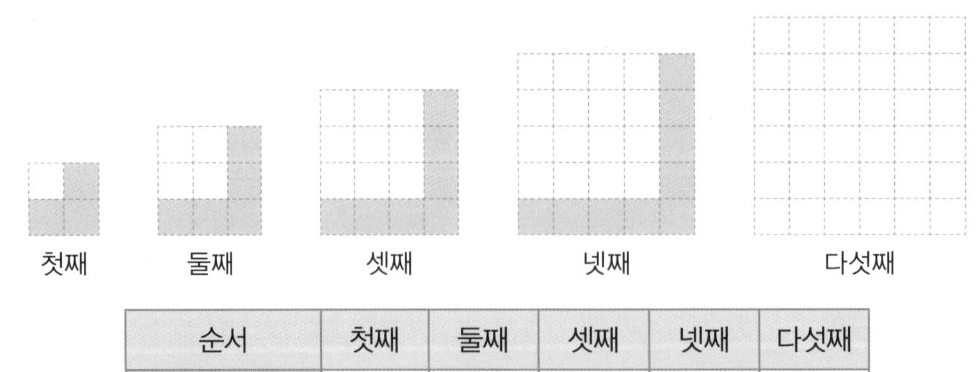

순서	첫째	둘째	셋째	넷째	다섯째
도형의 수(개)	3	5			

규칙 도형의 수는 □개씩 늘어납니다.

[3~4] 규칙에 따라 삼각형 모양을 만들려고 합니다. 물음에 답하세요.

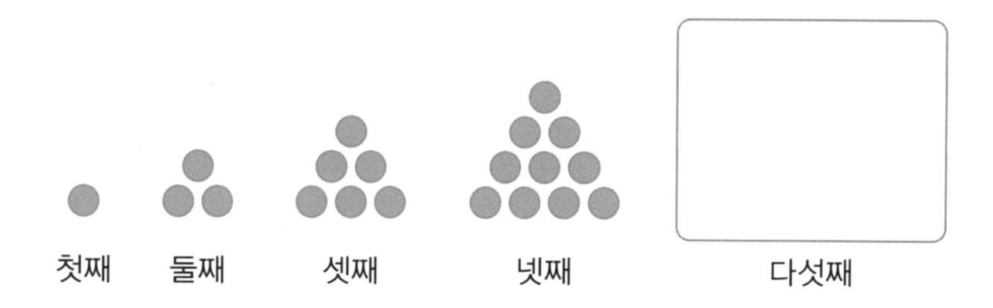

3 다섯째에 알맞은 도형을 그려 보세요.

4 다섯째 모양을 만들 때 필요한 도형의 수를 표의 빈칸에 쓰고, 규칙을 찾아 알맞은 식을 빈칸에 써 보세요.

순서	첫째	둘째	셋째	넷째	다섯째
도형의 수(개)	1	3	6	10	
계산식	1	1+2	1+2+3		

[5~6] 규칙에 따라 도형을 그리려고 합니다. 물음에 답하세요.

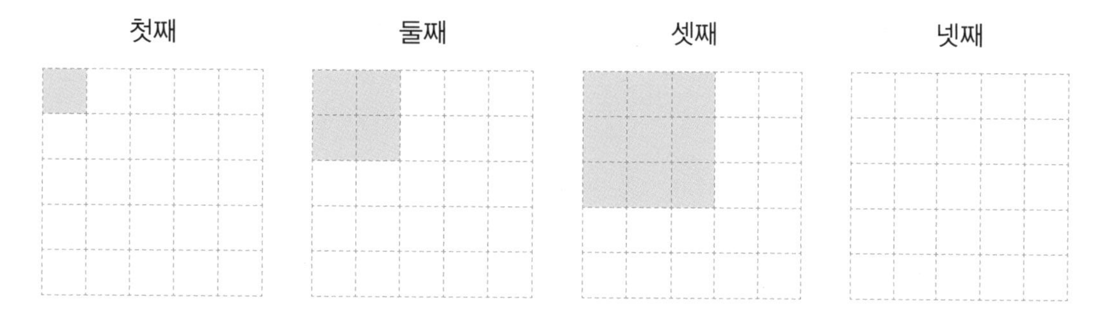

5 넷째에 알맞은 도형을 그려 보세요.

6 넷째, 다섯째 모양을 만들 때 필요한 도형의 수를 표의 빈칸에 쓰고, 규칙을 찾아 알맞은 식을 빈칸에 써 보세요.

순서	첫째	둘째	셋째	넷째	다섯째
도형의 수(개)	1	4	9		
계산식	1×1	2×2	3×3		

덧셈식과 뺄셈식에서 규칙 찾기

• 덧셈식에서 규칙 찾기

11+24=35
21+34=55
31+44=75
41+54=95
⋮

규칙 10씩 커지는 두 수의 합은 20씩 커집니다.

• 뺄셈식에서 규칙 찾기

10-5=5
11-6=5
12-7=5
13-8=5
⋮

규칙 1씩 커지는 두 수의 차는 일정합니다.

1 덧셈식에서 규칙을 찾아 넷째에 알맞은 덧셈식을 쓰고, □ 안에 알맞은 수를 써넣으세요.

순서	덧셈식
첫째	40+10=50
둘째	40+20=60
셋째	40+30=70
넷째	

규칙 40에 □씩 커지는 수를 더하면 계산 결과는 □씩 커집니다.

2 뺄셈식에서 규칙을 찾아 넷째에 알맞은 뺄셈식을 쓰고, □ 안에 알맞은 수를 써넣으세요.

순서	뺄셈식
첫째	80-10=70
둘째	80-20=60
셋째	80-30=50
넷째	

규칙 80에서 □씩 커지는 수를 빼면 계산 결과는 □씩 작아집니다.

3 덧셈식의 규칙에 따라 빈칸에 알맞은 식을 쓰고, 규칙을 바르게 말한 것에 ○표 하세요.

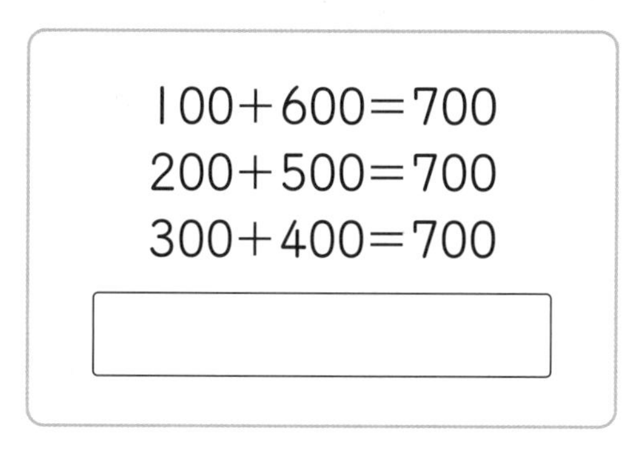

규칙 100씩 커지는 수와 100씩 작아지는 수를 더하면 계산 결과는 (100씩 커집니다 , 일정합니다).

4 뺄셈식의 규칙에 따라 빈칸에 알맞은 식을 쓰고, 규칙을 바르게 말한 것에 ○표 하세요.

150−50=100
140−40=100
130−30=100

규칙 10씩 작아지는 수에서 10씩 작아지는 수를 빼면 계산 결과는 (10씩 작아집니다 , 일정합니다).

5 다음 규칙에 맞는 계산식을 찾아 기호를 써 보세요.

규칙 1씩 커지는 두 수의 합은 2씩 커집니다.

㉮	㉯
5+5=10	5+5=10
4+6=10	6+6=12
3+7=10	7+7=14
2+8=10	8+8=16

(   )

곱셈식과 나눗셈식에서 규칙 찾기

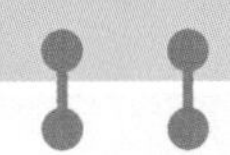
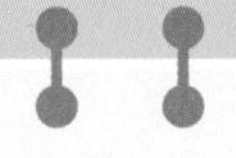

순서	곱셈식	나눗셈식
첫째	$10\times10=100$	$100\div10=10$
둘째	$20\times10=200$	$200\div20=10$
셋째	$30\times10=300$	$300\div30=10$
넷째	$40\times10=400$	$400\div40=10$

곱셈식 규칙 10씩 커지는 수에 10을 곱하면 계산 결과는 100씩 커집니다.

나눗셈식 규칙 100씩 커지는 수를 10씩 커지는 수로 나누면 계산 결과는 10으로 일정합니다.

1 곱셈식의 규칙은 무엇인지 □ 안에 알맞은 수를 써넣으세요.

$10\times20=200$
$20\times20=400$
$30\times20=600$
$40\times20=800$

규칙 □씩 커지는 수에 20을 곱하면 계산 결과는 □씩 커집니다.

2 나눗셈식의 규칙은 무엇인지 □ 안에 알맞은 수를 써넣으세요.

$400\div4=100$
$300\div3=100$
$200\div2=100$
$100\div1=100$

규칙 □씩 작아지는 수를 □씩 작아지는 수로 나누면 계산 결과는 □(으)로 일정합니다.

3 곱셈식에서 규칙을 찾아 ★에 알맞은 수를 구해 보세요.

순서	곱셈식
첫째	$909 \times 11 = 9999$
둘째	$808 \times 11 = 8888$
셋째	$707 \times 11 = 7777$
넷째	$606 \times 11 = 6666$
다섯째	$★ \times 11 = 5555$

( )

4 나눗셈식에서 규칙을 찾아 ♥에 알맞은 수를 구해 보세요.

순서	나눗셈식
첫째	$363 \div 33 = 11$
둘째	$3663 \div 33 = 111$
셋째	$36663 \div 33 = 1111$
넷째	$366663 \div 33 = 11111$
다섯째	$♥ \div 33 = 111111$

( )

5 곱셈식의 규칙에 따라 넷째에 알맞은 곱셈식을 써넣으세요.

순서	곱셈식
첫째	$11 \times 2 = 22$
둘째	$111 \times 3 = 333$
셋째	$1111 \times 4 = 4444$
넷째	

생활 속에서 규칙적인 계산식 찾기

규칙
- 1부터 시작하여 아래쪽으로 3씩 커집니다.
- ↘ 방향과 ↙ 방향의 두 수의 합은 같습니다.
  ➡ $2+6=3+5$

1 수 배열을 보고 □ 안에 알맞은 수를 써넣으세요.

101	103	105	107
102	104	106	108

❶ $101+104=103+\square$

$105+108=\square+\square$

❷ $101+103+105=103\times\square$

$104+106+108=\square\times\square$

2 연속하는 자연수의 합을 곱셈식으로 바꾸어 계산해 보세요.

$10+11+12+13+14+15$

식 $\square\times\square=\square$ 답 ____________

3 사물함 번호를 보고 보기 와 같이 규칙적인 계산식을 찾아 써 보세요.

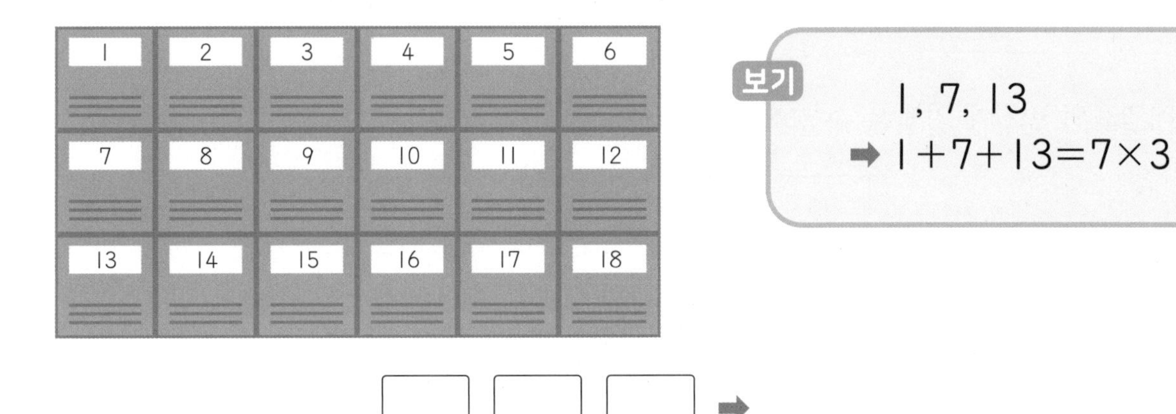

□, □, □ ➡ ____________________

[4~5] 달력을 보고 물음에 답하세요.

7월

일	월	화	수	목	금	토
	1	2	3	4	5	6
7	8	9	10	11	12	13
14	15	16	17	18	19	20
21	22	23	24	25	26	27
28	29	30	31			

4 규칙적인 계산식을 찾아 □ 안에 알맞은 수를 써넣으세요.

$8+9=15+16-14$

$9+10=16+17-\square$

$15+16=\square+\square-14$

5 규칙적인 계산식을 찾아 □ 안에 알맞은 수 또는 계산식을 써넣으세요.

$8+15+22=15\times3$

$9+16+23=\square\times3$

□

연습 문제

1 수 배열표의 빈칸에 알맞은 수를 써넣으세요.

2	4		8	10
4	8	12	16	
6	12	18	24	
8		24		40

2 수 배열의 규칙에 맞게 빈칸에 알맞은 수를 써넣으세요.

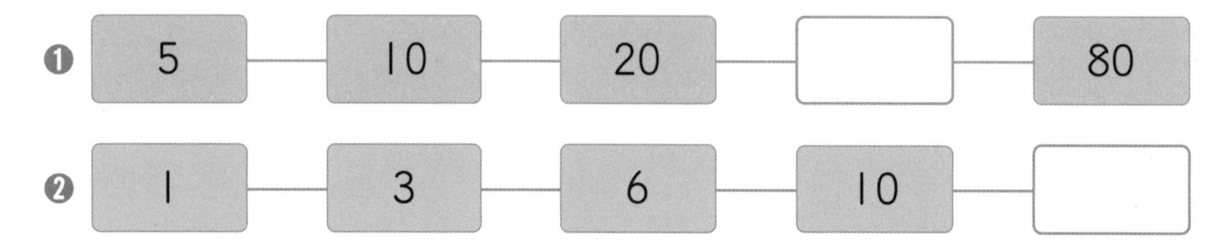

3 규칙에 따라 넷째에 알맞은 모양을 그려 보세요.

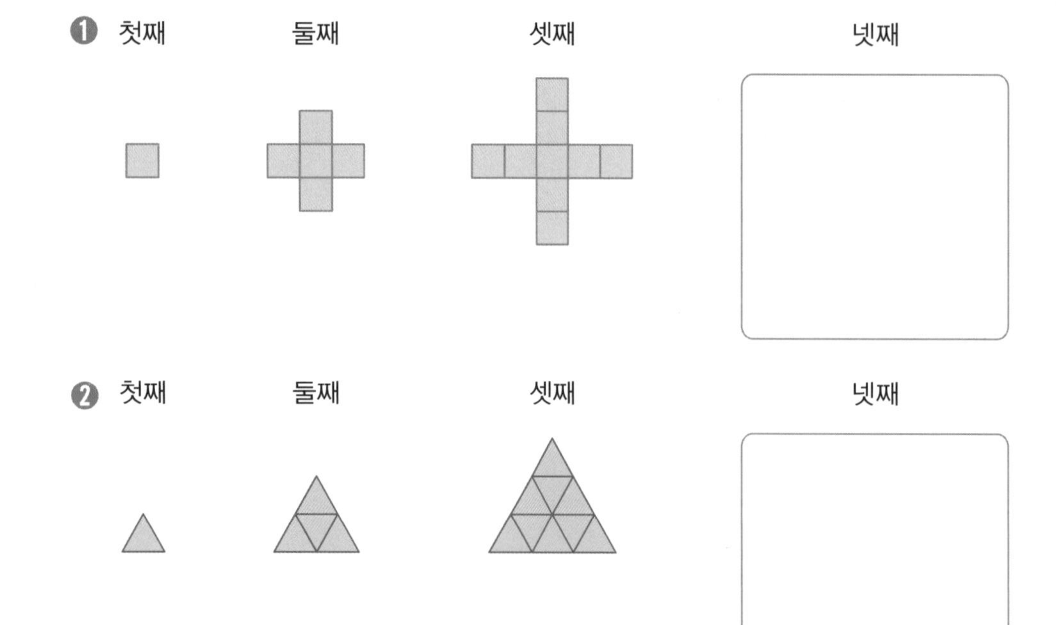

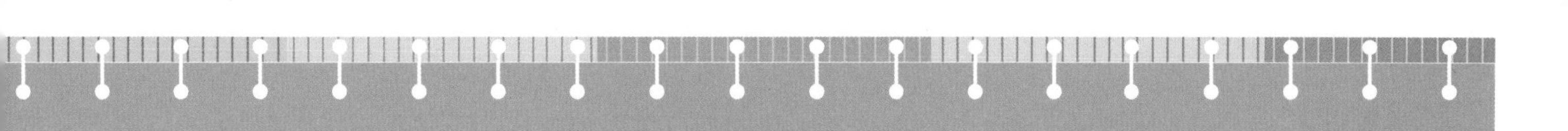

4 규칙을 찾아 빈칸에 알맞은 식을 써넣으세요.

❶

순서	덧셈식
첫째	$500+100=600$
둘째	$500+200=700$
셋째	$500+300=800$
넷째	

❷

순서	뺄셈식
첫째	$900-600=300$
둘째	$900-500=400$
셋째	$900-400=500$
넷째	

❸

순서	곱셈식
첫째	$10\times11=110$
둘째	$20\times11=220$
셋째	$30\times11=330$
넷째	

❹

순서	나눗셈식
첫째	$200\div10=20$
둘째	$300\div10=30$
셋째	$400\div10=40$
넷째	

5 수의 배열에서 찾은 계산식의 규칙에 맞게 빈칸에 알맞은 수 또는 계산식을 써넣으세요.

101	104	107	110	113
102	105	108	111	114

$101+104+107=104\times\square$

$104+107+110=107\times\square$

$\square$

6 □ 안에 알맞은 수를 써넣으세요.

❶ $30+50=40\times\square$

❷ $15+25=\square\times2$

❸ $1+2+3+4+5=\square\times5$

❹ $6+7+8+9+10=8\times\square$

단원 평가

[1~2] 좌석표를 보고 물음에 답하세요.

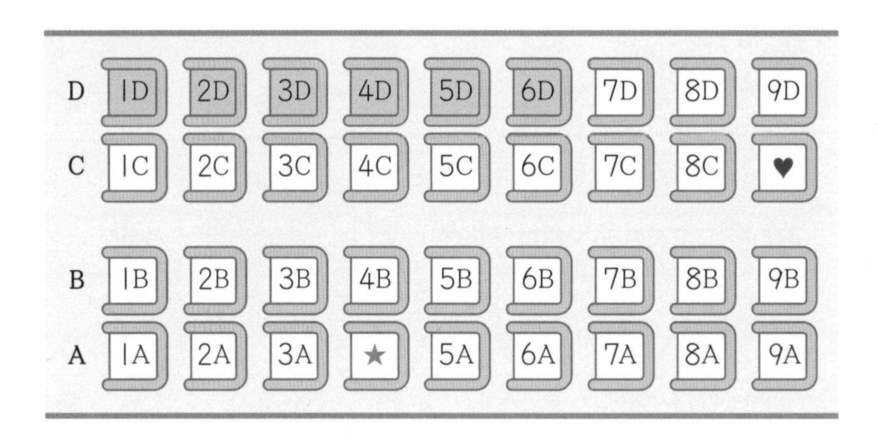

1 규칙에 따라 ★, ♥에 알맞은 좌석 번호를 각각 구해 보세요.

★ ( ), ♥ ( )

2 색칠된 칸에서 규칙을 찾아 써 보세요.

규칙 ______________________

3 규칙적인 수의 배열에서 빈칸에 알맞은 수를 써넣으세요.

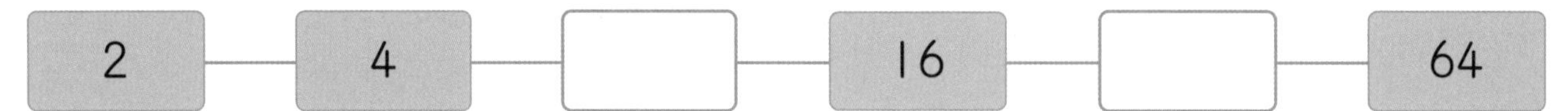

4 도형의 배열에서 규칙을 찾아 다섯째에 필요한 도형의 개수를 구해 보세요.

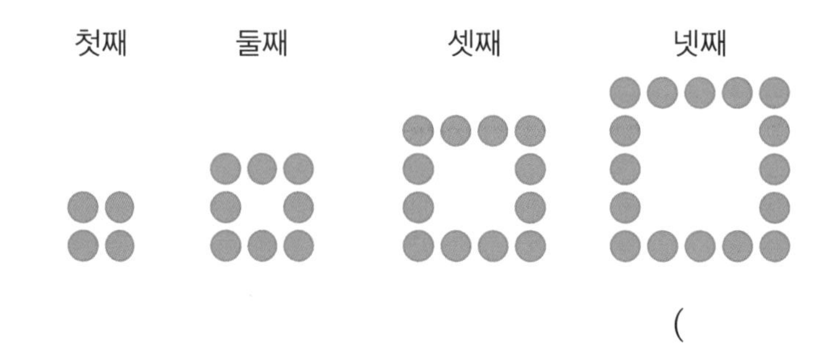

( )개

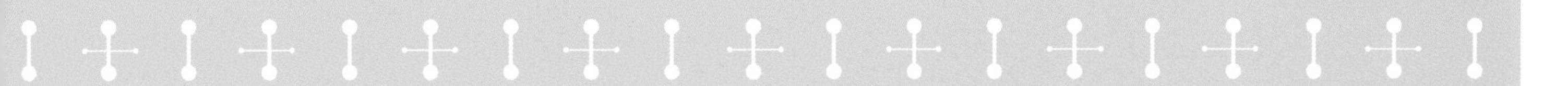

5 주어진 덧셈식의 규칙에 따라 □ 안에 알맞은 수를 써넣으세요.

$20+30=50$
$30+40=70$
$40+\square=90$
$\square+\square=110$

6 규칙적인 곱셈식을 보고 셋째에 들어갈 곱셈식을 써 보세요.

순서	곱셈식
첫째	$1\times1=1$
둘째	$11\times11=121$
셋째	
넷째	$1111\times1111=1234321$
다섯째	$11111\times11111=123454321$

7 친구들이 아파트 배치도를 보고 규칙적인 계산식을 찾았습니다. □ 안에 알맞은 수를 써넣으세요.

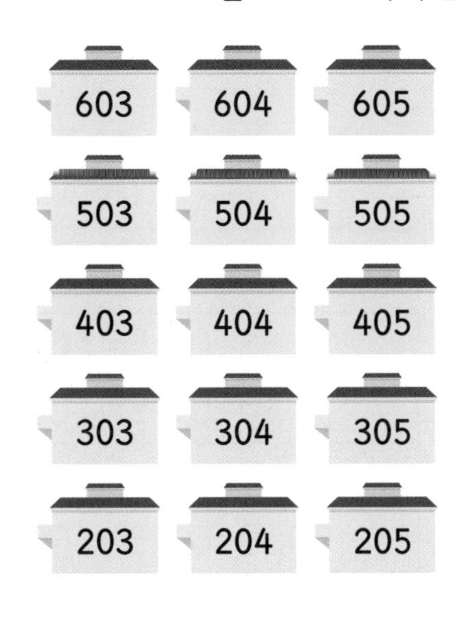

민지: 나는 아래쪽으로 규칙을 찾았어.

$403+303+203=\square\times3$이야.

동규: 나는 오른쪽으로 규칙을 찾았어.

$603+604+605=\square\times\square$(이)야.

나연: 나는 ↘ 방향으로 규칙을 찾았어.

$503+404+305=\square\times3$이야.

실력 키우기

1 수 배열표의 빈칸에 알맞은 수를 쓰고, 규칙을 찾아 써 보세요.

	101	102	103	104
3	3	6	9	2
4		8	2	
5	5		5	0

규칙 ________________

2 도형의 배열을 보고 규칙을 찾아 빈칸에 알맞게 써 보세요.

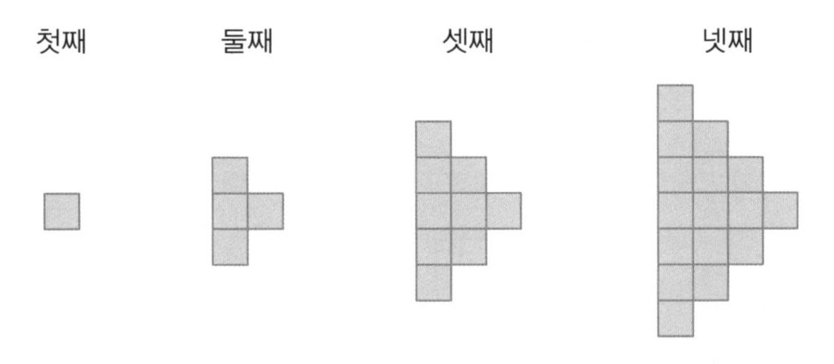

	첫째	둘째	셋째	넷째	다섯째
도형의 수(개)	1	4	9	16	
계산식	1	1+3	1+3+5		

3 규칙을 찾아 빈칸에 알맞은 계산식을 써 보세요.

곱셈식
5×102=510
5×10002=50010
5×100002=500010

➡

나눗셈식
510÷5=102
5010÷5=1002
500010÷5=100002

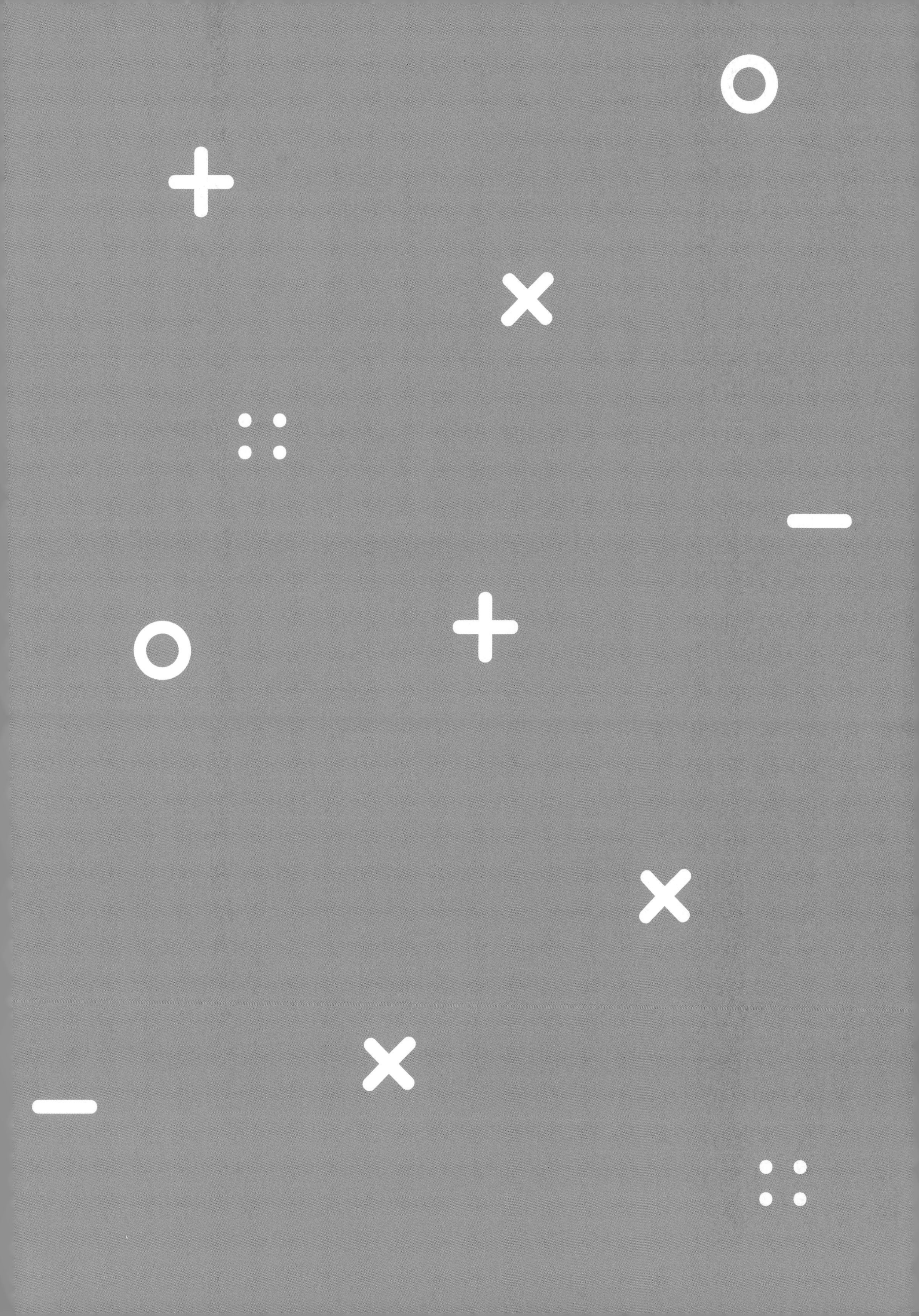

정답과 풀이

체때 제대로!

제제 수학

4-1

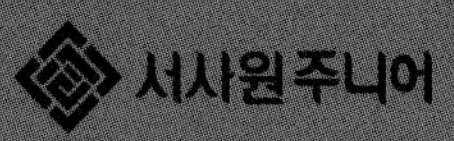

1. 큰 수

만 알아보기

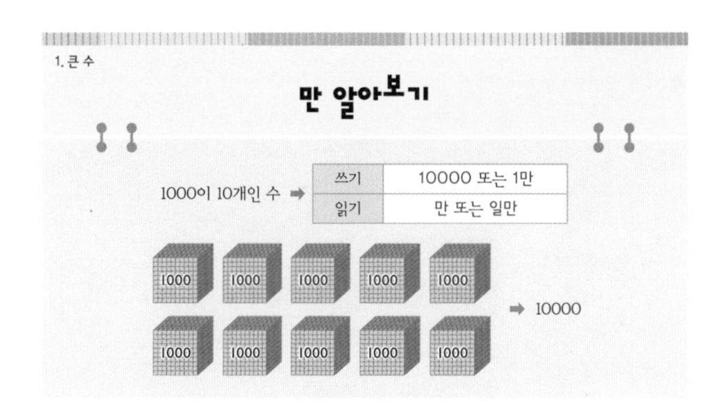

1000이 10개인 수 ➡	쓰기	10000 또는 1만
	읽기	만 또는 일만

1000 1000 1000 1000 1000 / 1000 1000 1000 1000 1000 ➡ 10000

1 그림을 보고 □ 안에 알맞은 수를 써넣으세요.

❶ 9000보다 1000만큼 더 큰 수는 [10000]입니다.

❷ 10000은 1000이 [10]개인 수입니다.

2 수직선을 보고 □ 안에 알맞은 수를 써넣으세요.

❶ 6000 —1000— 7000 —1000— 8000 —1000— 9000 —1000— 10000

10000은 9000보다 [1000]만큼 더 큰 수입니다.

❷ 9600 —100— 9700 —100— 9800 —100— 9900 —100— 10000

10000은 9900보다 [100]만큼 더 큰 수입니다.

3 빈칸에 알맞은 수를 써넣으세요.

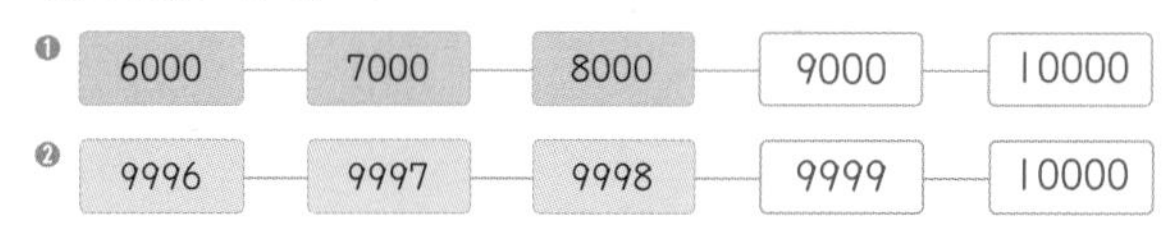

❶ 6000 — 7000 — 8000 — [9000] — [10000]

❷ 9996 — 9997 — 9998 — [9999] — [10000]

4 1000원, 100원, 10원 중 한 종류만 사용하여 10000원을 나타내어 보세요.

❶ (1000원)이 [10]장 모이면 (10000원)입니다.

❷ (100원)이 [100]개 모이면 (10000원)입니다.

❸ (10원)이 [1000]개 모이면 (10000원)입니다.

5 다음 중 옳은 것을 찾아 기호를 써 보세요.

㉠ 10이 100개이면 10000입니다.
㉡ 1000은 만이라고 읽습니다.
㉢ 9999보다 1만큼 더 큰 수는 10000입니다.

(㉢)

▶ ㉠ 10이 100개이면 1000입니다.
㉡ 1000은 천이라고 읽습니다.

6 두 사람이 가진 돈에 얼마를 더하면 10000원이 되는지 구해 보세요.

수진: 나는 3000원을 가지고 있어.
재희: 나는 수진이보다 2000원 더 많이 가지고 있어.

(2000)원

▶ 수진이가 가진 돈: 3000원, 재희가 가진 돈: 5000원
수진이와 재희가 가진 돈을 합하면 8000원입니다.
10000은 1000이 10개인 수이므로 2000원을 더해야 합니다.

1. 큰 수

다섯 자리 수 알아보기

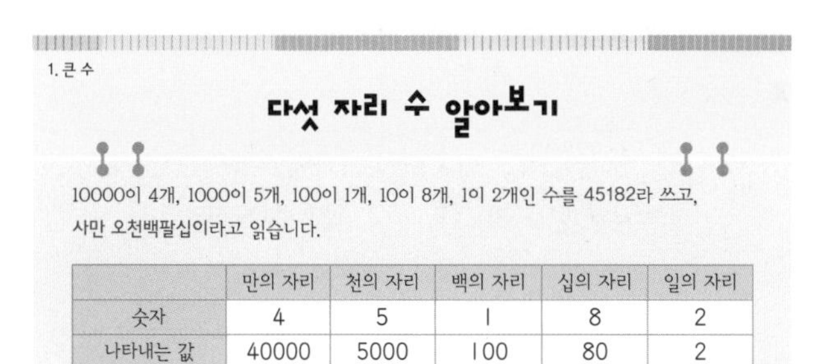

10000이 4개, 1000이 5개, 100이 1개, 10이 8개, 1이 2개인 수를 45182라 쓰고, 사만 오천백팔십이라고 읽습니다.

	만의 자리	천의 자리	백의 자리	십의 자리	일의 자리
숫자	4	5	1	8	2
나타내는 값	40000	5000	100	80	2

45182=40000+5000+100+80+2

1 □ 안에 알맞은 수를 써넣으세요.

10000이 [6]개, 1000이 2개, 100이 [3]개, 10이 7개, 1이 4개인 수를 62374라 쓰고, 육만 이천삼백칠십사라고 읽습니다.

2 각 자리 숫자 3, 4, 5, 6, 7은 각각 얼마를 나타내는지 알아보고, □ 안에 알맞은 수를 써넣으세요.

	만의 자리	천의 자리	백의 자리	십의 자리	일의 자리
숫자	3	4	5	6	7
나타내는 값	[30000]	4000	[500]	[60]	7

34567=[30000]+4000+[500]+[60]+7

3 빈칸에 알맞은 수나 말을 써 보세요.

[28537] 이만 팔천오백삼십칠   54239 [오만 사천이백삼십구]

4 □ 안에 알맞은 수를 써넣으세요.

만의 자리	천의 자리	백의 자리	십의 자리	일의 자리
4	9	3	2	5

⬇

49325=40000+[9000]+300+[20]+5

5 보기와 같이 각 자리의 숫자가 나타내는 값의 합으로 나타내어 보세요.

보기 25948=20000+5000+900+40+8

30716=[30000]+[700]+[10]+[6]

▶ 천의 자리는 숫자가 0이므로 쓰지 않습니다.

6 돈이 모두 얼마인지 써 보세요.

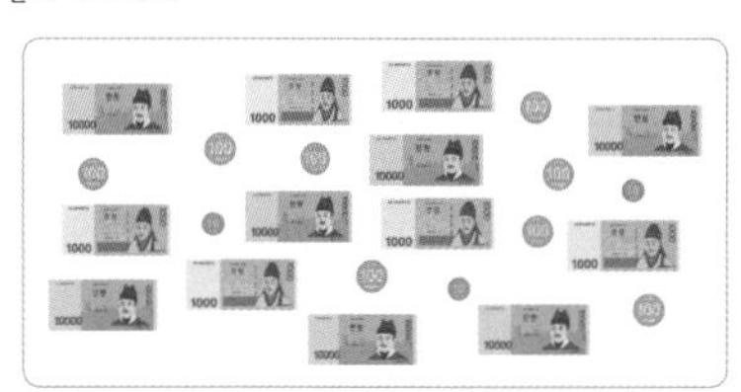

(76830)원

▶ 만 원짜리 지폐 7장: 70000원, 천 원짜리 지폐 6장: 6000원,
백 원짜리 동전 8개: 800원, 십 원짜리 동전 3개: 30원이므로 76830원입니다.

7 수 카드를 한 번씩만 사용하여 일의 자리 숫자가 짝수인 다섯 자리 수를 만들어 보세요.

[4] [9] [3] [6] [5]

(예 93456)

▶ 일의 자리 숫자가 짝수이므로 4 또는 6이 일의 자리여야 합니다.

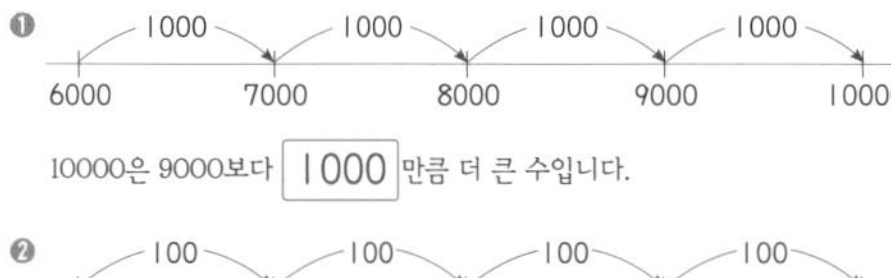
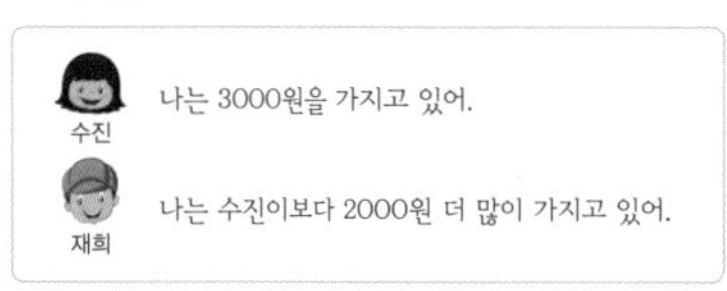

10–11쪽

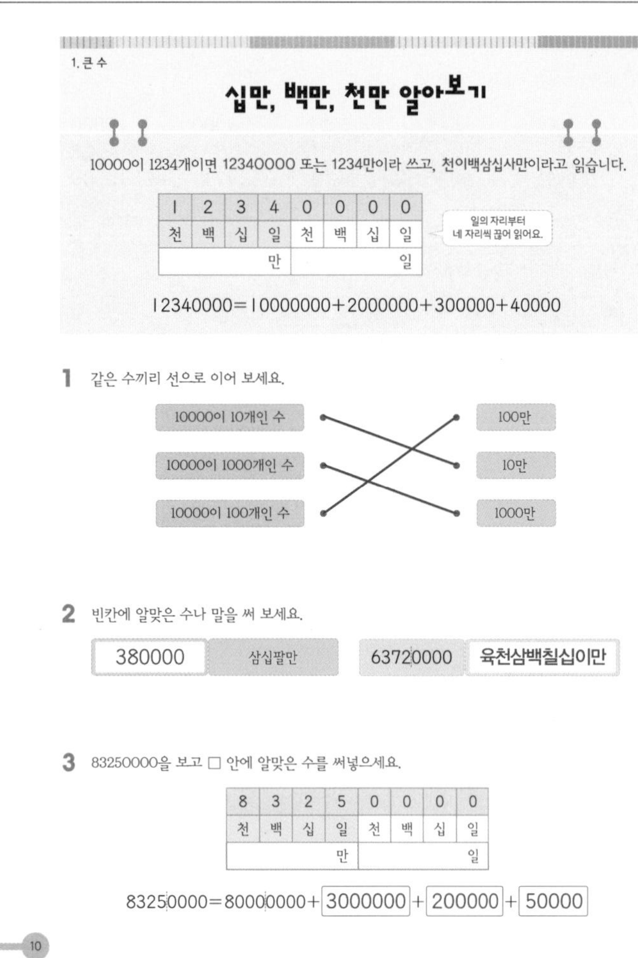

1.큰 수

십만, 백만, 천만 알아보기

10000이 1234개이면 12340000 또는 1234만이라 쓰고, 천이백삼십사만이라고 읽습니다.

1	2	3	4	0	0	0	0
천	백	십	일	천	백	십	일
			만				일

일의 자리부터 네 자리씩 끊어 읽어요.

12340000=10000000+2000000+300000+40000

1 같은 수끼리 선으로 이어 보세요.

10000이 10개인 수 — 10만
10000이 1000개인 수 — 1000만
10000이 100개인 수 — 100만

2 빈칸에 알맞은 수나 말을 써 보세요.

380000 | 삼십팔만 | 63720000 | 육천삼백칠십이만

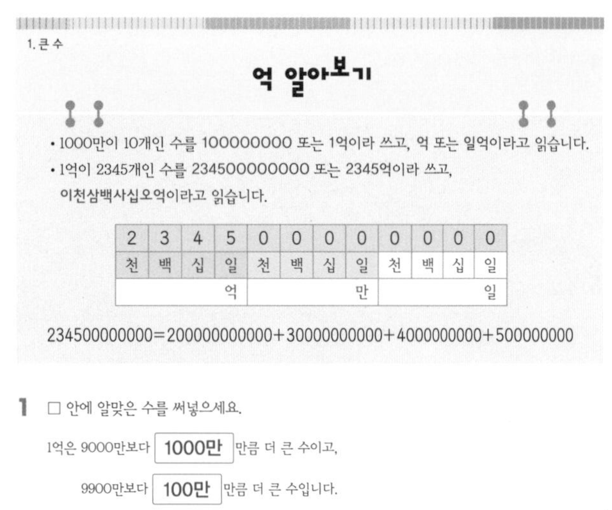

3 83250000을 보고 □ 안에 알맞은 수를 써넣으세요.

8	3	2	5	0	0	0	0
천	백	십	일	천	백	십	일
			만				일

83250000=80000000+ 3000000 + 200000 + 50000

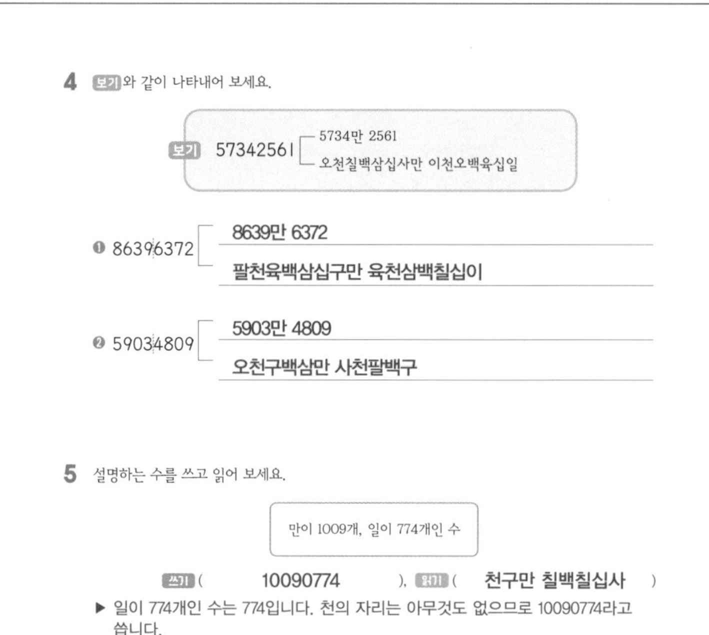

4 보기와 같이 나타내어 보세요.

보기 57342561 — 5734만 2561 / 오천칠백삼십사만 이천오백육십일

❶ 86396372 — 8639만 6372 / 팔천육백삼십구만 육천삼백칠십이

❷ 59034809 — 5903만 4809 / 오천구백삼만 사천팔백구

5 설명하는 수를 쓰고 읽어 보세요.

만이 1009개, 일이 774개인 수

쓰기 (10090774), 읽기 (천구만 칠백칠십사)

▶ 일이 774개인 수는 774입니다. 천의 자리는 아무것도 없으므로 10090774라고 씁니다.

6 수를 보고 물음에 답하세요.

㉠ 6741508 ㉡ 14689250
㉢ 63190452 ㉣ 51763498

❶ 백만의 자리 숫자가 1인 수를 찾아 기호를 써 보세요. (㉣)

❷ 숫자 6이 나타내는 값이 가장 큰 수를 찾아 기호를 써 보세요. (㉢)

▶ 숫자 6이 나타내는 값은 ㉠ 6000000, ㉡ 600000, ㉢ 60000000, ㉣ 600000이므로 숫자 6이 나타내는 값이 가장 큰 수는 ㉢ 63190452입니다.

12–13쪽

1.큰 수

억 알아보기

• 1000만이 10개인 수를 100000000 또는 1억이라 쓰고, 억 또는 일억이라고 읽습니다.
• 1억이 2345개인 수를 234500000000 또는 2345억이라 쓰고, 이천삼백사십오억이라고 읽습니다.

2	3	4	5	0	0	0	0	0	0	0	0
천	백	십	일	천	백	십	일	천	백	십	일
			억				만				일

234500000000=200000000000+30000000000+4000000000+500000000

1 □ 안에 알맞은 수를 써넣으세요.

1억은 9000만보다 1000만 만큼 더 큰 수이고,
9900만보다 100만 만큼 더 큰 수입니다.

2 725400000000을 보고 □ 안에 알맞은 수를 써넣으세요.

7	2	5	4	0	0	0	0	0	0	0	0
천	백	십	일	천	백	십	일	천	백	십	일
			억				만				일

725400000000= 700000000000 +20000000000
+ 5000000000 +400000000

3 빈칸에 알맞은 수를 써넣으세요.

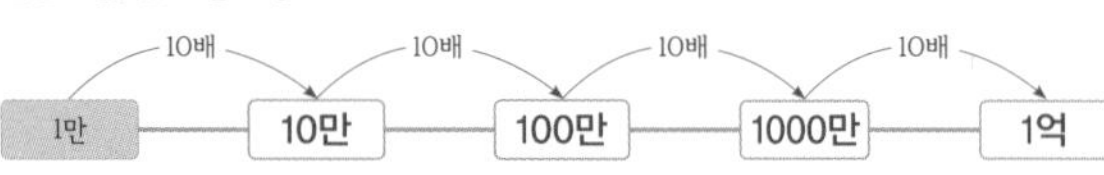

4 빈칸에 알맞은 수나 말을 써넣으세요.

369750000 | 삼억 육천구백칠십오만
110290000000 | 천백이억 구천만

5 설명하는 수를 쓰고 읽어 보세요.

억이 254개, 만이 1462개, 일이 4067개인 수

쓰기 (25414624067)
읽기 (이백오십사억 천사백육십이만 사천육십칠)

6 보기와 같이 나타내어 보세요.

보기 542100000000 ➡ 5421억

❶ 720900000000 ➡ 7209억

❷ 93000000000 ➡ 930억

7 ㉠과 ㉡이 나타내는 값을 각각 구해 보세요.

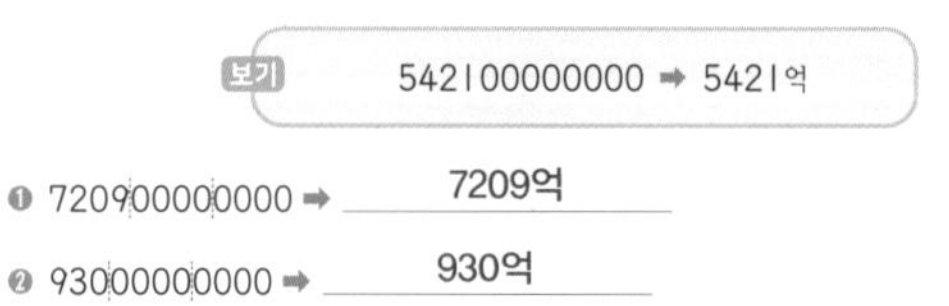

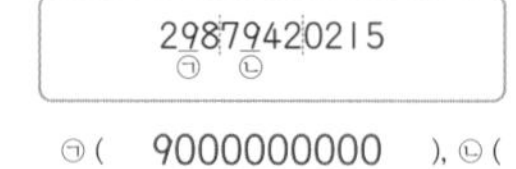

㉠ (9000000000), ㉡ (9000000)

▶ ㉠은 90억, ㉡은 900만을 나타냅니다.

1. 큰 수

조 알아보기

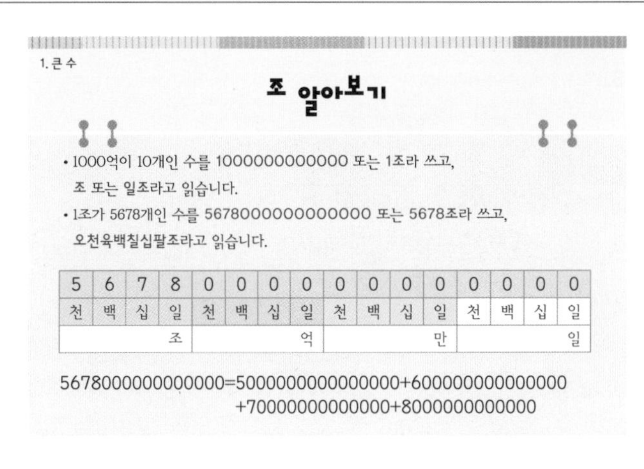

• 1000억이 10개인 수를 1000000000000 또는 1조라 쓰고, 조 또는 일조라고 읽습니다.
• 1조가 5678개인 수를 5678000000000000 또는 5678조라 쓰고, 오천육백칠십팔조라고 읽습니다.

5	6	7	8	0	0	0	0	0	0	0	0	0	0	0	0
천	백	십	일	천	백	십	일	천	백	십	일	천	백	십	일
			조				억				만				일

5678000000000000=5000000000000000+600000000000000
+70000000000000+8000000000000

1 □ 안에 알맞은 수를 써넣으세요.

1조는 9990억보다 10억 만큼 더 큰 수이고,
9999억보다 1억 만큼 더 큰 수입니다.

2 □ 안에 알맞은 수를 써넣으세요.

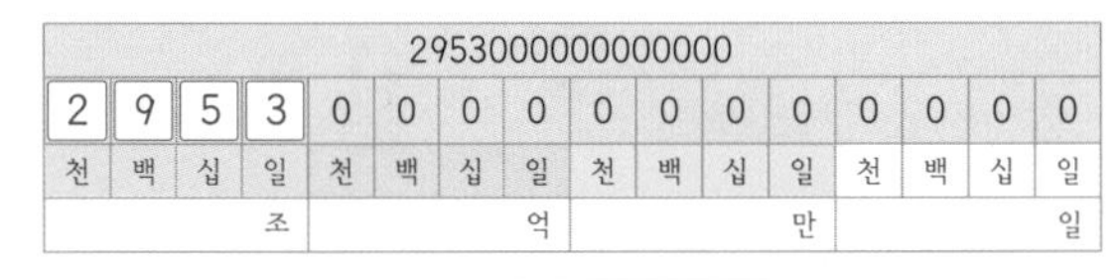

2953000000000000															
2	9	5	3	0	0	0	0	0	0	0	0	0	0	0	0
천	백	십	일	천	백	십	일	천	백	십	일	천	백	십	일
			조				억				만				일

2953000000000000= 2000000000000000 + 900000000000000
+ 50000000000000 + 3000000000000

3 빈칸에 알맞은 수를 써넣으세요.

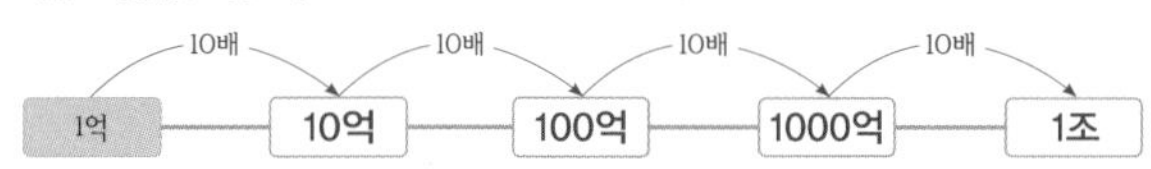

4 빈칸에 알맞은 수나 말을 써넣으세요.

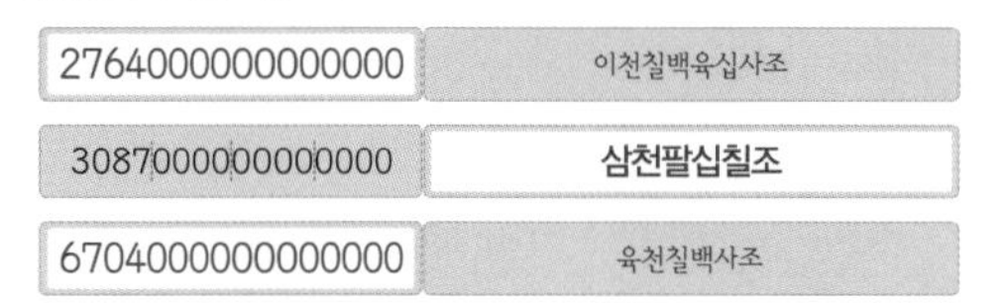

2764000000000000	이천칠백육십사조
3087000000000000	삼천팔십칠조
6704000000000000	육천칠백사조

5 설명하는 수를 쓰고 읽어 보세요.

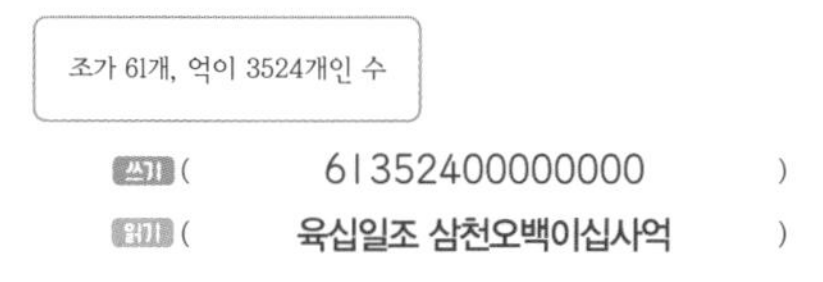

조가 61개, 억이 3524개인 수

쓰기 (61352400000000)
읽기 (육십일조 삼천오백이십사억)

6 보기와 같이 나타내어 보세요.

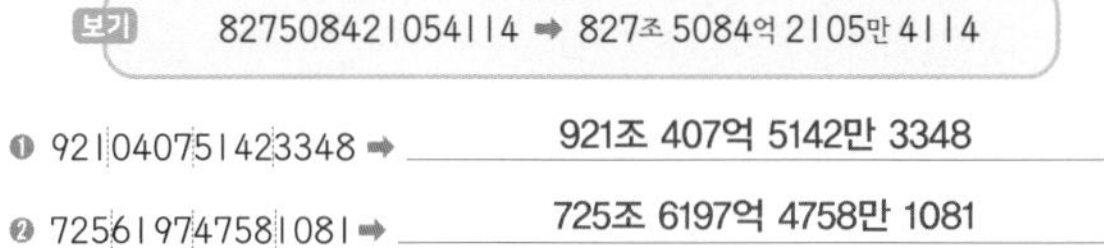

보기 8275084210541l4 ➡ 827조 5084억 2105만 4114

❶ 921040751423348 ➡ 921조 407억 5142만 3348

❷ 725619747581081 ➡ 725조 6197억 4758만 1081

▶ 일의 자리부터 네 자리씩 끊어 읽습니다.

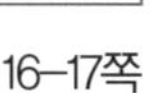

1. 큰 수

뛰어 세기

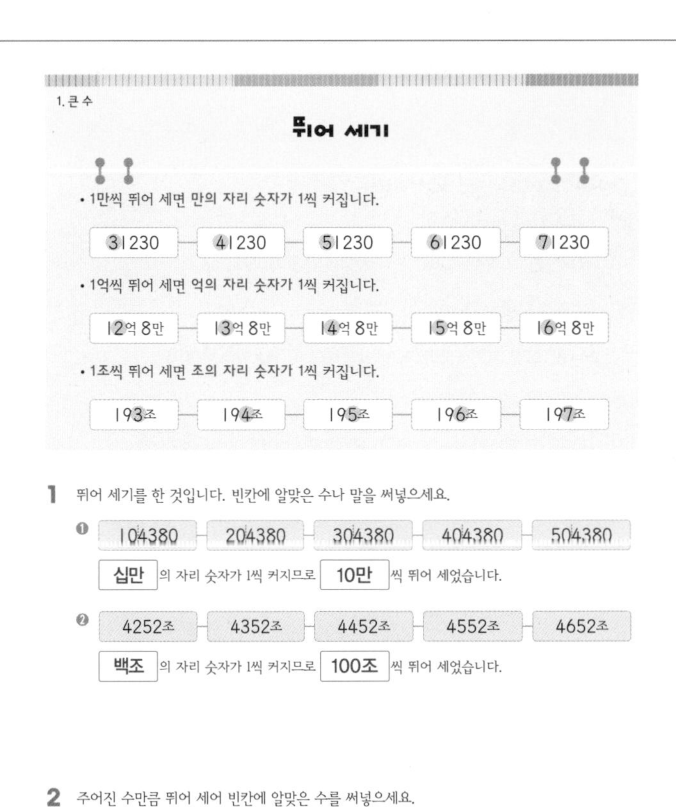

• 1만씩 뛰어 세면 만의 자리 숫자가 1씩 커집니다.

31230 — 41230 — 51230 — 61230 — 71230

• 1억씩 뛰어 세면 억의 자리 숫자가 1씩 커집니다.

12억 8만 — 13억 8만 — 14억 8만 — 15억 8만 — 16억 8만

• 1조씩 뛰어 세면 조의 자리 숫자가 1씩 커집니다.

193조 — 194조 — 195조 — 196조 — 197조

1 뛰어 세기를 한 것입니다. 빈칸에 알맞은 수나 말을 써넣으세요.

❶ 104380 — 204380 — 304380 — 404380 — 504380

십만 의 자리 숫자가 1씩 커지므로 10만 씩 뛰어 세었습니다.

❷ 4252조 — 4352조 — 4452조 — 4552조 — 4652조

백조 의 자리 숫자가 1씩 커지므로 100조 씩 뛰어 세었습니다.

2 주어진 수만큼 뛰어 세어 빈칸에 알맞은 수를 써넣으세요.

❶ 10000씩 뛰어 세기

718000 — 728000 — 738000 — 748000 — 758000

▶ 만의 자리 숫자가 1씩 커집니다.

❷ 1억씩 뛰어 세기

9414억 — 9415억 — 9416억 — 9417억 — 9418억

▶ 억의 자리 숫자가 1씩 커집니다.

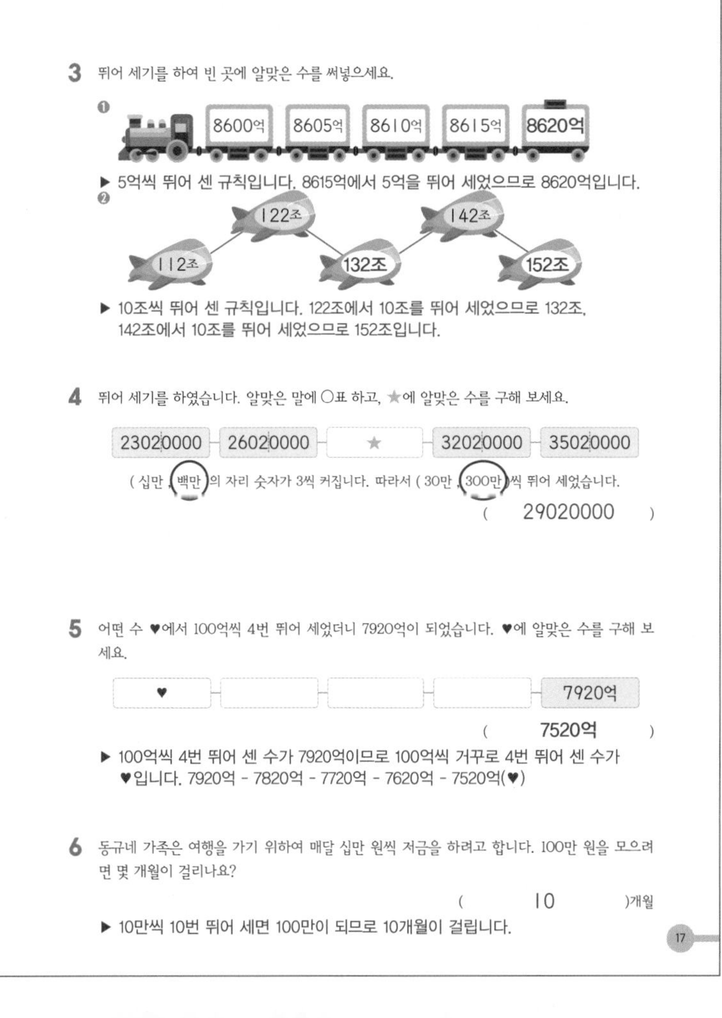

3 뛰어 세기를 하여 빈 곳에 알맞은 수를 써넣으세요.

❶ 8600억 — 8605억 — 8610억 — 8615억 — 8620억

▶ 5억씩 뛰어 센 규칙입니다. 8615억에서 5억을 뛰어 세었으므로 8620억입니다.

❷ 112조 — 122조 — 132조 — 142조 — 152조

▶ 10조씩 뛰어 센 규칙입니다. 122조에서 10조를 뛰어 세었으므로 132조, 142조에서 10조를 뛰어 세었으므로 152조입니다.

4 뛰어 세기를 하였습니다. 알맞은 말에 ○표 하고, ★에 알맞은 수를 구해 보세요.

23020000 — 26020000 — ★ — 32020000 — 35020000

(십만 , 백만)의 자리 숫자가 3씩 커집니다. 따라서 (30만 , 300만)씩 뛰어 세었습니다.

(29020000)

5 어떤 수 ♥에서 100억씩 4번 뛰어 세었더니 7920억이 되었습니다. ♥에 알맞은 수를 구해 보세요.

♥ — — — — 7920억

(7520억)

▶ 100억씩 4번 뛰어 센 수가 7920억이므로 100억씩 거꾸로 4번 뛰어 센 수가 ♥입니다. 7920억 - 7820억 - 7720억 - 7620억 - 7520억(♥)

6 동규네 가족은 여행을 가기 위하여 매달 십만 원씩 저금을 하려고 합니다. 100만 원을 모으려면 몇 개월이 걸리나요?

(10)개월

▶ 10만씩 10번 뛰어 세면 100만이 되므로 10개월이 걸립니다.

18~19쪽

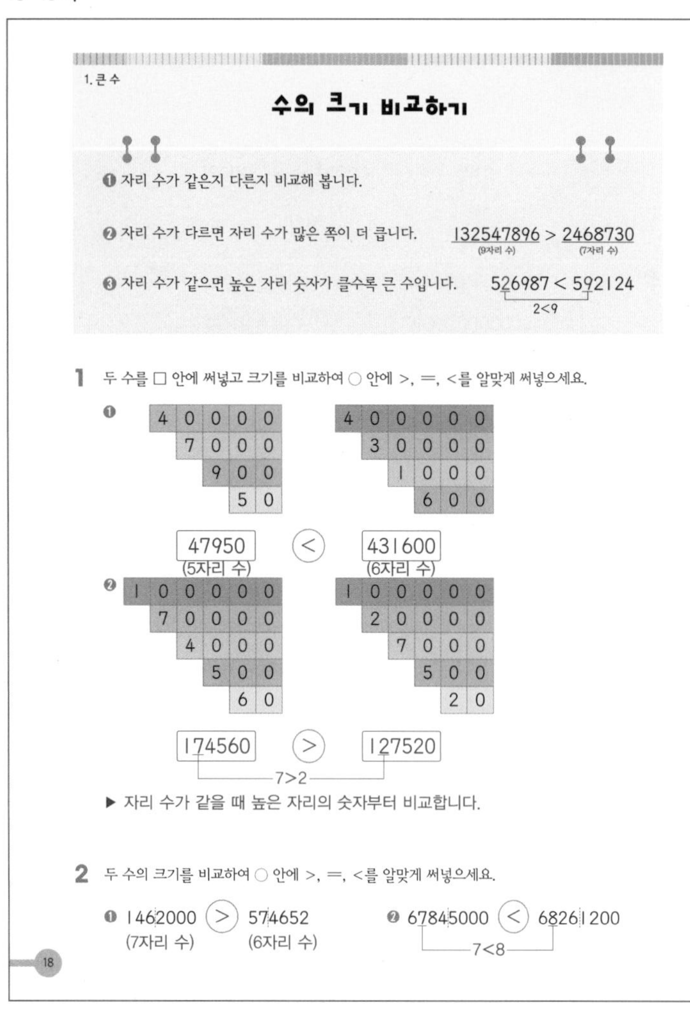

1. 큰 수

수의 크기 비교하기

❶ 자리 수가 같은지 다른지 비교해 봅니다.

❷ 자리 수가 다르면 자리 수가 많은 쪽이 더 큽니다. 132547896 > 2468730 (9자리 수) (7자리 수)

❸ 자리 수가 같으면 높은 자리 숫자가 클수록 큰 수입니다. 526987 < 592124 (2<9)

1 두 수를 □ 안에 써넣고 크기를 비교하여 ○ 안에 >, =, <를 알맞게 써넣으세요.

❶

4	0	0	0	0
	7	0	0	0
		9	0	0
			5	0

4	0	0	0	0	0
	3	0	0	0	0
			1	0	0	0
			6	0	0

47950 (5자리 수) < 431600 (6자리 수)

❷

1	0	0	0	0	0
	7	0	0	0	0
		4	0	0	0
			5	0	0
				6	0

1	0	0	0	0	0
	2	0	0	0	0
		7	0	0	0
			5	0	0
				2	0

174560 > 127520 (7>2)

▶ 자리 수가 같을 때 높은 자리의 숫자부터 비교합니다.

2 두 수의 크기를 비교하여 ○ 안에 >, =, <를 알맞게 써넣으세요.

❶ 1462000 > 574652 (7자리 수) (6자리 수)

❷ 67845000 < 68261200 (7<8)

3 더 큰 수에 ○표 하세요.

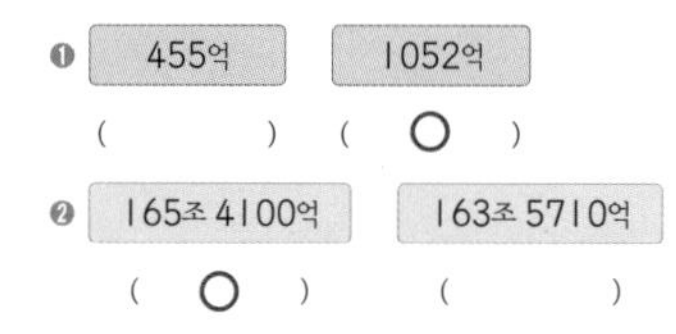

❶ 455억 ( ) 1052억 (○)

❷ 165조 4100억 (○) 163조 5710억 ( )

4 수직선에 나타낸 수들을 큰 수부터 순서대로 써 보세요.

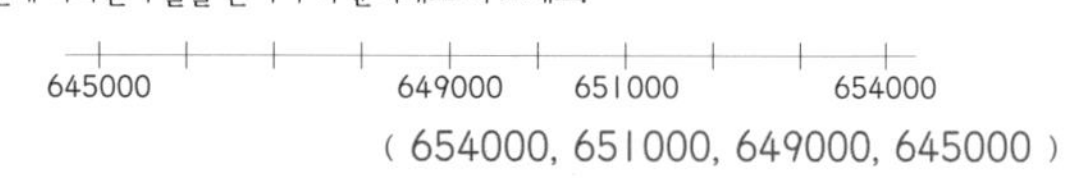

(654000, 651000, 649000, 645000)

5 다음을 보고 큰 수부터 순서대로 기호를 써 보세요.

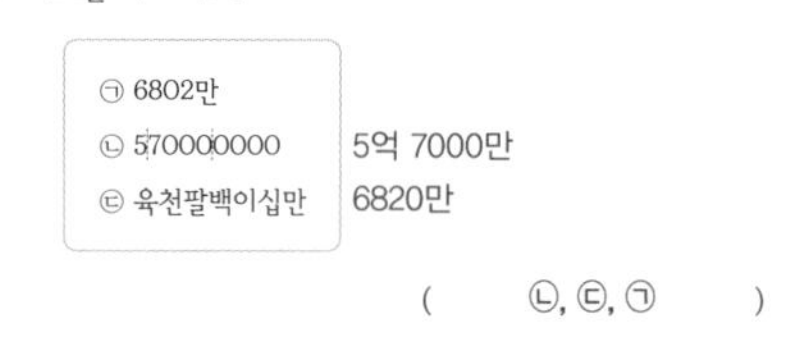

(㉡, ㉢, ㉠)

6 인구가 많은 나라부터 순서대로 써 보세요.

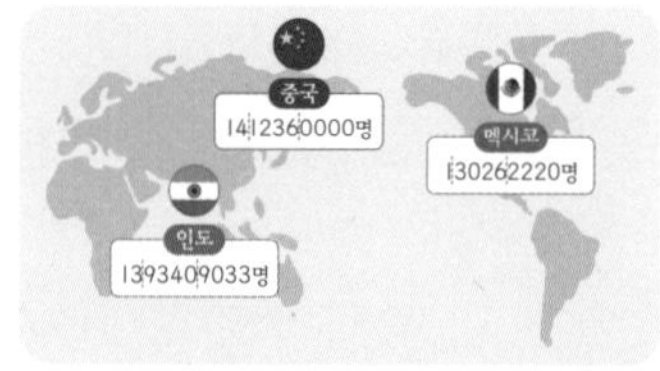

[출처: 통계청, 2021]

(중국, 인도, 멕시코)

▶ 멕시코: 1억 3026만 2220, 인도: 13억 9340만 9033, 중국: 14억 1236만

20~21쪽

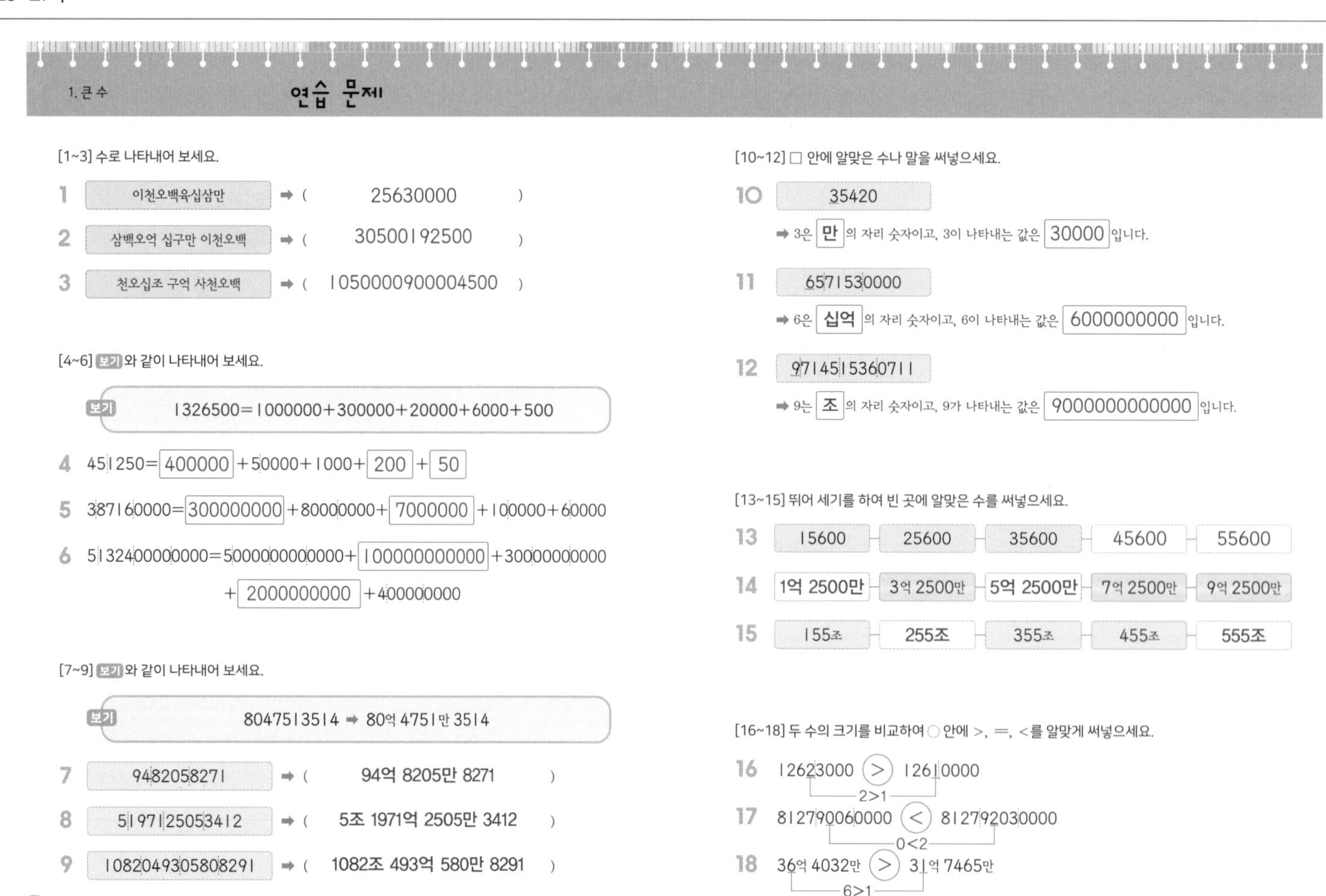

1. 큰 수

연습 문제

[1~3] 수로 나타내어 보세요.

1 이천오백육십삼만 ➡ (25630000)

2 삼백오억 십구만 이천오백 ➡ (30500192500)

3 천오십조 구억 사천오백 ➡ (1050000900004500)

[4~6] 보기 와 같이 나타내어 보세요.

보기 1326500=1000000+300000+20000+6000+500

4 451250=400000+50000+1000+200+50

5 387160000=300000000+80000000+7000000+100000+60000

6 513240000000=500000000000+10000000000+3000000000+200000000+40000000

[7~9] 보기 와 같이 나타내어 보세요.

보기 8047513514 ➡ 80억 4751만 3514

7 9482058271 ➡ (94억 8205만 8271)

8 5197125053412 ➡ (5조 1971억 2505만 3412)

9 1082049305808291 ➡ (1082조 493억 580만 8291)

[10~12] □ 안에 알맞은 수나 말을 써넣으세요.

10 35420

➡ 3은 만의 자리 숫자이고, 3이 나타내는 값은 30000입니다.

11 6571530000

➡ 6은 십억의 자리 숫자이고, 6이 나타내는 값은 6000000000입니다.

12 9714515360711

➡ 9는 조의 자리 숫자이고, 9가 나타내는 값은 9000000000000입니다.

[13~15] 뛰어 세기를 하여 빈 곳에 알맞은 수를 써넣으세요.

13 15600 - 25600 - 35600 - 45600 - 55600

14 1억 2500만 - 3억 2500만 - 5억 2500만 - 7억 2500만 - 9억 2500만

15 155조 - 255조 - 355조 - 455조 - 555조

[16~18] 두 수의 크기를 비교하여 ○ 안에 >, =, <를 알맞게 써넣으세요.

16 12623000 > 12610000 (2>1)

17 812790060000 < 812792030000 (0<2)

18 36억 4032만 > 31억 7465만 (6>1)

1. 큰 수

단원 평가

1 □ 안에 알맞은 수를 써넣으세요.

1000이 10개인 수는 10000 또는 1만이라 쓰고, 만 또는 일만이라고 읽습니다.

2 빈칸에 알맞은 수를 써넣으세요.

1 —(10000배)→ 1만 —(10000배)→ 1억 —(10000배)→ 1조

3 빈칸에 알맞은 수나 말을 써넣으세요.

3568000000	삼십오억 육천팔백만
1023081002010	일조 이백삼십억 팔천백만 이천십

4 설명하는 수를 써 보세요.

조가 15개, 억이 8900개인 수

(15890000000000)

5 숫자 6이 나타내는 값은 얼마인지 써 보세요.

❶ 24681390 ➡ (600000)

❷ 6108320000 ➡ (6000000000)

6 뛰어 세기를 하여 빈 곳에 알맞은 수를 써넣으세요.

❶ 12억 — 14억 — 16억 — 18억 — 20억

▶ 2억씩 뛰어 세었습니다.

❷ 350조 — 400조 — 450조 — 500조 — 550조

▶ 50조씩 뛰어 세었습니다.

7 두 수의 크기를 비교하여 ○ 안에 >, =, <를 알맞게 써넣으세요.

985억 7560만 (>) 9857120000

5>1

8 놀이공원의 입장료가 다음과 같을 때 어른 1명, 어린이 5명이 입장하려면 얼마를 내야 하는지 구해 보세요.

	입장료
어른	20000원
어린이	10000원

(70000)원

▶ 어른 1명의 입장료 20000원부터 10000원씩 5번 뛰어 세어 봅니다.
20000원 – 30000원 – 40000원 – 50000원 – 60000원 – 70000원

9 일조의 자리 숫자가 가장 큰 것을 찾아 기호를 써 보세요.

㉠ 6547895000000
㉡ 78456300000000
㉢ 1239456000000

(㉡)

▶ 일조의 자리 숫자는 ㉠ 6, ㉡ 8, ㉢ 1입니다.
따라서 가장 큰 것은 ㉡ 8입니다.

10 브라질의 인구는 213993441명이고, 캐나다의 인구는 3824608명입니다. 두 나라의 인구수를 비교하여 인구가 더 많은 나라의 이름을 써 보세요.

[출처: 통계청, 2021]

(브라질)

▶ 브라질의 인구는 2억 1399만 3441명이고 캐나다의 인구는 382만 4608명입니다.
따라서 인구가 더 많은 나라는 브라질입니다.

1. 큰 수

실력 키우기

1 수 카드를 모두 한 번씩만 사용하여 만의 자리 숫자가 5인 가장 작은 다섯 자리 수를 만들어 보세요.

3 0 2 6 5

(50236)

▶ 만의 자리에 먼저 5를 놓으면 5□□□□이고, 남은 자리 중 가장 높은 자리부터 작은 수를 차례로 놓으면 50236입니다.

2 수 카드를 모두 한 번씩만 사용하여 백만의 자리 숫자가 6인 가장 큰 일곱 자리 수를 만들어 쓰고 읽어 보세요.

5 7 9 6 3 0 1

쓰기 (6975310)

읽기 (육백구십칠만 오천삼백십)

▶ 백만의 자리에 먼저 6을 놓으면 6□□□□□□이고, 남은 자리 중 가장 높은 자리부터 큰 수를 차례로 놓으면 6975310입니다. 6975310을 읽으면 육백구십칠만 오천삼백십입니다.

3 0부터 9까지의 수 중에서 □ 안에 들어갈 수 있는 숫자는 모두 몇 개인지 구해 보세요.

12□3723500 < 1245820556

(5)개

▶ 자리 수가 같으므로 높은 자리 숫자부터 차례로 비교합니다. 십억, 억의 자리 숫자가 같고 백만의 자리 숫자가 3<5이므로 □ 안에 4보다 작거나 같은 수가 들어갈 수 있습니다. ➡ 0, 1, 2, 3, 4로 모두 5개입니다.

4 0부터 9까지의 수 중에서 □ 안에 들어갈 수 있는 숫자는 모두 몇 개인지 구해 보세요.

54378260 < 543□7690

(2)개

▶ 자리 수가 같으므로 높은 자리 숫자부터 차례로 비교합니다. 천만, 백만, 십만의 자리 숫자가 같고 천의 자리 숫자가 8>7이므로 □ 안에 7보다 큰 수가 들어갈 수 있습니다. ➡ 8, 9로 모두 2개입니다.

2. 각도

26–27쪽

2. 각도
각의 크기 비교하기
각의 크기는 두 변이 벌어진 정도로 비교할 수 있습니다.
민호
영주
➡ (민호가 만든 각) < (영주가 만든 각)

1 벌어진 정도가 더 큰 가위에 ○표 하세요.

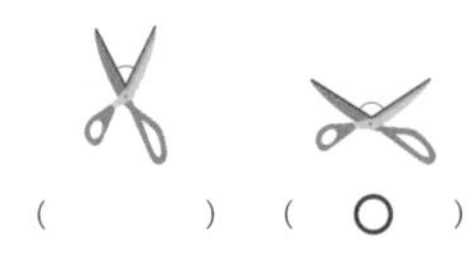

( ) (○)

2 벌어진 정도가 가장 큰 부채에 ○표, 가장 작은 부채에 △표 하세요.

( ) (○) (△)

3 두 각 중에서 더 큰 각을 찾아 기호를 써 보세요.

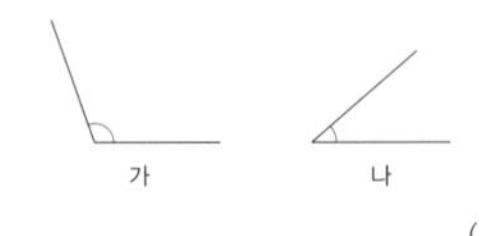

(가)

4 각의 크기가 가장 작은 것부터 순서대로 기호를 써 보세요.

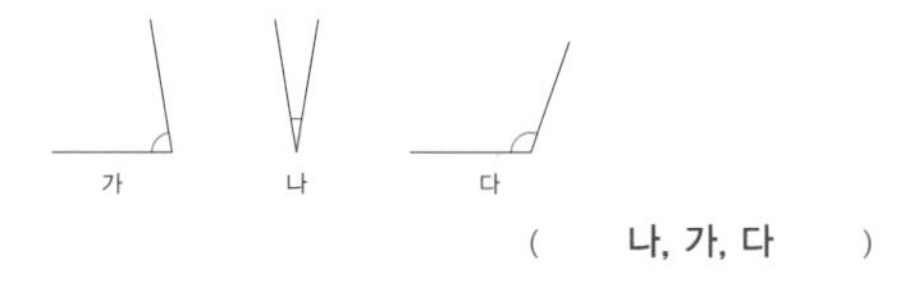

(나, 가, 다)

5 보기 보다 큰 각을 찾아 ○표 하세요.

(○) ( )

6 그림을 보고 세 각의 크기를 비교하여 만든 각이 가장 큰 친구부터 순서대로 이름을 써 보세요.

(도현, 준희, 민수)

28–29쪽

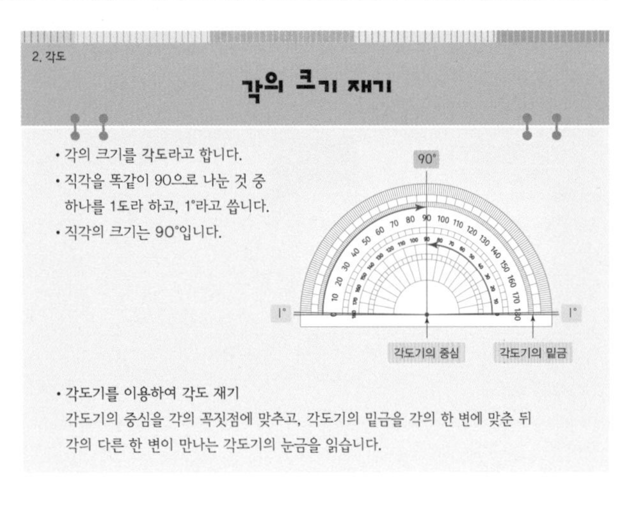

2. 각도
각의 크기 재기
• 각의 크기를 각도라고 합니다.
• 직각을 똑같이 90으로 나눈 것 중 하나를 1도라 하고, 1°라고 씁니다.
• 직각의 크기는 90°입니다.
90°
1°
각도기의 중심
각도기의 밑금
• 각도기를 이용하여 각도 재기
각도기의 중심을 각의 꼭짓점에 맞추고, 각도기의 밑금을 각의 한 변에 맞춘 뒤 각의 다른 한 변이 만나는 각도기의 눈금을 읽습니다.

1 각도를 구해 보세요.

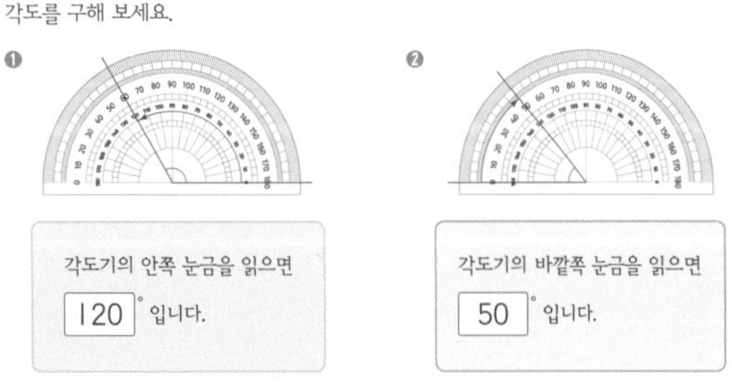

❶
❷
각도기의 안쪽 눈금을 읽으면 120° 입니다.
각도기의 바깥쪽 눈금을 읽으면 50° 입니다.

2 각도기의 중심과 밑금을 바르게 맞춘 사람은 누구인가요?

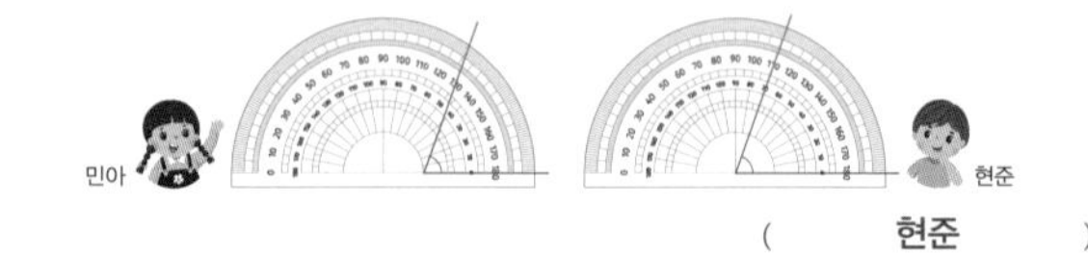

(현준)

3 각도를 읽어 보세요.

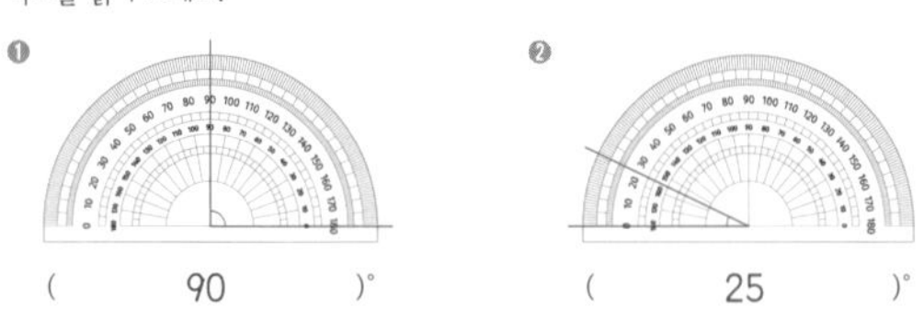

❶ (90)° ❷ (25)°

4 각도기를 이용하여 각도를 재어 보세요.

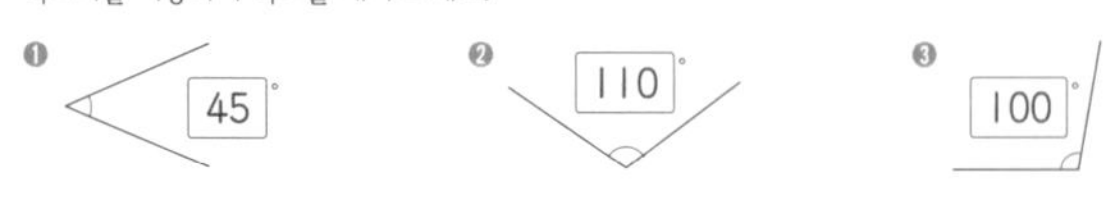

5 각도기를 이용하여 각을 재어 보고, 가장 작은 각을 찾아 기호를 써 보세요.

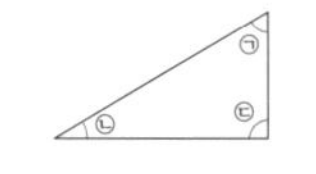

(㉡)

▶ ㉠: 60°, ㉡: 30°, ㉢: 90°입니다. 따라서 가장 작은 각은 ㉡입니다.

2. 각도

각 그리는 방법 알아보기

• 각도가 60°인 각 ㄱㄴㄷ 그리기

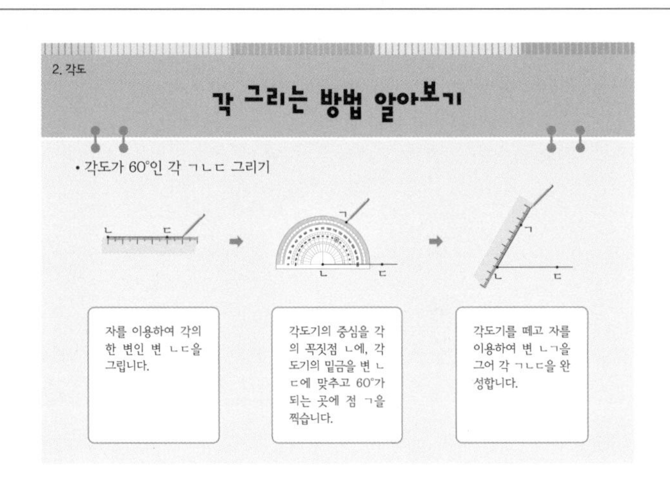

자를 이용하여 각의 한 변인 변 ㄴㄷ을 그립니다.

각도기의 중심을 각의 꼭짓점 ㄴ에, 각도기의 밑금을 변 ㄴㄷ에 맞추고 60°가 되는 곳에 점 ㄱ을 찍습니다.

각도기를 떼고 자를 이용하여 변 ㄴㄱ을 그어 각 ㄱㄴㄷ을 완성합니다.

1 각도기를 이용하여 각도가 50°인 각을 바르게 그린 것을 찾아 기호를 써 보세요.

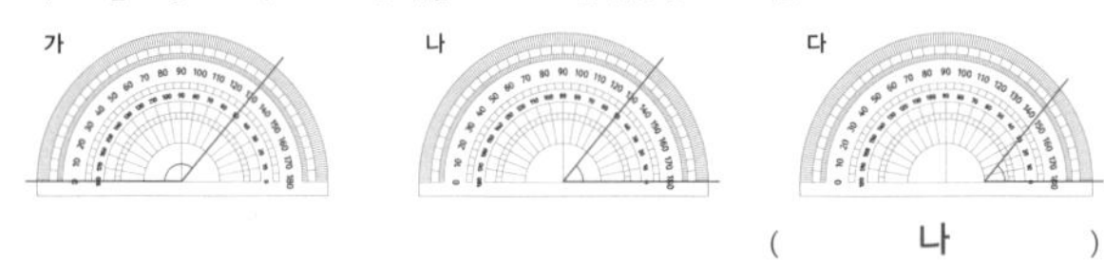

(나)

2 각도기를 이용하여 각도가 150°인 각을 그리려고 합니다. 점을 찍어야 하는 곳을 찾아 기호를 써 보세요.

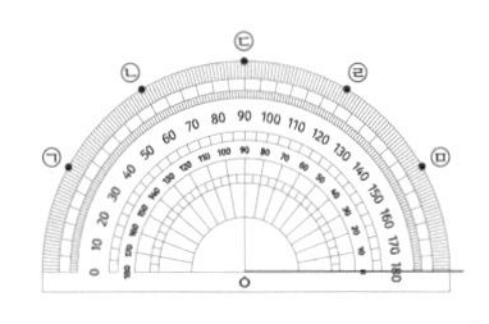

(㉠)

▶ 밑금이 오른쪽에 있으므로 오른쪽 방향에서 눈금을 읽기 시작합니다.

3 주어진 각도의 각을 각도기 위에 그려 보세요.

❶ 80° ❷ 125°

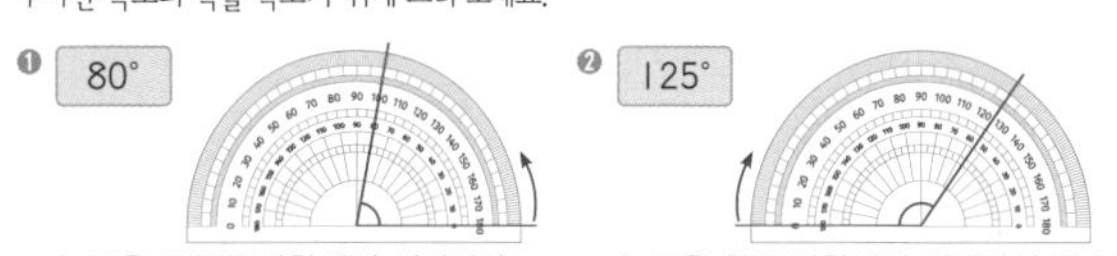

▶ 눈금을 오른쪽 방향에서 시작하여 읽습니다. ▶ 눈금을 왼쪽 방향에서 시작하여 읽습니다.

4 각도기와 자를 이용하여 주어진 각도의 각을 그려 보세요.

70°

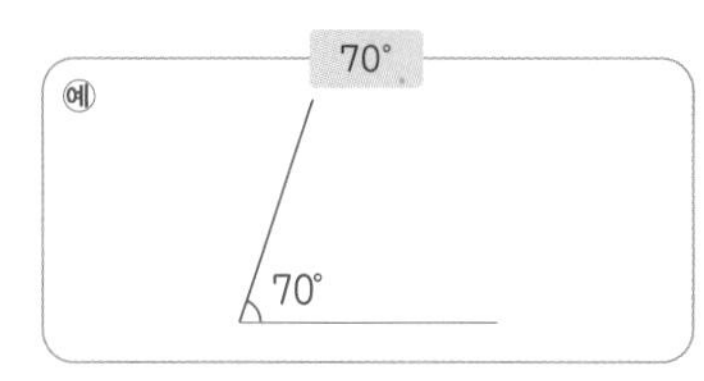

5 점 ㄱ을 꼭짓점으로 하여 주어진 각도의 각을 그려 보세요.

❶ 40° ❷ 145°

6 주어진 각도와 크기가 같은 각을 그려 보세요.

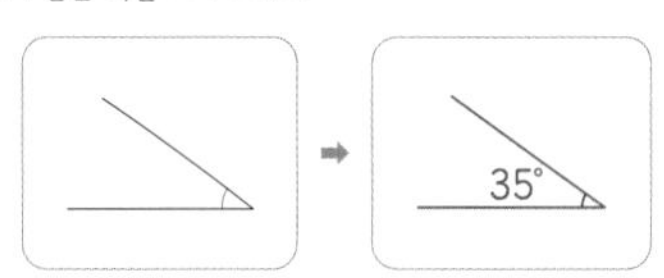

2. 각도

직각보다 작은 각과 큰 각 알아보기

• 각도가 0°보다 크고 직각보다 작은 각을 예각이라고 합니다.
• 각도가 직각보다 크고 180°보다 작은 각을 둔각이라고 합니다.

예각	직각	둔각
0°<(예각)<90°	90°	90°<(둔각)<180°

주의 90°, 180°는 예각도 둔각도 아닙니다.

1 각을 보고 예각과 둔각 중 어느 것인지 □ 안에 알맞은 말을 써넣으세요.

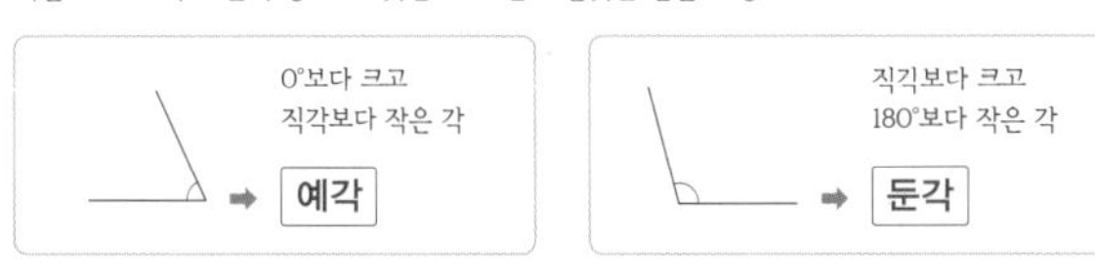

0°보다 크고 직각보다 작은 각 ➡ 예각

직각보다 크고 180°보다 작은 각 ➡ 둔각

2 예각, 직각, 둔각의 크기를 비교하여 가장 작은 각부터 차례로 써넣으세요.

예각 < 직각 < 둔각

3 주어진 각이 예각, 둔각 중 어느 것인지 써 보세요.

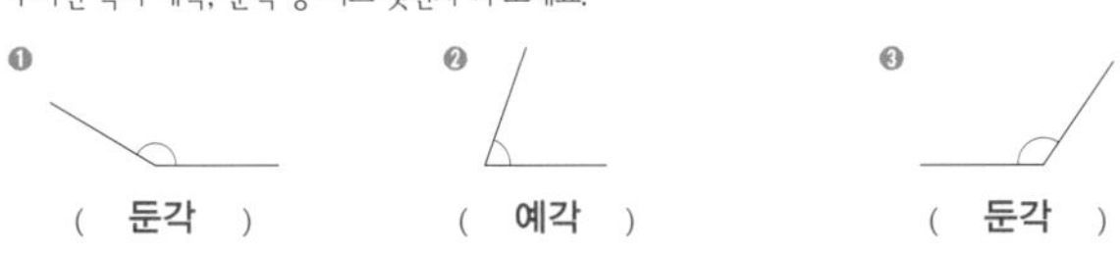

❶ (둔각) ❷ (예각) ❸ (둔각)

4 주어진 각을 예각, 직각, 둔각으로 분류하여 기호를 써넣으세요.

㉠ 70° ㉡ 90° ㉢ 160°
㉣ 25° ㉤ 110° ㉥ 45°

예각	직각	둔각
㉠, ㉣, ㉥	㉡	㉢, ㉤

5 시계의 긴바늘과 짧은바늘이 이루는 각이 예각, 직각, 둔각 중 어느 것인지 써 보세요.

❶ (예각) ❷ (둔각)

6 각도기 위의 주어진 선분을 이용하여 예각과 둔각을 그려 보세요.

❶ 예각 ❷ 둔각

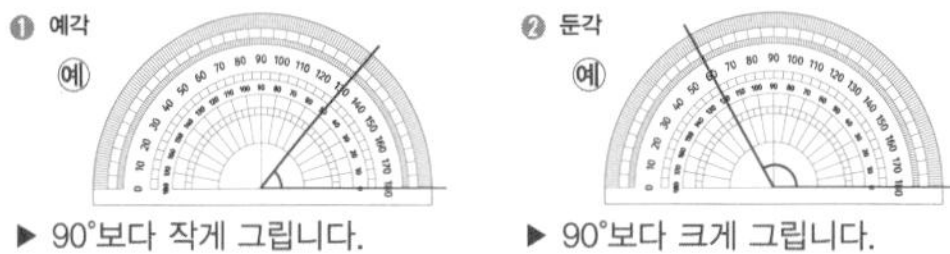

▶ 90°보다 작게 그립니다. ▶ 90°보다 크게 그립니다.

7 점 ㄱ에서 선분을 그어 둔각을 그리려고 합니다. 이어야 하는 점을 찾아 기호를 써 보세요.

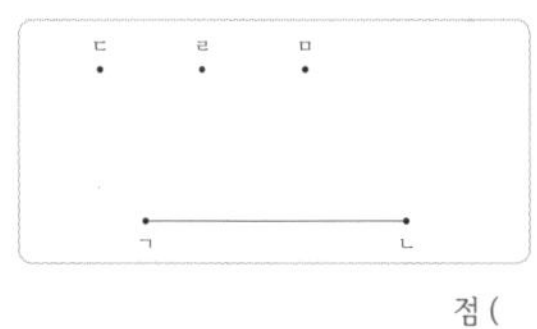

점 (ㄷ)

▶ 점 ㄱ에서 선분을 그었을 때 생기는 각의 크기가 90°보다 큰 것은 점 ㄷ입니다.

34–35쪽

2. 각도

각도 어림하기

- 각도기를 이용하지 않고 어림하기 쉬운 90°, 180°를 기준으로 어림합니다.
- 어림한 각도와 각도기로 잰 각도의 차이가 작을수록 어림을 정확하게 한 것입니다.

1 펼쳐진 책의 각도를 어림하고 각도기로 재어 확인해 보세요.

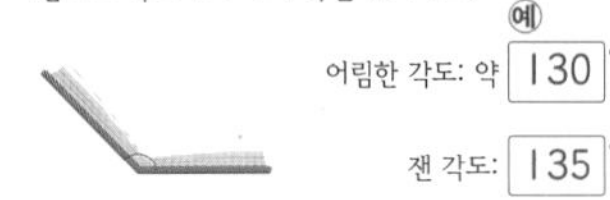

(예) 어림한 각도: 약 130°

잰 각도: 135°

2 각도를 어림하고 각도기로 재어 확인해 보세요.

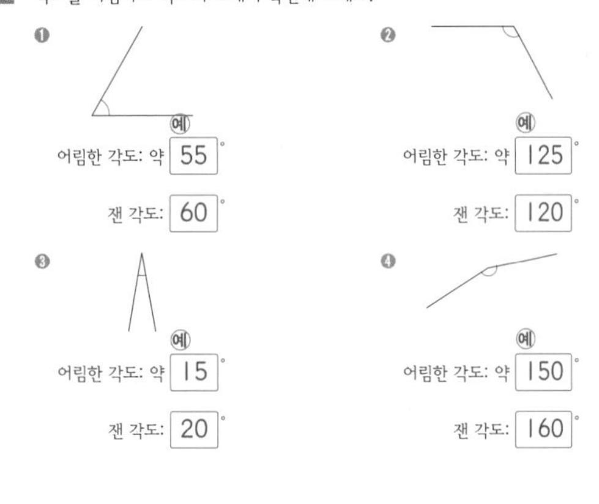

❶ (예) 어림한 각도: 약 55°, 잰 각도: 60°

❷ (예) 어림한 각도: 약 125°, 잰 각도: 120°

❸ (예) 어림한 각도: 약 15°, 잰 각도: 20°

❹ (예) 어림한 각도: 약 150°, 잰 각도: 160°

3 자만 이용하여 주어진 각도의 각을 어림하여 그리고, 각도기로 재어 보세요.

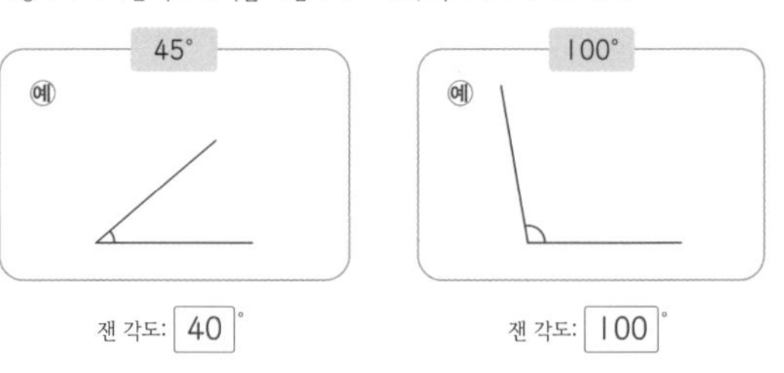

잰 각도: 40°　　잰 각도: 100°

4 두 친구가 각도를 어림하였습니다. 빈칸에 알맞은 수 또는 말을 써넣으세요.

잰 각도는 105°이므로 어림을 더 정확히 한 사람은 재희입니다.

▶ 실제 각도와 어림한 각도의 차이를 구해 보면 수진이는 15°이고, 재희는 5°이므로 각도를 더 정확하게 어림한 사람은 재희입니다.

5 삼각자의 각과 비교하여 각도를 어림하고, 각도기로 재어 확인해 보세요.

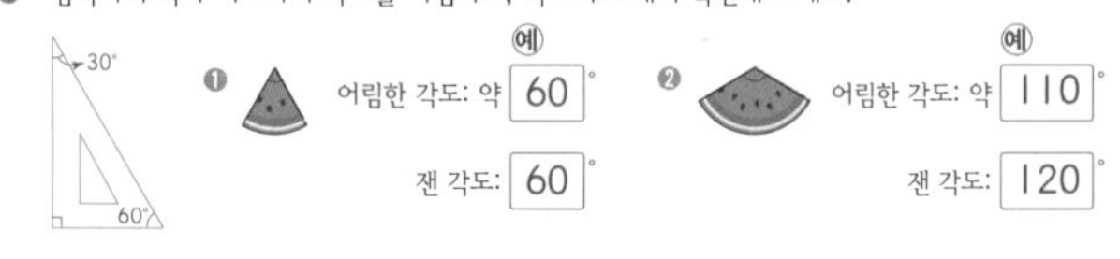

❶ (예) 어림한 각도: 약 60°, 잰 각도: 60°

❷ (예) 어림한 각도: 약 110°, 잰 각도: 120°

36–37쪽

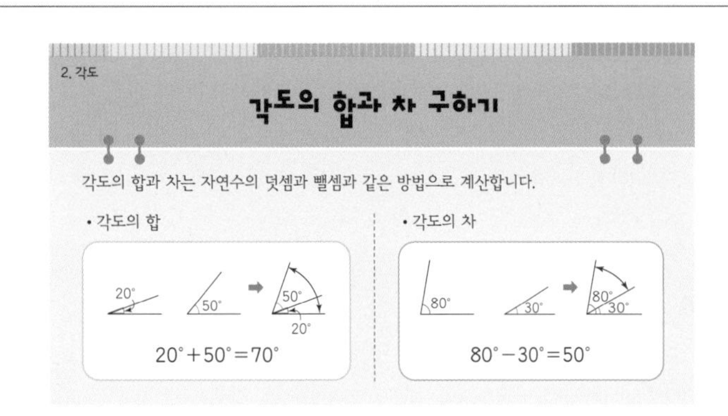

2. 각도

각도의 합과 차 구하기

각도의 합과 차는 자연수의 덧셈과 뺄셈과 같은 방법으로 계산합니다.

1 두 각도의 합을 구해 보세요.

120° + 20° = 140°

2 두 각도의 차를 구해 보세요.

110° − 50° = 60°

3 두 각도의 합과 차를 구해 보세요.

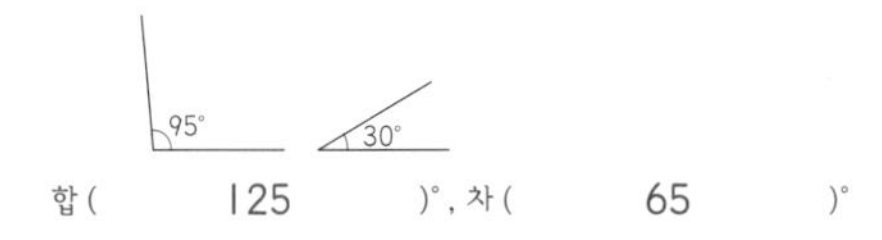

합 (125)°, 차 (65)°

4 각도의 합과 차를 구해 보세요.

❶ 120°+15°=135°　❷ 75°−45°=30°

❸ 90°+55°=145°　❹ 105°−60°=45°

5 친구들의 대화를 보고 진서가 만든 각의 크기를 구해 보세요.

> 윤아: 나는 크기가 25°인 각을 만들었어.
> 진서: 내가 만든 각은 윤아가 만든 각보다 80° 더 커.

(105)°

▶ 진서가 만든 각은 25°보다 80° 더 큰 각이므로 25°+80°=105°입니다.

6 그림에서 ㉠+30°+90°=180°입니다. ㉠의 각도는 몇 도인지 구해 보세요.

(60)°

▶ 30°+90°=120°이므로 ㉠+120°=180°입니다.
㉠=180°−120°=60°입니다.

7 우산의 각도를 지금보다 80° 더 크게 펼치려고 합니다. 펼치기 전의 우산의 각도를 재어 보고, 우산을 펼치고 난 후 우산의 각도는 몇 도가 되는지 구해 보세요.

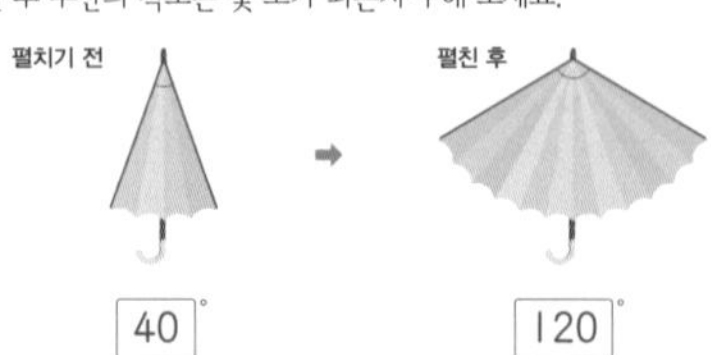

40°　120°

▶ 펼치기 전의 우산의 각도는 40°이고, 지금보다 80° 더 크게 펼친 각도는 40°+80°=120°입니다.

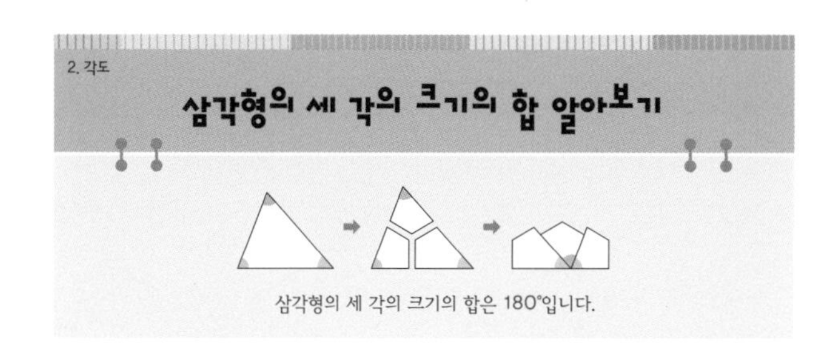

1 각도기로 삼각형의 세 각의 크기를 각각 재어 보고, 삼각형의 세 각의 크기의 합을 구해 보세요.

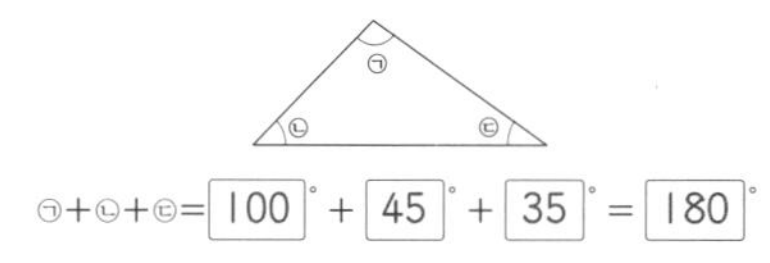

㉠+㉡+㉢= 100 ° + 45 ° + 35 ° = 180 °

2 삼각형의 세 각의 크기의 합을 구해 보세요.

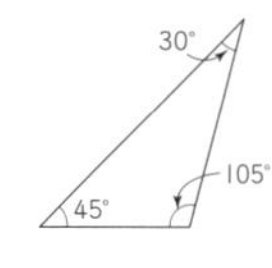

30 ° + 45 ° + 105 ° = 180 °

▶ 순서는 바꾸어 써도 됩니다. 세 각의 크기의 합은 180°입니다.

3 삼각형을 잘라서 세 꼭짓점이 한 점에 모이도록 겹치지 않게 이어 붙였습니다. ㉠의 각도를 구해 보세요.

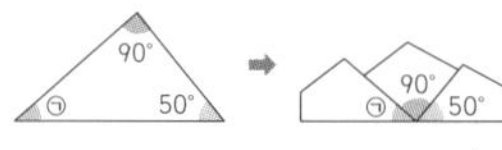

(40)°

▶ ㉠+90°+50°=180°입니다.
90°+50°=140°이므로 ㉠+140°=180°이고 ㉠=180°−140°=40°입니다.

4 삼각형의 세 각의 크기의 합이 180°인 성질을 이용하여 ★의 각도를 구해 보세요.

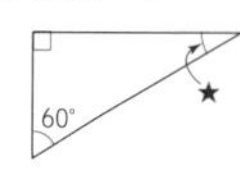

(30)°

▶ 60°+90°+★=180°입니다. 60°+90°=150°이므로 150°+★=180°이고,
★=180°−150°=30°입니다.

5 □ 안에 알맞은 수를 써넣으세요.

❶ 60°, 60°, 60

▶ 180°−60°−60°=60°

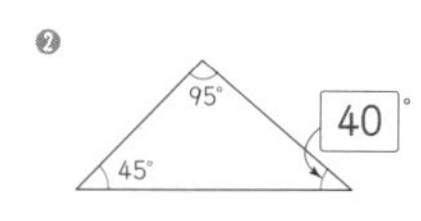

❷ 95°, 45°, 40

▶ 180°−95°−45°=40°

6 ㉠과 ㉡의 각도의 합을 구해 보세요.

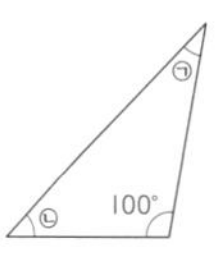

(80)°

▶ ㉠+㉡+100°=180°입니다.
㉠+㉡=180°−100°=80°이므로 ㉠과 ㉡의 각도의 합은 80°입니다.

7 삼각형의 세 각의 크기를 잘못 잰 사람을 찾아 이름을 써 보세요.

민영: 내가 잰 삼각형의 각도는 세 각 모두 45°야.
서준: 내가 잰 각도는 100°, 40°, 40° 였어.

(민영)

▶ 민영이가 잰 삼각형의 세 각의 크기의 합은 45°+45°+45°=135°입니다. 삼각형의 세 각의 크기의 합은 180°이므로 민영이가 삼각형의 각의 크기를 잘못 재었습니다.

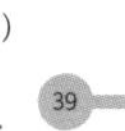

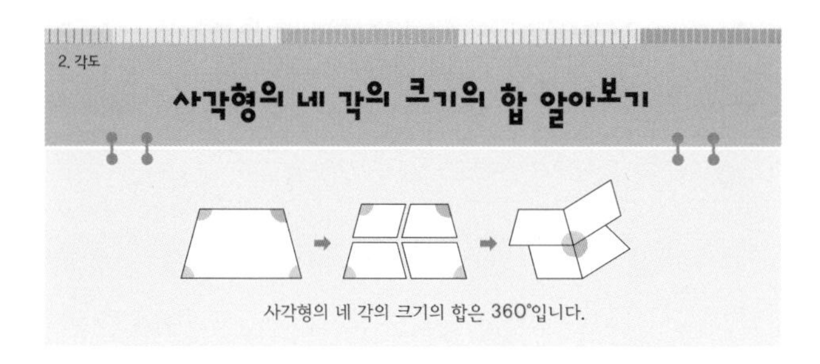

1 각도기로 사각형의 네 각의 크기를 각각 재어 보고, 사각형의 네 각의 크기의 합을 구해 보세요.

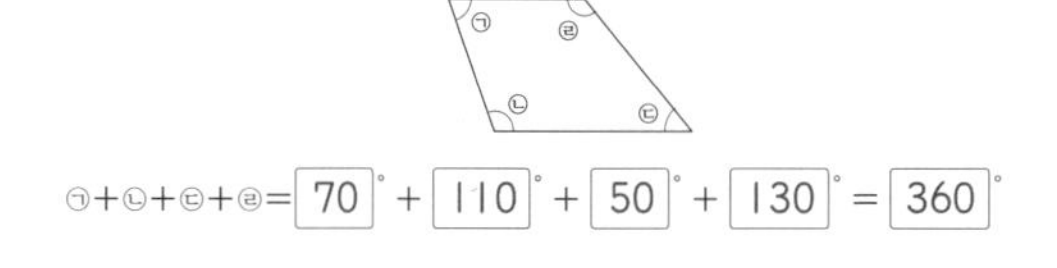

㉠+㉡+㉢+㉣= 70 ° + 110 ° + 50 ° + 130 ° = 360 °

2 사각형의 네 각의 크기의 합을 구해 보세요.

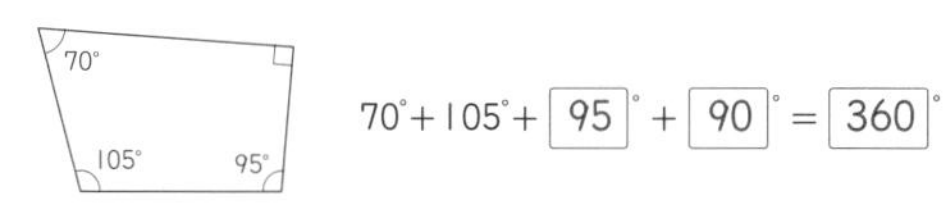

70°+105°+ 95 ° + 90 ° = 360 °

3 사각형을 잘라서 네 꼭짓점이 한 점에 모이도록 겹치지 않게 이어 붙였습니다. ㉠의 각도를 구해 보세요.

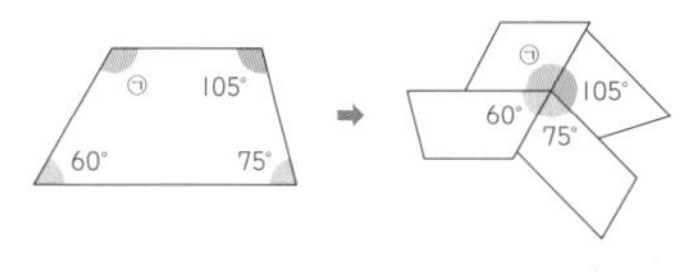

(120)°

▶ ㉠+60°+75°+105°=360°입니다.
60°+75°+105°=240°이므로 ㉠+240°=360°이고 ㉠=360°−240°=120°입니다.

4 □ 안에 알맞은 수를 써넣으세요.

❶

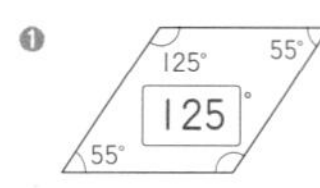

❷

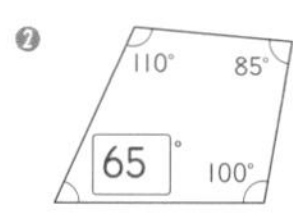

5 ㉠의 각도를 구해 보세요.

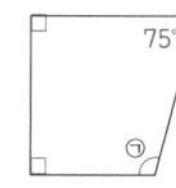

(105)°

▶ 사각형의 네 각의 크기의 합은 360°입니다.
90°+90°+㉠+75°=360°이고, ㉠=360°−255°=105°입니다.

6 사각형의 두 각의 크기입니다. 나머지 두 각의 크기의 합을 구해 보세요.

120°, 90°

(150)°

▶ 사각형의 네 각의 크기의 합이 360°이므로 360°−120°−90°=150°입니다.
따라서 나머지 두 각의 크기의 합은 150°입니다.

7 주어진 네 각으로 사각형을 그릴 수 없는 것을 찾아 기호를 써 보세요.

㉠ 120°, 60°, 100°, 70° ㉡ 100°, 90°, 70°, 100°

(㉠)

▶ ㉠ 120°+60°+100°+70°=350° ㉡ 100°+90°+70°+100°=360°
따라서 ㉠의 네 각으로는 사각형을 그릴 수 없습니다.

42–43쪽

2. 각도 **연습 문제**

1 각 중에서 가장 큰 각에 ○표, 가장 작은 각에 △표 하세요.

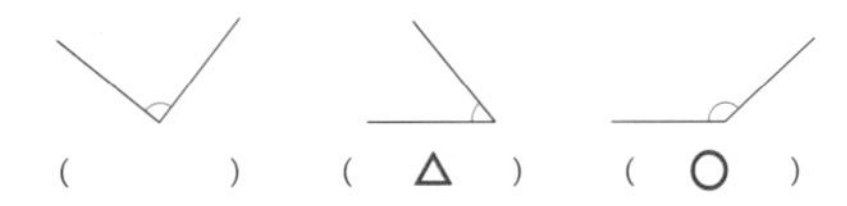

( ) (△) (○)

2 각도를 읽어 보세요.

❶ 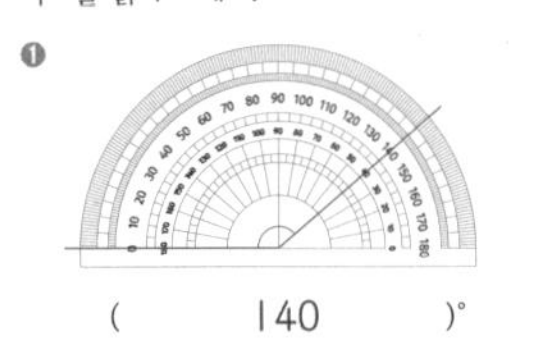
(140)°

❷ 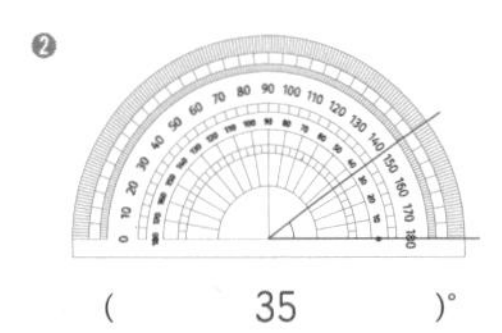
(35)°

3 주어진 각도의 각을 각도기 위에 그려 보세요.

❶ 60° 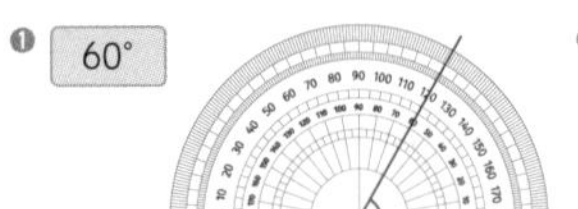

❷ 130° 

4 예각에는 ○표, 둔각에는 △표 하세요.

▶ 예각은 0°보다 크고 90°보다 작은 각, 둔각은 90°보다 크고 180°보다 작은 각입니다.

5 각도를 어림하고, 각도기로 재어 확인해 보세요.

❶ 어림한 각도: 약 95°
잰 각도: 100°

❷ 어림한 각도: 약 40°
잰 각도: 40°

6 각도의 합과 차를 구해 보세요.

❶ 90°+65°=155°
❷ 135°−40°=95°
❸ 150°+25°=175°
❹ 100°−35°=65°

7 □ 안에 알맞은 수를 써넣으세요.

❶ 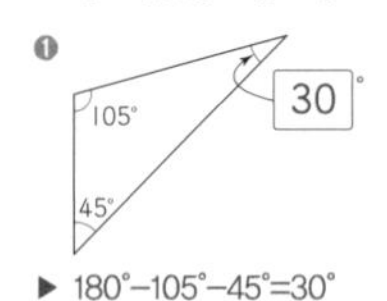

▶ 180°−105°−45°=30°

❷ 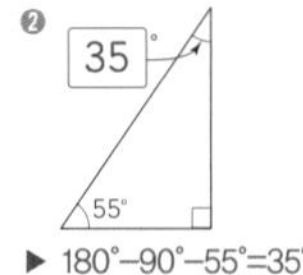

▶ 180°−90°−55°=35°

8 □ 안에 알맞은 수를 써넣으세요.

❶ 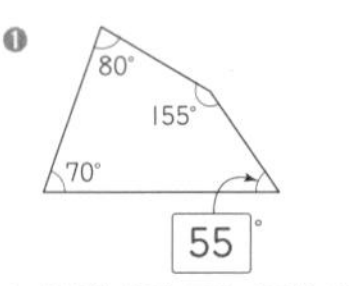

▶ 360°−80°−70°−155°=55°

❷ 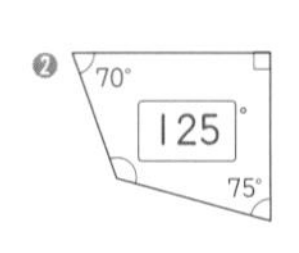

▶ 360°−70°−75°−90°=125°

44–45쪽

2. 각도 **단원 평가**

1 각의 크기가 가장 큰 것부터 순서대로 □ 안에 1, 2, 3을 써넣으세요.

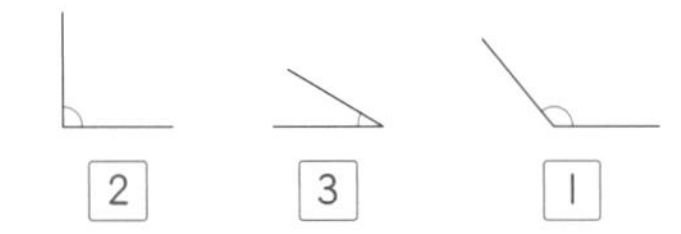

2 3 1

2 각도기를 이용하여 80°인 각 ㄱㄴㄷ을 그리려고 합니다. 그리는 순서대로 기호를 써 보세요.

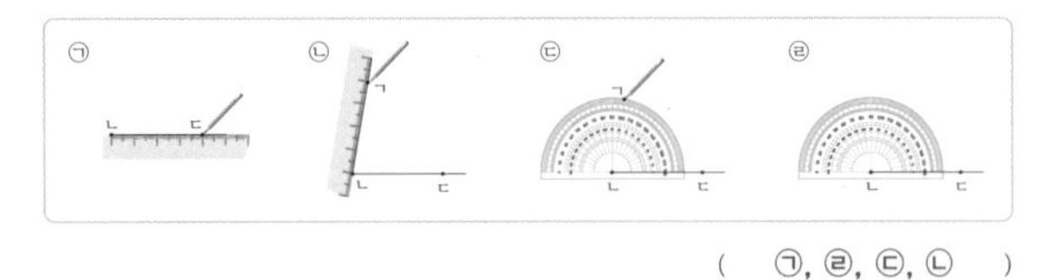

(㉠, ㉣, ㉢, ㉡)

3 예각이 가장 많은 도형부터 순서대로 기호를 써 보세요.

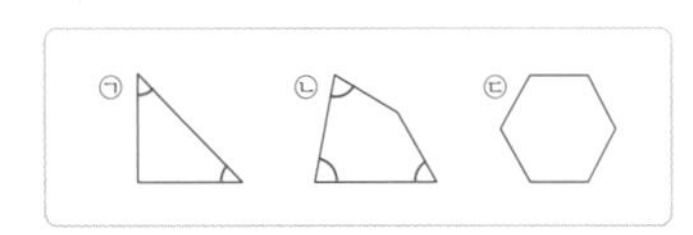

(㉡, ㉠, ㉢)

▶ 각 도형의 예각의 수를 세어 보면 ㉠ 2개 ㉡ 3개 ㉢ 0개이므로 예각이 가장 많은 도형부터 차례로 쓰면 ㉡, ㉠, ㉢입니다.

4 각도가 150°인 각을 각도기 위에 그려 보세요.

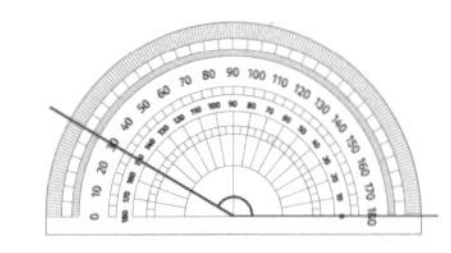

5 실제 각도에 더 가깝게 어림한 사람은 누구인지 찾아 이름을 써 보세요.

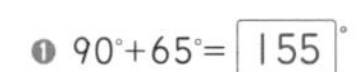

재훈: 내 생각에는 30°쯤 되는 것 같아.
민지: 내 생각에는 60°쯤 되는 것 같아.

(민지)

▶ 실제 각의 크기는 55°입니다. 따라서 민지가 실제 각도에 더 가깝게 어림하였습니다.

6 각도가 가장 큰 각을 찾아 기호를 써 보세요.

㉠ 90°보다 30° 큰 각 ㉡ 120°+10°
㉢ 직각보다 45° 큰 각 ㉣ 180°−20°

(㉣)

▶ ㉠ 90°+30°=120° ㉡ 120°+10°=130° ㉢ 90°+45°=135° ㉣ 180°−20°=160°

7 □ 안에 알맞은 수를 써넣으세요.

❶ 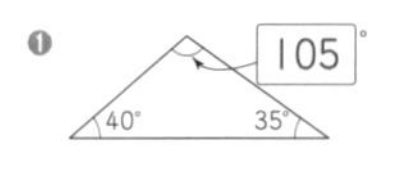

▶ 180°−40°−35°=105°

❷ 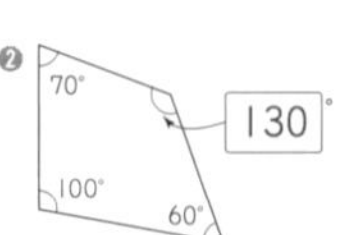

▶ 360°−70°−100°−60°=130°

8 ㉠과 ㉡의 각도의 합은 얼마인지 구해 보세요.

❶ 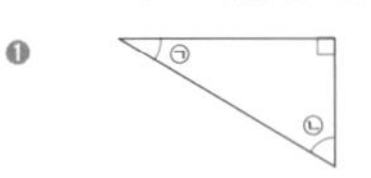

(90)°

▶ 삼각형의 세 각의 크기의 합에서 ㉠과 ㉡을 제외한 나머지 한 각을 뺍니다.
㉠+㉡=180°−90°=90°

❷ 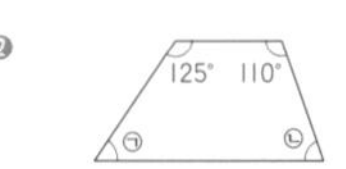

(125)°

▶ 사각형의 네 각의 크기의 합에서 ㉠과 ㉡을 제외한 나머지 두 각을 뺍니다.
㉠+㉡=360°−110°−125°=125°

2. 각도

실력 키우기

1 그림에서 찾을 수 있는 크고 작은 둔각은 모두 몇 개인지 구해 보세요.

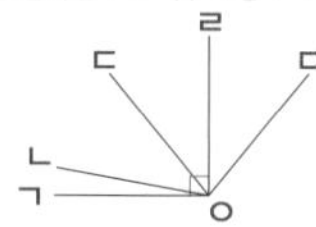

(2)개

▶ 각 ㄱㅇㅁ, 각 ㄴㅇㅁ이 그림에서 찾을 수 있는 둔각입니다.

2 가장 큰 각도와 가장 작은 각도의 합과 차를 구해 보세요.

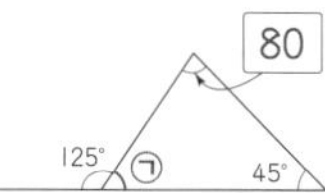

합 (175)°, 차 (135)°

▶ 가장 큰 각도는 155°, 가장 작은 각도는 20°이므로 두 각도의 합은 155°+20°=175°이고, 차는 155°−20°=135°입니다.

3 □ 안에 알맞은 수를 써넣으세요.

❶ 75°+60°=180°−[45]° (135°)

❷ 125°−50°=50°+[25]° (75°)

❸ 110°+36°=120°+[26]° (146°)

❹ 107°−27°=150°−[70]° (80°)

4 □ 안에 알맞은 수를 써넣으세요.

[80]°, 125°, ㉠, 45°

▶ 삼각형의 세 각의 크기는 각각 45°, ㉠, □°입니다.
㉠=180°−125°=55°이므로 □°=180°−45°−55°=80°입니다.

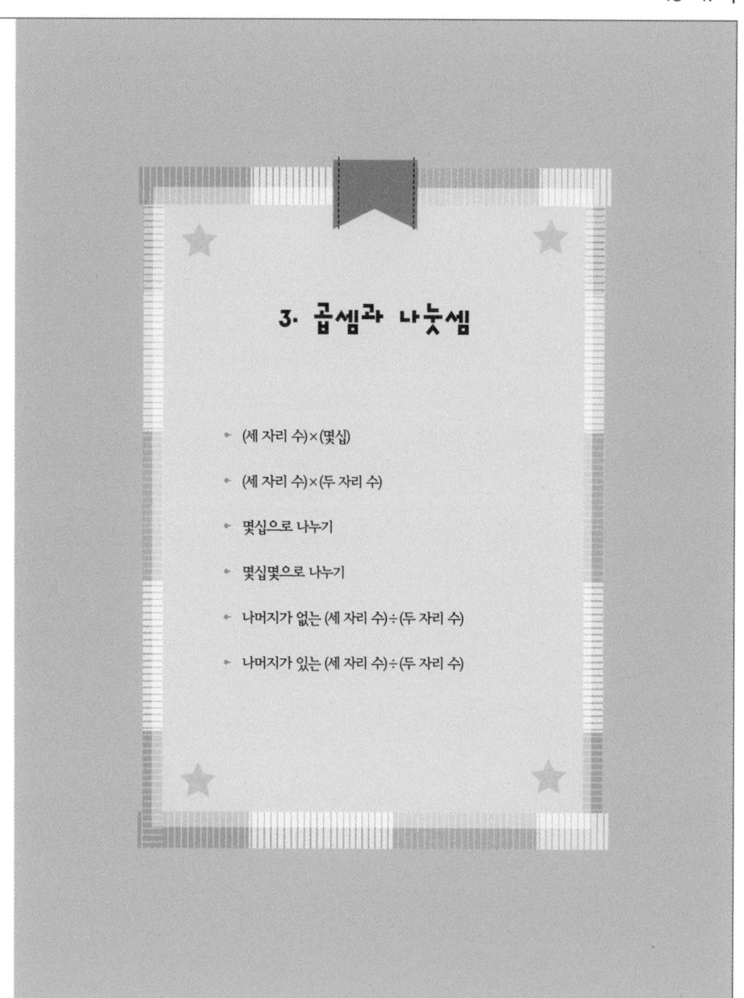

3. 곱셈과 나눗셈

(세 자리 수)×(몇십)

(세 자리 수)×(몇)을 계산한 다음 0을 붙입니다.

123×20=123×2×10
=246×10
=2460

123× 2 = 246
(10배) (10배)
123× 20 = 2460

1 412×2를 이용하여 412×20을 계산해 보세요.

	천의 자리	백의 자리	십의 자리	일의 자리		결과
412×2		8	2	4	➡	824
412×20	8	2	4	0	➡	8240

▶ 412×20은 412×2의 10배이므로 412×2를 계산한 값에 0을 1개 붙입니다.

2 □ 안에 알맞은 수를 써넣으세요.

312×3 = [936]
312×30 = [9360] (10배)

3 보기와 같이 계산해 보세요.

❶ 324×2=648 ➡ 324×20=[6480]

❷ 196×3=[588] ➡ 196×30=[5880]

4 계산해 보세요.

❶ 620 × 30 = 18600

❷ 307 × 50 = 15350

5 계산 결과가 같은 것끼리 이어 보세요.

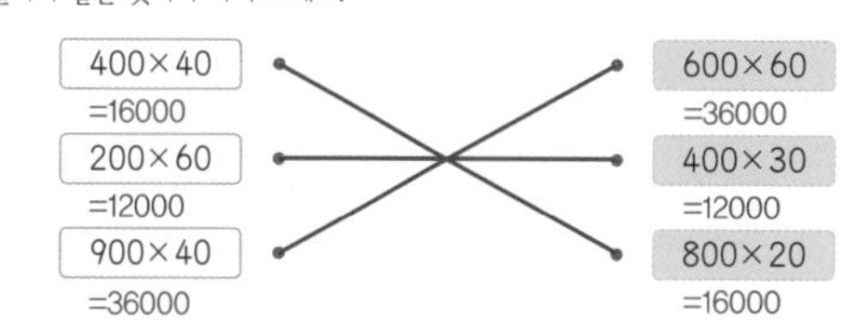

6 크기를 비교하여 ○ 안에 >, =, <를 알맞게 써넣으세요.

❶ 140×20 (=2800) (>) 280

❷ 432×70 (=30240) (<) 31000

7 5장의 수 카드 [2], [4], [6], [0], [8]을 한 번씩만 사용하여 가장 큰 세 자리 수와 가장 작은 두 자리 수를 만들고, 만든 두 수의 곱을 구해 보세요.

❶ 만들 수 있는 가장 큰 세 자리 수 (864)

❷ 만들 수 있는 가장 작은 두 자리 수 (20)

❸ 두 수의 곱 식 864×20=17280 답 17280

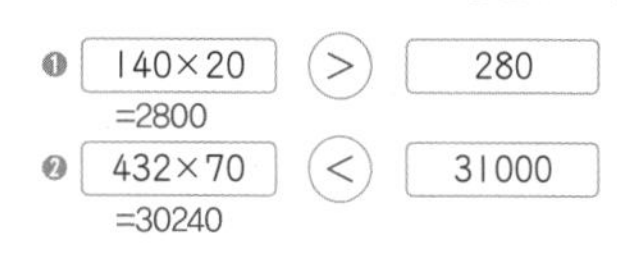

50–51쪽

(세 자리 수)×(두 자리 수)

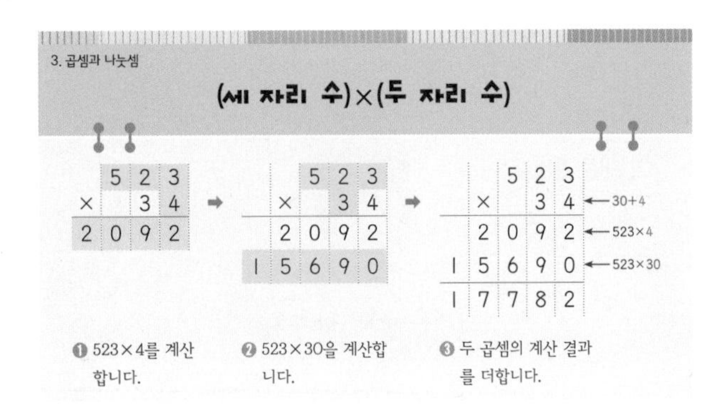

1 □ 안에 알맞은 수를 써넣으세요.

168×20, 168×4

168×24= 3360 + 672 = 4032

2 253×36을 계산하려고 합니다. □ 안에 알맞은 수를 써넣으세요.

253×36 ⎡ 253× 6 = 1518
⎣ 253×30 = 7590
9108

3 □ 안에 알맞은 수를 써넣으세요.

❶ 324 × 13: 972, 3240, 4212

❷ 126 × 23: 378, 2520, 2898

4 계산해 보세요.

❶ 312 × 26: 1872, 6240, 8112

❷ 512 × 62: 1024, 30720, 31744

❸ 223 × 73: 669, 15610, 16279

5 가장 큰 수와 가장 작은 수의 곱을 구해 보세요.

37　295　89　163

(10915)

▶ 가장 큰 수는 295, 가장 작은 수는 37이므로
가장 큰 수와 가장 작은 수의 곱은 295×37=10915입니다.

6 잘못 계산한 곳을 찾아 바르게 계산해 보세요.

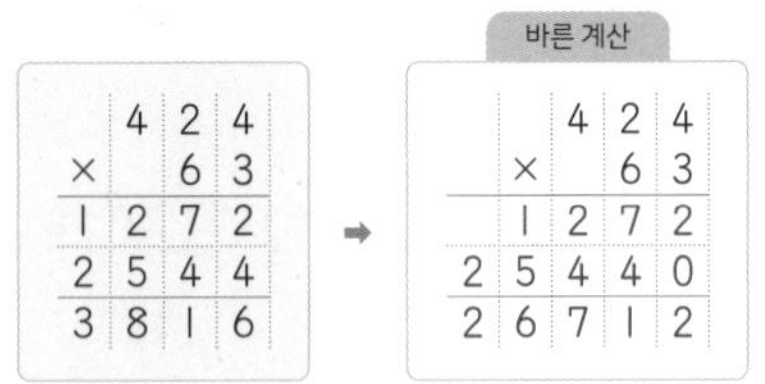

▶ 424×60의 곱을 424×6으로 계산하여 잘못되었습니다.

7 크기를 비교하여 ○ 안에 >, =, <를 알맞게 써넣으세요.

❶ 198×62 (=12276) > 400×30 (=12000)

❷ 700×20 (=14000) > 743×18 (=13374)

52–53쪽

몇십으로 나누기

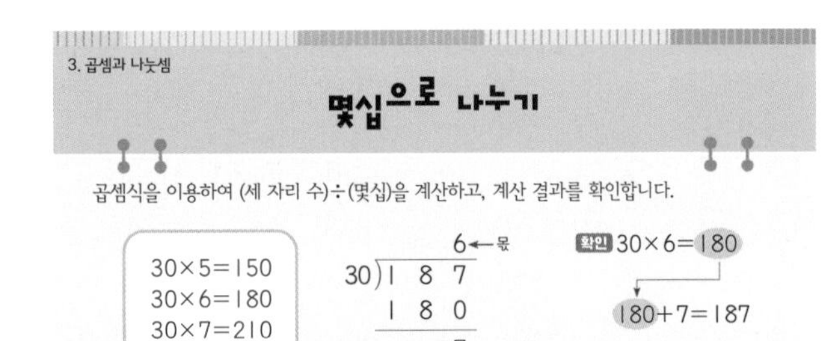

1 빈칸에 알맞은 수를 써넣고 200÷50의 몫을 구해 보세요.

×	3	4	5
50	150	200	250

200÷50= 4

▶ 50×4=200이므로 200÷50의 몫은 4입니다.

2 왼쪽 곱셈식을 이용하여 계산해 보세요.

60×3=180
60×4=240
60×5=300

60)258: 몫 4, 240, 18

3 계산을 하고, 계산한 결과가 맞는지 확인해 보세요.

50)156: 몫 3, 150, 6

확인 50× 3 = 150
150 + 6 = 156

4 계산해 보세요.

❶ 90)540: 몫 6, 540, 0

❷ 70)426: 몫 6, 420, 6

5 몫이 큰 순서대로 기호를 써 보세요.

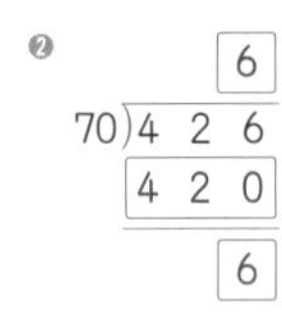

(㉣, ㉡, ㉢, ㉠)

▶ 몫을 각각 구해 보면 ㉠ 3, ㉡ 8, ㉢ 6, ㉣ 9입니다.
따라서 몫이 큰 순서대로 기호를 쓰면 ㉣, ㉡, ㉢, ㉠입니다.

6 왼쪽 나눗셈의 나머지를 오른쪽에서 찾아 이어 보세요.

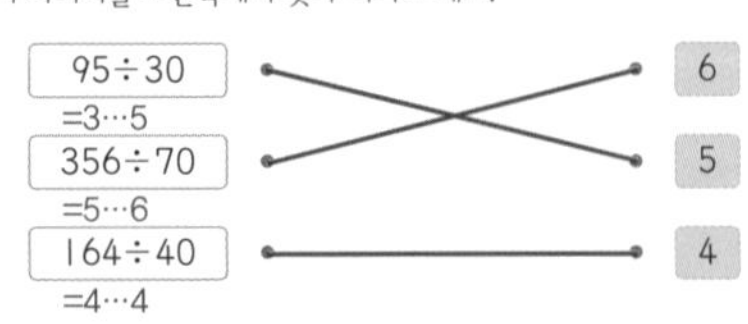

7 나눗셈의 몫과 나머지의 합을 구해 보세요.

325÷40

(13)

▶ 325÷40=8…5이므로 몫은 8, 나머지는 5입니다.
몫과 나머지의 합은 8+5=13입니다.

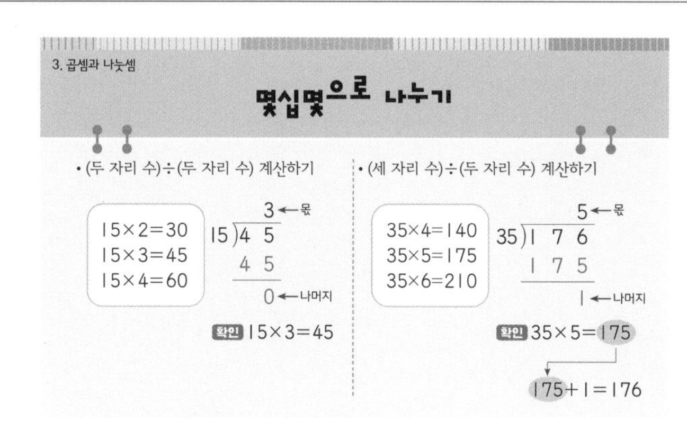

3. 곱셈과 나눗셈
몇십몇으로 나누기
• (두 자리 수)÷(두 자리 수) 계산하기
15×2=30
15×3=45
15×4=60
확인 15×3=45
• (세 자리 수)÷(두 자리 수) 계산하기
35×4=140
35×5=175
35×6=210
확인 35×5=175
175+1=176

1 어림한 나눗셈의 몫으로 가장 적절한 것에 ○표 하세요.

❶ 81÷21 — (4) 5 40 50

▶ 80÷20=4로 어림하여 계산합니다.

❷ 249÷50 — (5) 10 50

▶ 250÷50=5로 어림하여 계산합니다.

2 곱셈식을 완성하고 나눗셈을 계산해 보세요.

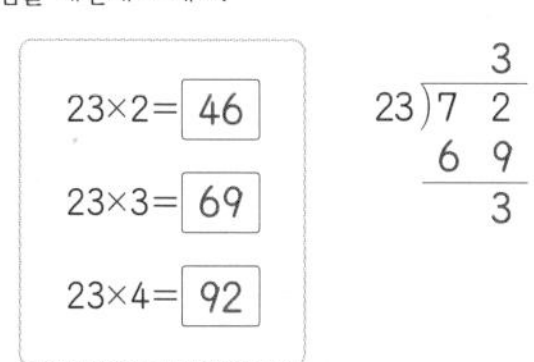

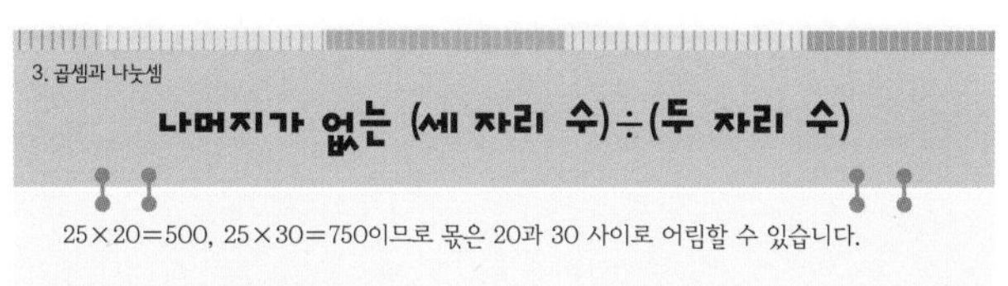

3 □ 안에 알맞은 수를 써넣으세요.

4 계산해 보세요.

5 나머지의 크기를 비교하여 나머지가 더 큰 것의 기호를 써 보세요.

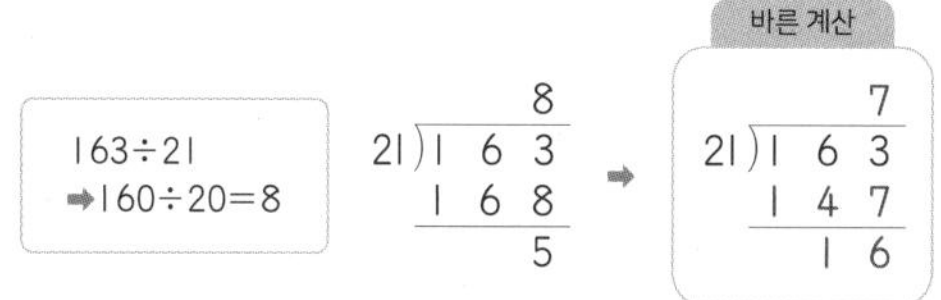

(㉡)

▶ ㉠ 200÷22=9···2 ㉡ 145÷71=2···3
나머지가 더 큰 것은 ㉡입니다.

6 잘못 계산한 곳을 찾아 바르게 계산해 보세요.

163÷21
➡160÷20=8

바른 계산

▶ 나누어지는 수가 (나누는 수×몫)보다 작은 경우에는 몫을 더 작은 수로 바꾸어 계산합니다.

3. 곱셈과 나눗셈

나머지가 없는 (세 자리 수)÷(두 자리 수)

25×20=500, 25×30=750이므로 몫은 20과 30 사이로 어림할 수 있습니다.

몫 25 나머지 0

확인 25×25=625

1 빈칸에 알맞은 수를 써넣고 775÷25의 몫을 바르게 어림한 것에 ○표 하세요.

×25	10	20	30	40
	250	500	750	1000

20과 30 사이의 수 ( ) 30과 40 사이의 수 (○)

▶ 775는 25×30=750과 25×40=1000 사이에 있으므로 몫은 30과 40 사이의 수라고 어림할 수 있습니다.

2 곱셈식을 이용하여 나눗셈을 계산하려고 합니다. □ 안에 알맞은 수를 써넣으세요.

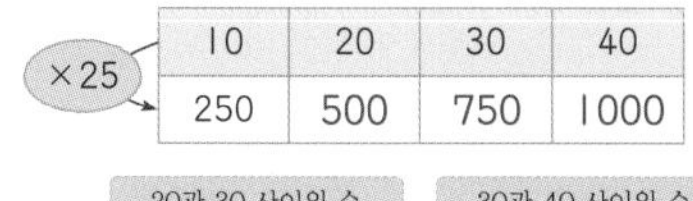

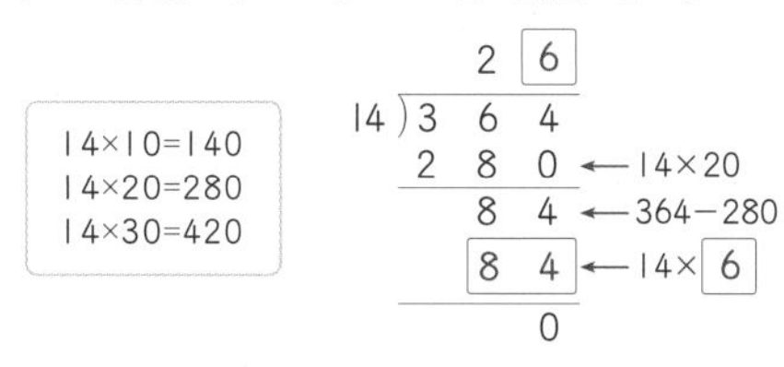

3 계산해 보세요.

4 계산을 하고, 계산한 결과가 맞는지 곱셈으로 확인해 보세요.

몫 12
나머지 0
확인 52×12=624

5 몫의 크기를 비교하여 ○ 안에 >, =, <를 알맞게 써넣으세요.

480÷32 < 304÷19
=15 =16

6 몫이 두 자리 수인 나눗셈을 모두 찾아 기호를 써 보세요.

㉠ 567÷21 ㉡ 368÷46
㉢ 900÷75 ㉣ 518÷74

(㉠, ㉢)

▶ 몫을 각각 구해 보면 ㉠ 27, ㉡ 8, ㉢ 12, ㉣ 7이므로 몫이 두 자리 수인 나눗셈은 ㉠, ㉢입니다.

3. 곱셈과 나눗셈

나머지가 있는 (세 자리 수)÷(두 자리 수)

15×40=600, 15×50=750이므로 몫은 40과 50 사이로 어림할 수 있습니다.

```
     4                  4 4
15)6 6 7     ➡   15)6 6 7
   6 0 0 ← 15×40     6 0 0
     6 7 ← 667-600     6 7
                       6 0 ← 15×4
                         7 ← 67-60
```

몫 44 나머지 7

확인 15×44=660 → 660+7=667

1 빈칸에 알맞은 수를 써넣고 456÷13의 몫을 어림해 보세요.

×13	10	20	30	40	50
	130	260	390	520	650

456÷13의 몫은 30 보다 크고 40 보다 작습니다.

2 □ 안에 알맞은 식을 보기에서 찾아 기호를 써 보세요.

보기: ㉠ 28×1 ㉡ 875−840 ㉢ 28×30

```
      3 1
28)8 7 5
   8 4 0 ← ㉢
     3 5 ← ㉡
     2 8 ← ㉠
       7
```

3 □ 안에 알맞은 수를 써넣으세요.

❶
```
      4 1
12)4 9 3
   4 8
     1 3
     1 2
       1
```

❷
```
      2 5
38)9 6 7
   7 6
   2 0 7
   1 9 0
     1 7
```

❸
```
      1 7
46)8 0 6
   4 6
   3 4 6
   3 2 2
     2 4
```

4 계산을 하고, 계산한 결과가 맞는지 확인해 보세요.

```
      2 3
29)6 8 4
   5 8
   1 0 4
     8 7
     1 7
```

몫 23
나머지 17
확인 29×23=667 → 667+17=684

5 계산을 하고 나머지가 큰 순서대로 기호를 써 보세요.

㉠ 164÷12 =13…8 ㉡ 715÷14 =51…1 ㉢ 266÷21 =12…14

(㉢, ㉠, ㉡)

6 잘못 계산한 곳을 찾아 바르게 계산해 보세요.

```
      3                 3 0
23)7 0 6    ➡   23)7 0 6
   6 9 0             6 9
     1 6               1 6
```

바른 계산

▶ 23×3=69, 69+16=85이므로 잘못 계산하였습니다.
700÷20=35이므로 몫은 약 35로 어림할 수 있습니다. 706÷23=30…16이고,
바르게 계산했는지 확인해 보면 23×30=690, 690+16=706입니다.

3. 곱셈과 나눗셈

연습 문제

[1~18] 계산해 보세요.

1. 400×20 = 8000
2. 610×30 = 18300
3. 192×40 = 7680
4. 609×40 = 24360
5. 503×30 = 15090
6. 178×55: 890, 890, 9790
7. 503×38: 4024, 1509, 19114
8. 243×64: 972, 1458, 15552
9. 718×32: 1436, 2154, 22976
10. 20)140 = 7: 140, 0
11. 50)420 = 8: 400, 20
12. 25)75 = 3: 75, 0
13. 31)72 = 2: 62, 10
14. 38)281 = 7: 266, 15
15. 15)510 = 34: 45, 60, 60, 0
16. 36)972 = 27: 72, 252, 252, 0
17. 38)994 = 26: 76, 234, 228, 6
18. 14)625 = 44: 56, 65, 56, 9

3. 곱셈과 나눗셈 **단원 평가**

1 □ 안에 알맞은 수를 써넣으세요.

❶ 740 × 8 = 5920
740 × 80 = 59200

❷ 360 × 4 = 1440
360 × 40 = 14400

2 계산해 보세요.

❶ 460 × 20 = 9200

❷ 625 × 30 = 18750

❸ 327 × 41: 327 + 13080 = 13407

3 계산 결과가 가장 큰 것부터 순서대로 ○ 안에 1, 2, 3을 써넣으세요.

390×70 ③	630×50 ②	387×90 ①
=27300	=31500	=34830

4 가장 큰 수와 가장 작은 수의 곱을 구해 보세요.

36　453　45　412

(16308)

▶ 가장 큰 수는 453이고, 가장 작은 수는 36이므로
가장 큰 수와 가장 작은 수의 곱은 453×36=16308입니다.

5 케이크 한 판에 들어가는 달걀은 13개입니다. 케이크 159판에 들어가는 달걀은 모두 몇 개인지 구해 보세요.

식 159×13=2067　답 2067 개

6 빈칸에 알맞은 수를 써넣고 85÷17의 몫을 구해 보세요.

×	1	2	3	4	5
17	17	34	51	68	85

85÷17= 5

▶ 17×5=85이므로 85÷17의 몫은 5입니다.

7 계산해 보세요.

❶ 84 ÷ 28 = 3 (28 × 3 = 84, 나머지 0)

❷ 384 ÷ 52 = 7 (52 × 7 = 364, 나머지 20)

8 몫의 크기를 비교하여 ○ 안에 >, =, <를 알맞게 써넣으세요.

795÷45 (>) 342÷29
=17…30　　=11…23

9 나눗셈의 몫이 6일 때 □ 안에 알맞은 수를 보기에서 찾아 기호를 써 보세요.

2□8÷40

보기 ㉠ 0　㉡ 4　㉢ 8　㉣ 9

(㉡)

▶ 208÷40=5…8이므로 몫이 5입니다. 248÷40=6…8이므로 몫이 6입니다.
288÷40=7…8, 298÷40=7…18이므로 몫이 7입니다. 따라서 몫이 6이 되는 것은 ㉡입니다.

10 과수원에서 복숭아를 90개 땄습니다. 이 복숭아를 한 상자에 15개씩 담으려고 합니다. 상자는 몇 개가 필요한지 구해 보세요.

식 90÷15=6　답 6 개

3. 곱셈과 나눗셈 **실력 키우기**

1 민식이는 하루에 책을 120분 동안 읽었습니다. 31일 동안 책을 읽은 시간은 몇 분인지 구해 보세요.

식 120×31=3720　답 3720 분

▶ 120분씩 31일 동안 책을 읽은 시간은 120×31=3720(분)입니다.

2 초콜릿 85개를 26명의 학생들에게 똑같이 나누어 주려고 합니다. 학생 한 명당 가질 수 있는 초콜릿의 개수를 구해 보세요.

식 85÷26=3…7　답 3 개

▶ 85개의 초콜릿을 26명에게 똑같이 나누어 주면 한 명당 3개씩 나누어 갖고 7개가 남습니다.

3 호두과자 892개를 한 상자에 35개씩 나누어 담으려고 합니다. 상자에 담고 남는 호두과자는 몇 개인지 구해 보세요.

식 892÷35=25…17　답 17 개

▶ 호두과자 892개를 35개씩 나누어 담으면 25상자를 포장하고 호두과자 17개가 남습니다.

4 어떤 수에 20을 곱해야 할 것을 잘못하여 나누었더니 몫이 9이고 나머지가 10이었습니다. 어떤 수를 구해 보세요.

(190)

▶ 어떤 수를 □라고 하면 □÷20=9…10입니다.
20×9=180, 180+10=190이므로 □=190입니다.

5 어떤 수에 36을 곱해야 할 것을 잘못하여 나누었더니 몫이 8이고 나머지가 5였습니다. 바르게 계산한 값을 구해 보세요.

(10548)

▶ 어떤 수를 □라고 하면 □÷36=8…5입니다.
36×8=288, 288+5=293이므로 □=293입니다.
바르게 계산한 값을 구해 보면 293×36=10548입니다.

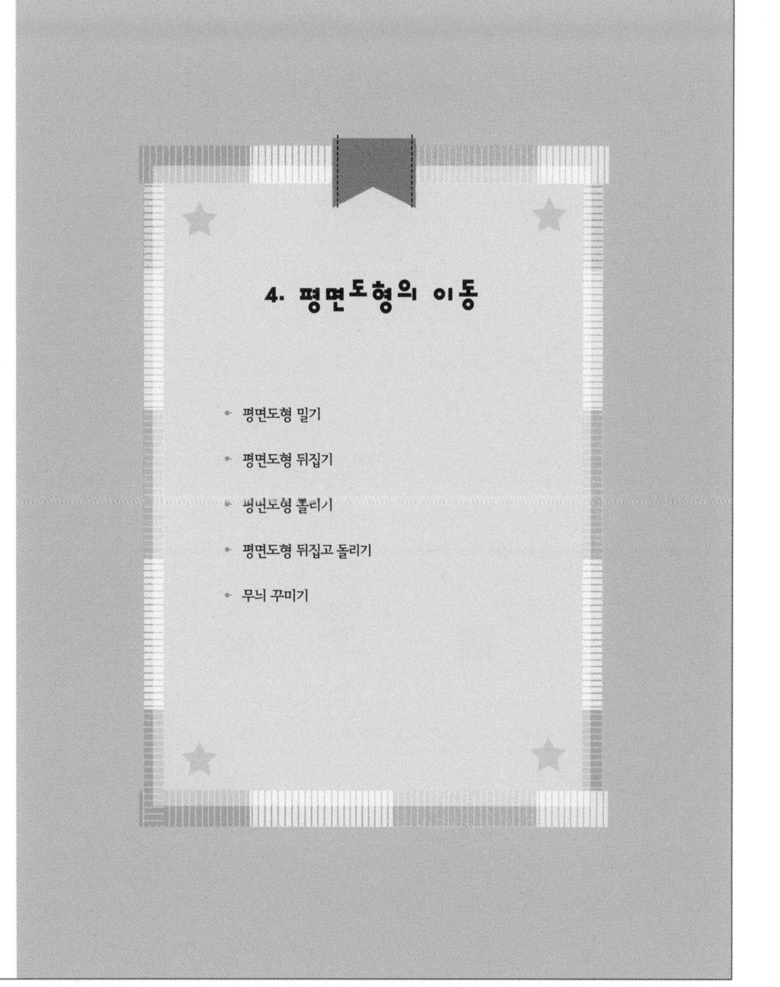

4. 평면도형의 이동
평면도형 밀기
평면도형 뒤집기
평면도형 돌리기
평면도형 뒤집고 돌리기
무늬 꾸미기

66-67쪽

4. 평면도형의 이동

평면도형 밀기

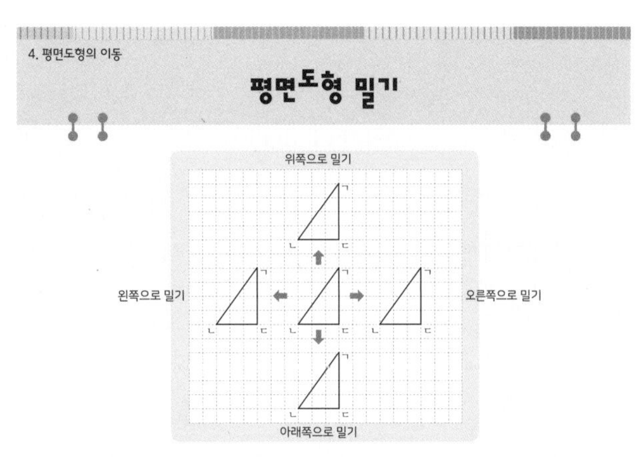

평면도형을 왼쪽, 오른쪽, 위쪽, 아래쪽으로 밀면 **모양은 그대로이고, 위치만 바뀝니다.**

1 모양 조각을 오른쪽으로 밀었습니다. 알맞은 것을 찾아 ○표 하세요.

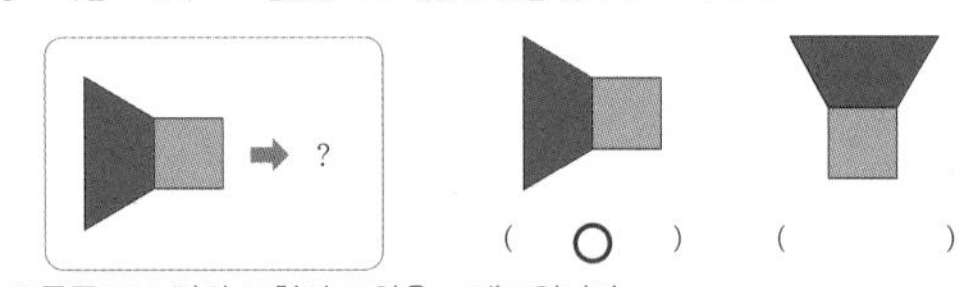

(○) ( )

▶ 오른쪽으로 밀면 도형의 모양은 그대로입니다.

2 알맞은 말에 ○표 하세요.

❶ 도형을 밀면 모양은 (변합니다 , 변하지 않습니다).

❷ 도형을 밀면 민 방향에 따라 위치가 (바뀝니다 , 바뀌지 않습니다).

3 도형을 화살표 방향으로 밀었을 때의 도형을 그려 보세요.

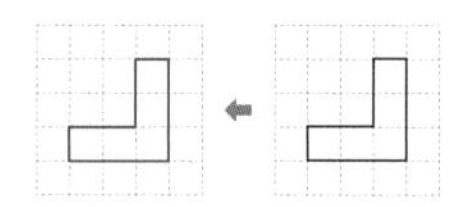

4 도형의 이동 방법을 설명해 보세요.

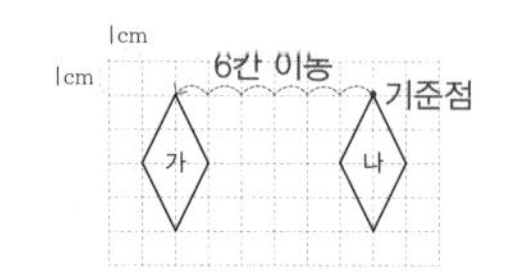

가 도형은 나 도형을 왼 쪽으로 6 cm 밀어서 이동한 도형입니다.

▶ 도형이 얼마만큼 이동했는지 구할 때에는 기준점을 정하고 몇 칸 이동했는지 세어 봅니다.

5 도형을 오른쪽과 위쪽으로 5 cm 밀었을 때의 도형을 각각 그려 보세요.

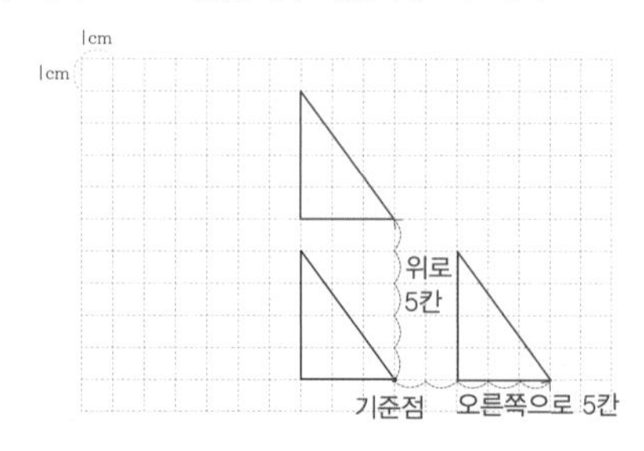

68-69쪽

4. 평면도형의 이동

평면도형 뒤집기

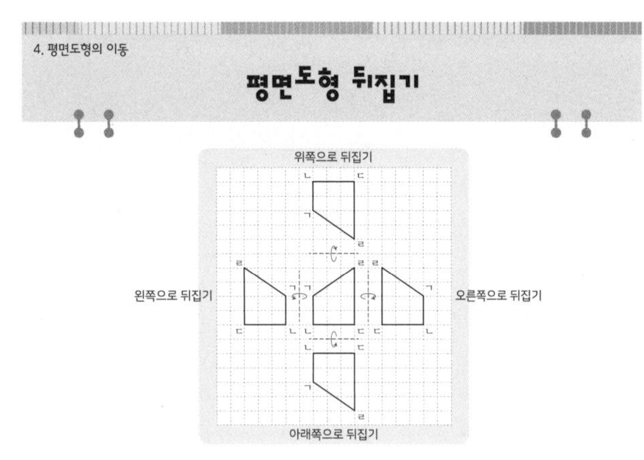

도형을 오른쪽이나 왼쪽으로 뒤집으면 **오른쪽과 왼쪽이 서로 바뀝니다.**
도형을 위쪽이나 아래쪽으로 뒤집으면 **위쪽과 아래쪽이 서로 바뀝니다.**

1 모양 조각을 아래쪽으로 뒤집었습니다. 알맞은 것을 찾아 ○표 하세요.

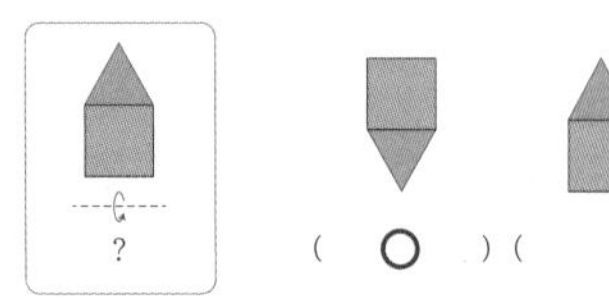

(○) ( )

▶ 도형을 아래쪽으로 뒤집으면 위쪽과 아래쪽이 서로 바뀝니다.

2 설명이 맞으면 ○표, 틀리면 ×표 하세요.

❶ 도형을 위쪽으로 뒤집으면 도형의 방향은 뒤집기 전과 똑같습니다. (×)

❷ 도형을 왼쪽으로 뒤집으면 도형의 오른쪽과 왼쪽이 서로 바뀝니다. (○)

3 도형을 왼쪽과 오른쪽으로 뒤집었을 때의 도형을 그려 보세요.

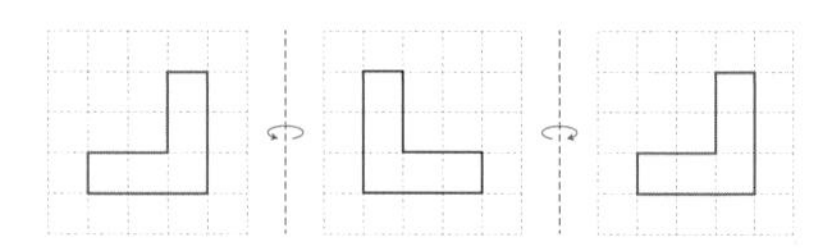

4 도형을 왼쪽, 오른쪽, 위쪽, 아래쪽으로 뒤집었을 때의 도형을 각각 그려 보세요.

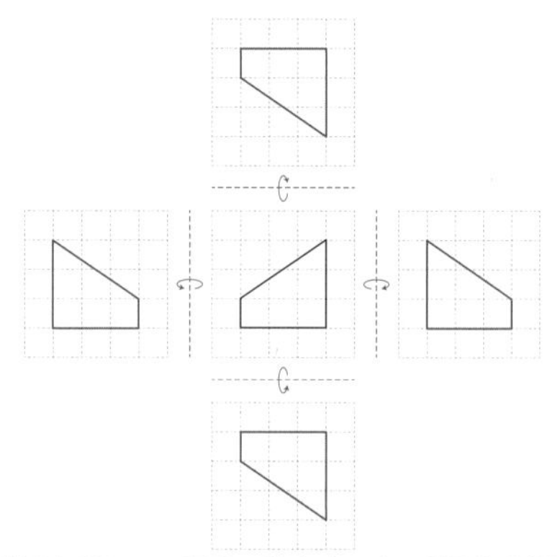

▶ 도형을 오른쪽과 왼쪽으로 뒤집은 모양이 서로 같고, 위쪽과 아래쪽으로 뒤집은 모양이 서로 같습니다.

5 위쪽으로 뒤집었을 때의 모양이 처음 모양과 같은 알파벳을 모두 찾아 기호를 써 보세요.

(㉠, ㉢)

▶ 위쪽으로 뒤집었을 때 ㉠ H, ㉡ b, ㉢ E, ㉣ M입니다. 처음 모양과 같은 알파벳은 ㉠, ㉢입니다.

4. 평면도형의 이동

평면도형 돌리기

• 평면도형을 시계 방향으로 90°, 180°, 270°, 360° 돌리기

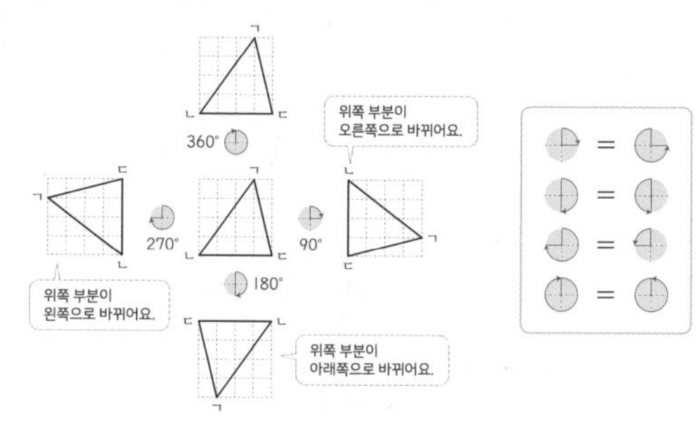

360°
위쪽 부분이 오른쪽으로 바뀌어요.
270°
90°
180°
위쪽 부분이 왼쪽으로 바뀌어요.
위쪽 부분이 아래쪽으로 바뀌어요.

도형을 돌리면 모양은 변하지 않고, 방향만 바뀝니다.

1 모양 조각을 시계 방향으로 180°만큼 돌렸습니다. 알맞은 것을 찾아 ○표 하세요.

(　　) (○)

2 도형을 시계 방향과 시계 반대 방향으로 90°만큼 돌렸을 때의 도형을 각각 그려 보세요.

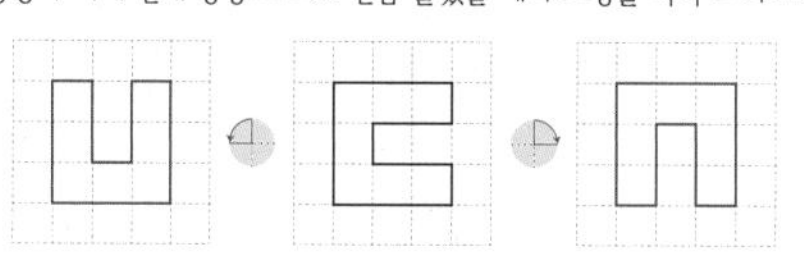

3 □ 안에 알맞은 기호를 써넣으세요.

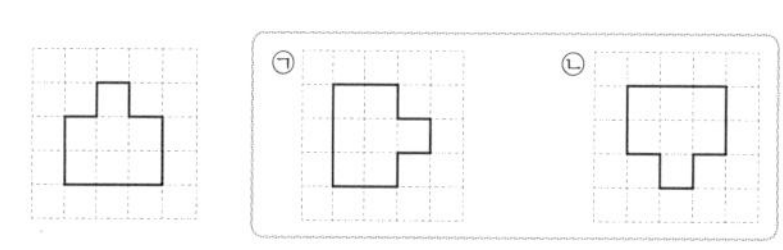

❶ 주어진 도형을 시계 방향으로 90°만큼 돌리면 ㉠ 이 됩니다.

❷ 주어진 도형을 시계 반대 방향으로 180°만큼 돌리면 ㉡ 이 됩니다.

4 도형을 시계 반대 방향으로 주어진 각도만큼 돌렸을 때의 도형을 각각 그려 보세요.

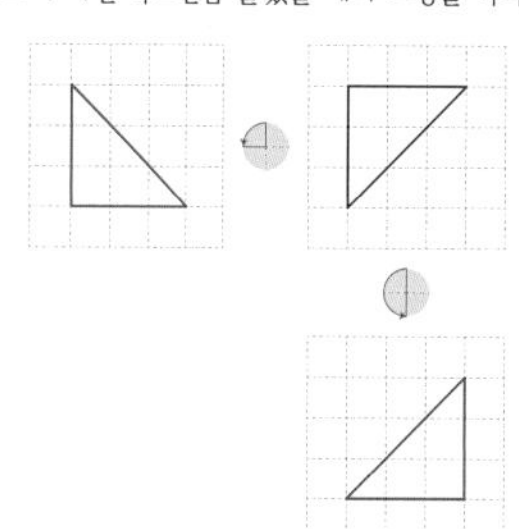

5 두 친구가 모양을 보고 대화를 나누었습니다. 바르게 말한 친구에게 ○표 하세요.

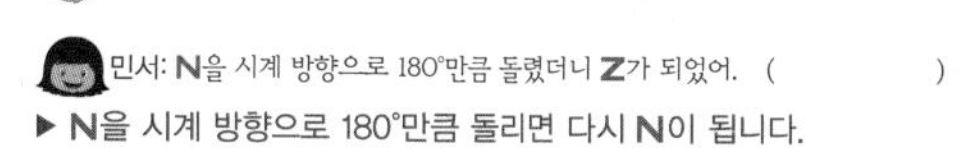
동규: N을 시계 반대 방향으로 90°만큼 돌렸더니 Z가 되었어. (○)

민서: N을 시계 방향으로 180°만큼 돌렸더니 Z가 되었어. (　　)

▶ N을 시계 방향으로 180°만큼 돌리면 다시 N이 됩니다.

4. 평면도형의 이동

평면도형 뒤집고 돌리기

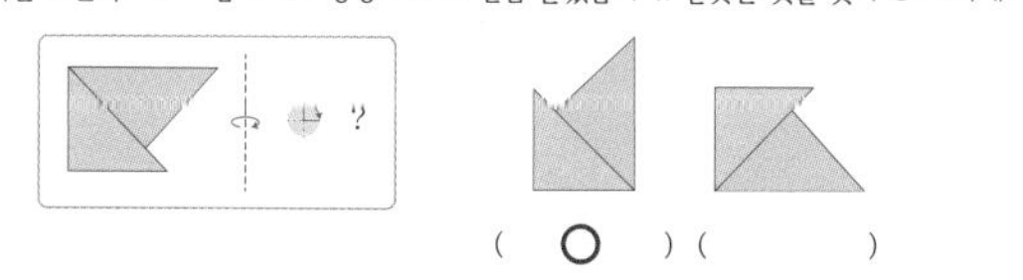

뒤집고 돌리기
돌리고 뒤집기

도형을 움직인 순서가 다르면 도형의 방향이 다를 수 있습니다.

1 모양 조각을 오른쪽으로 뒤집고 시계 방향으로 90°만큼 돌렸습니다. 알맞은 것을 찾아 ○표 하세요.

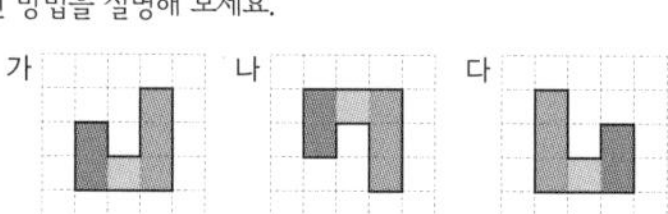

(○) (　　)

2 도형을 보고 움직인 방법을 설명해 보세요.

가 나 다

가를 (위쪽, 오른쪽)으로 뒤집으면 나가 됩니다. 나를 시계 방향으로 (270°, 180°)만큼 돌리면 다가 됩니다.

3 도형을 뒤집고 돌린 모양과 돌리고 뒤집은 모양을 각각 그려 보세요.

❶ 도형을 오른쪽으로 뒤집고 시계 방향으로 90°만큼 돌렸을 때의 모양

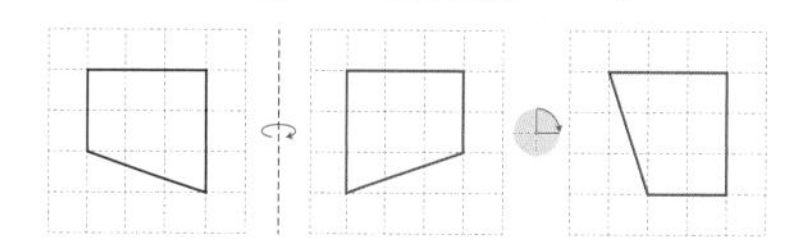

❷ 도형을 시계 방향으로 90°만큼 돌리고 오른쪽으로 뒤집었을 때의 모양

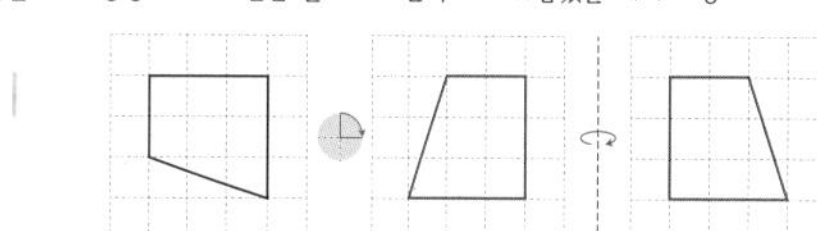

4 알맞은 말에 ○표 하세요.

❶ 도형을 움직인 순서가 다르면 도형의 방향이 (일정합니다 , 다를 수 있습니다).

❷ 뒤집고 돌린 도형을 그릴 때에는 (뒤집은 , 돌린) 도형을 먼저 그려야 합니다.

5 도형을 아래쪽으로 뒤집고 시계 반대 방향으로 90°만큼 돌렸을 때의 도형을 그려 보세요.

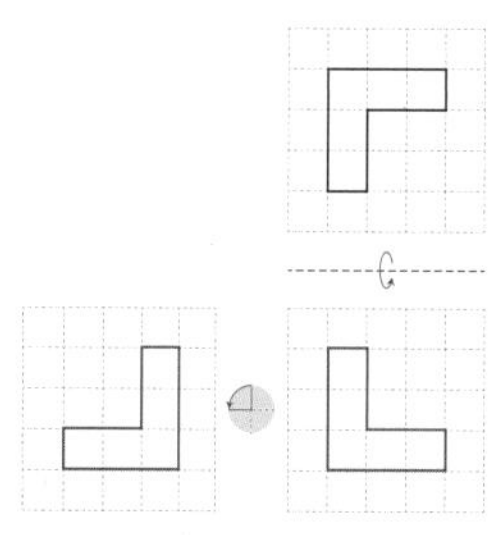

74–75쪽

모양을 밀기, 뒤집기, 돌리기하여 규칙적인 무늬를 만들 수 있습니다.

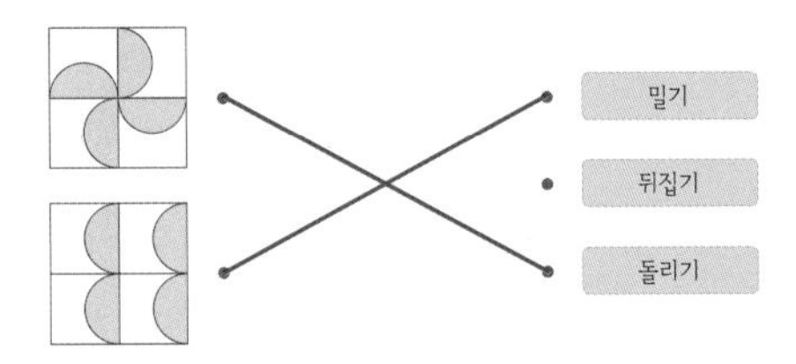

1 모양을 이용하여 무늬를 만든 방법으로 알맞은 것끼리 선으로 이어 보세요.

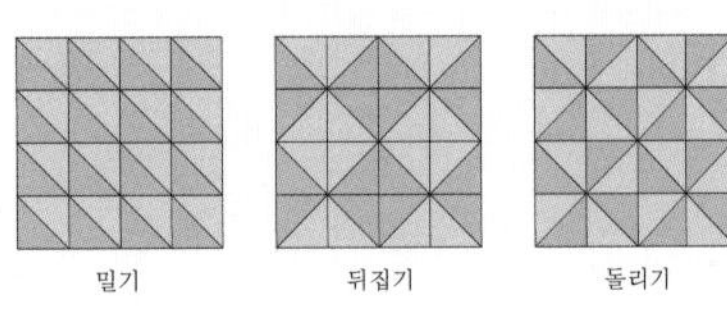

2 모양으로 밀기를 이용하여 규칙적인 무늬를 만들어 보세요.

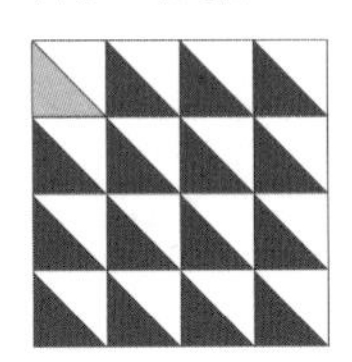

3 모양을 뒤집기를 이용하여 규칙적인 무늬를 만들었습니다. 빈칸에 들어갈 모양을 그려 보세요.

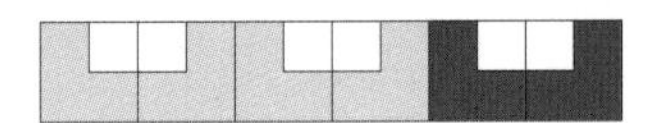

4 모양으로 규칙적인 무늬를 만들었습니다. 어떤 방법을 이용하여 무늬를 꾸몄는지 바르게 이야기한 친구에게 ○표 하세요.

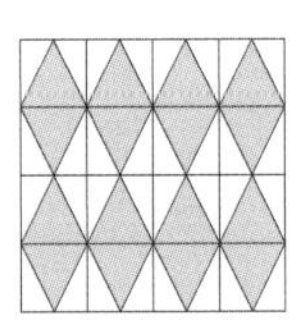

호연: 모양을 위쪽과 아래쪽으로 뒤집기를 반복하면 이 무늬를 만들 수 있어. (○)

예원: 모양을 아래쪽으로 밀어서 만든 무늬야. ( )

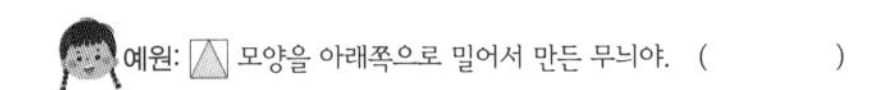

5 모양으로 돌리기를 이용하여 규칙적인 무늬를 만들어 보세요.

예

76–77쪽

4. 평면도형의 이동 **연습 문제**

1 주어진 도형을 왼쪽, 오른쪽, 위쪽, 아래쪽으로 밀었을 때의 도형을 각각 그려 보세요.

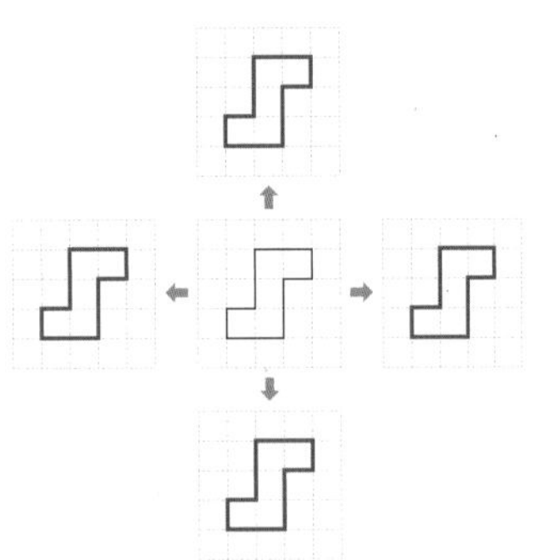

▶ 도형을 밀면 모양은 변하지 않고, 위치만 바뀝니다.

2 주어진 도형을 왼쪽, 오른쪽, 위쪽, 아래쪽으로 뒤집었을 때의 도형을 각각 그려 보세요.

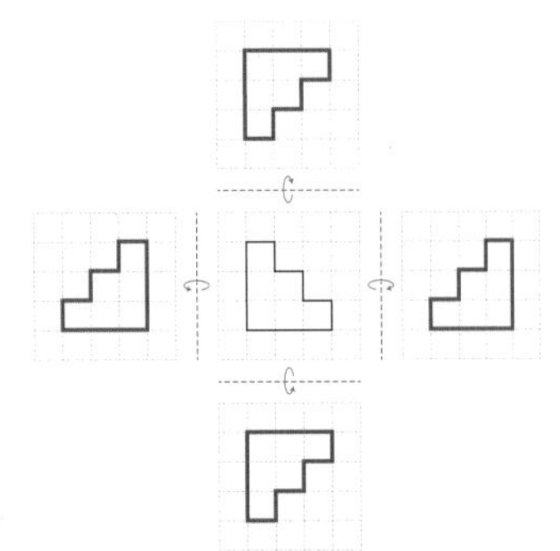

▶ 도형을 위쪽이나 아래쪽으로 뒤집으면 도형의 위쪽과 아래쪽이 서로 바뀌고 도형을 왼쪽이나 오른쪽으로 뒤집으면 도형의 왼쪽과 오른쪽이 서로 바뀝니다.

3 시계 반대 방향으로 주어진 각도만큼 돌렸을 때의 도형을 각각 그려 보세요.

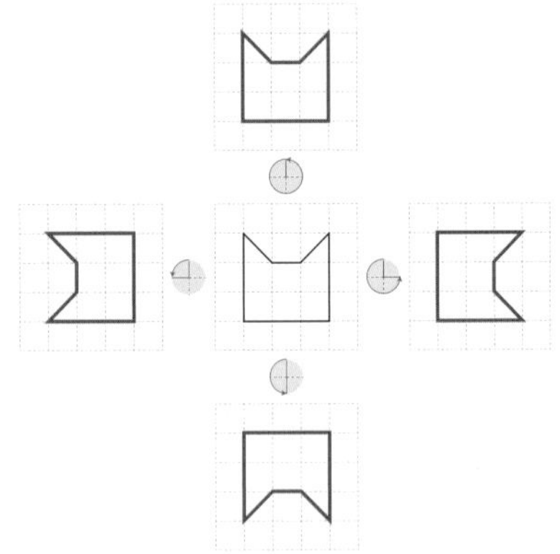

▶ 도형을 시계 반대 방향으로 돌리면 위쪽 부분이 왼쪽 → 아래쪽 → 오른쪽 → 위쪽으로 바뀝니다.

4 시계 방향으로 270°만큼 돌리고 아래쪽으로 뒤집었을 때의 도형을 그려 보세요.

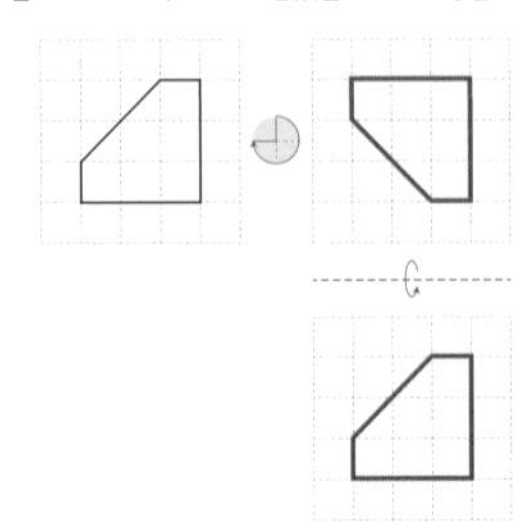

4. 평면도형의 이동 **단원 평가**

1 오른쪽 도형을 왼쪽으로 밀었습니다. 알맞은 말에 ○표 하세요.

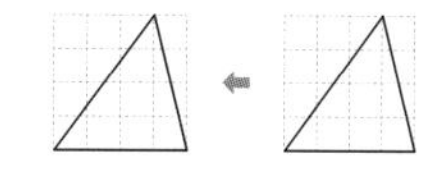

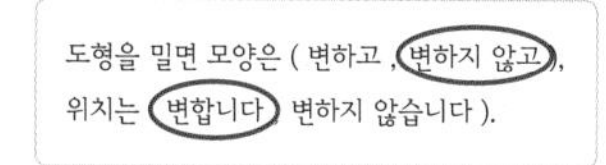

도형을 밀면 모양은 (변하고 , (변하지 않고)), 위치는 ((변합니다) , 변하지 않습니다).

2 도형을 왼쪽으로 7 cm 밀고 아래쪽으로 2 cm 밀었을 때의 도형을 그려 보세요.

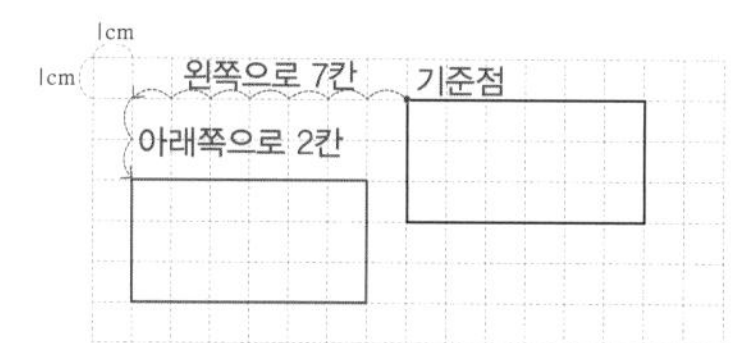

▶ 도형을 밀기 전에 기준점을 만들고 주어진 길이만큼 이동합니다.

3 처음 도형과 아래쪽으로 뒤집었을 때의 도형의 모양이 같은 것을 모두 찾아 기호를 써 보세요.

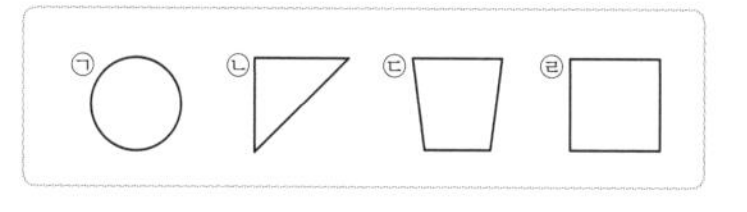

(㉠, ㉣)

▶ 아래쪽으로 뒤집으면 ㉠ ○, ㉡ ◺, ㉢ ⏢, ㉣ □ 입니다.

4 어떤 도형을 시계 방향으로 90°만큼 돌린 도형입니다. 돌리기 전의 도형을 찾아 기호를 써 보세요.

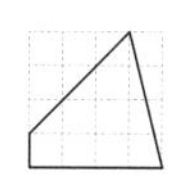

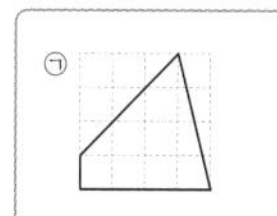

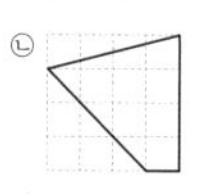

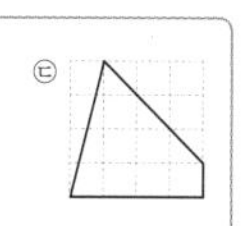

(㉡)

▶ 시계 방향으로 90°만큼 돌린 도형을 시계 반대 방향으로 90°만큼 돌리면 처음 도형이 됩니다.

5 돌리기를 했을 때 서로 같은 모양이 되는 것끼리 선으로 이어 보세요.

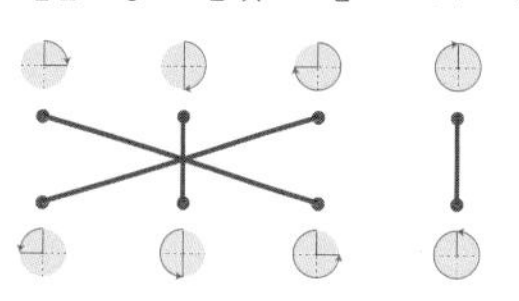

6 파란색 모양 조각을 움직여서 빈 곳을 채우려고 합니다. 모양 조각을 어떻게 움직여야 하는지 바르게 설명한 것을 모두 찾아 기호를 써 보세요.

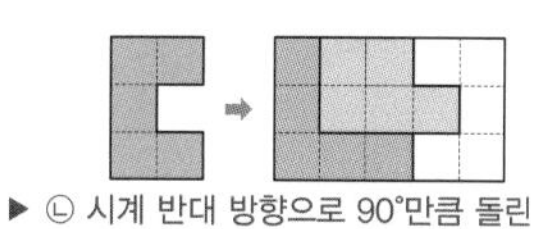

㉠ 시계 방향으로 180°만큼 돌립니다.
㉡ 시계 반대 방향으로 90°만큼 돌립니다.
㉢ 아래쪽으로 뒤집습니다.
㉣ 왼쪽으로 뒤집습니다.

(㉠, ㉣)

▶ ㉡ 시계 반대 방향으로 90°만큼 돌린 모양은 이므로 빈 곳을 채울 수 없습니다.
㉢ 아래쪽으로 뒤집은 모양은 이므로 빈 곳을 채울 수 없습니다.

7 주어진 수를 시계 방향으로 180°만큼 돌리고 오른쪽으로 뒤집었을 때 나타나는 수를 구해 보세요.

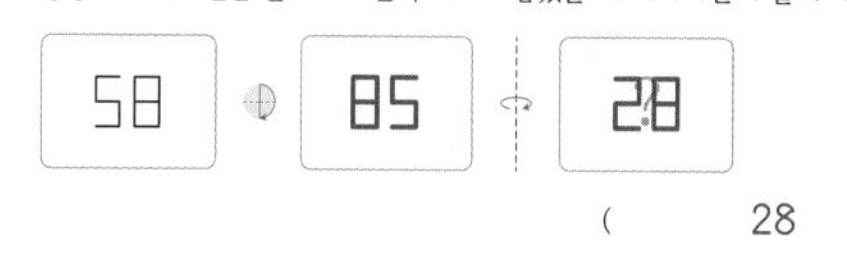

(28)

8 다음 무늬를 만든 방법을 바르게 설명한 것을 찾아 기호를 써 보세요.

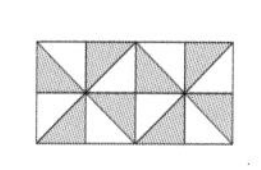

㉠ 모양을 시계 방향으로 90° 만큼 돌려서 만듭니다.
㉡ 모양을 아래쪽으로 뒤집어서 만듭니다.

(㉠)

4. 평면도형의 이동 **실력 키우기**

1 도형을 아래쪽으로 2번 뒤집고 시계 반대 방향으로 180°만큼 돌렸을 때의 도형을 그려 보세요.

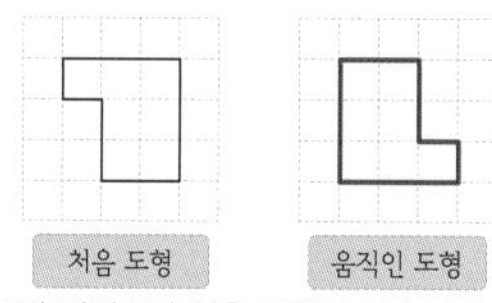

▶ 도형을 아래쪽으로 2번 뒤집으면 처음 도형과 같습니다.

2 어떤 도형을 시계 반대 방향으로 90°만큼 2번 돌리고 아래쪽으로 3번 뒤집었더니 다음과 같은 도형이 되었습니다. 처음 도형을 그려 보세요.

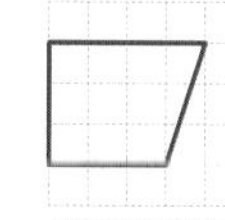

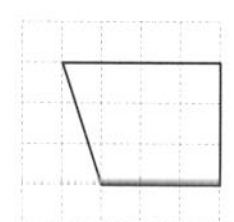

처음 도형 움직인 도형

▶ 시계 반대 방향으로 90°만큼 2번 돌린 것은 시계 반대 방향으로 180°만큼 돌린 것과 같습니다. 아래쪽으로 3번 뒤집은 것은 아래쪽으로 1번 뒤집은 것과 같습니다. 따라서 움직인 도형에서 위쪽으로 1번 뒤집은 후 시계 방향으로 180°만큼 돌린 도형을 그려 봅니다.

3 도형을 움직인 방법을 찾아 기호를 써 보세요.

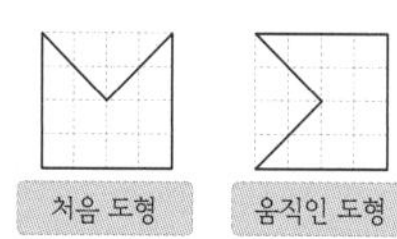

㉠ 왼쪽으로 2번 뒤집고 시계 반대 방향으로 180°만큼 돌리기
㉡ 아래쪽으로 뒤집고 시계 방향으로 90°만큼 돌리기
㉢ 위쪽으로 3번 뒤집고 시계 방향으로 90°만큼 2번 돌리기

(㉡)

▶ ㉠과 같이 움직인 도형은 입니다.
㉡과 같이 움직인 도형은 입니다.
㉢과 같이 움직인 도형은 입니다.

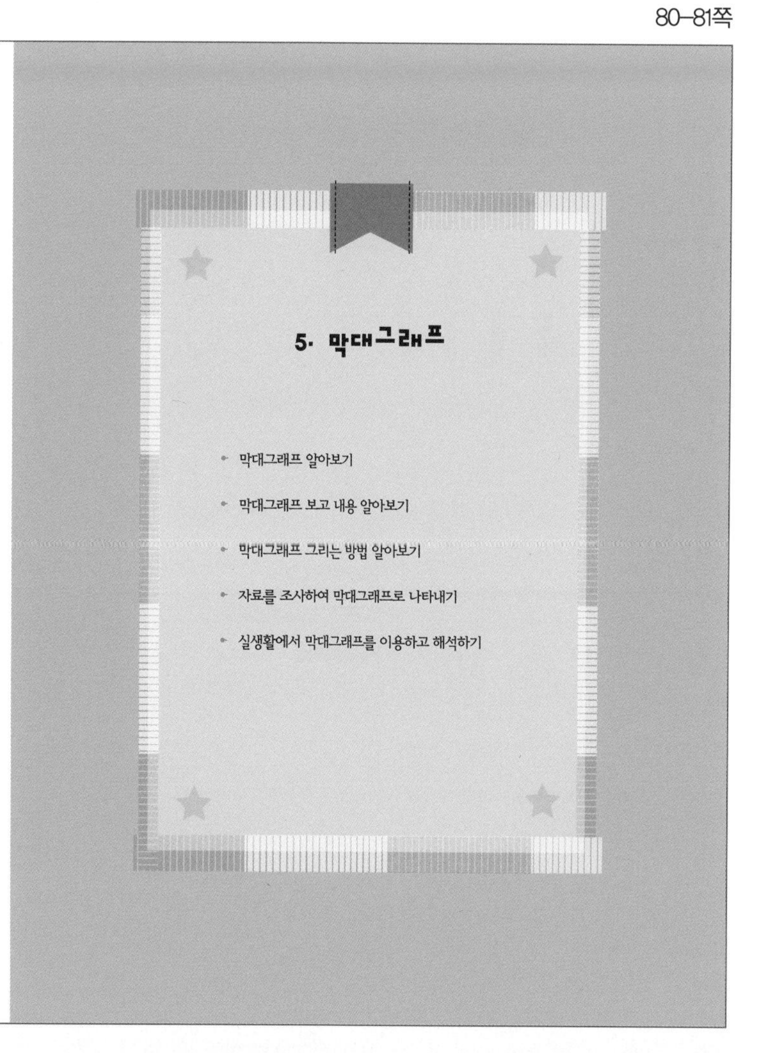

5. 막대그래프
막대그래프 알아보기
막대그래프 보고 내용 알아보기
막대그래프 그리는 방법 알아보기
자료를 조사하여 막대그래프로 나타내기
실생활에서 막대그래프를 이용하고 해석하기

5. 막대그래프

막대그래프 알아보기

조사한 자료의 수량을 막대 모양으로 나타낸 그래프를 막대그래프라고 합니다.

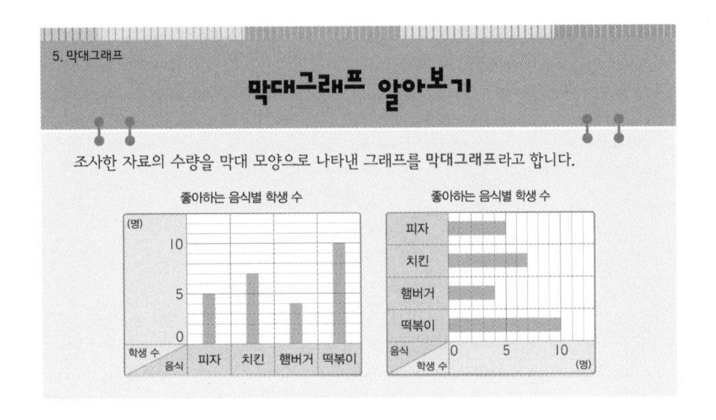

[1~3] 동이가 요일별로 넘은 줄넘기 횟수를 나타낸 그래프입니다. 물음에 답하세요.

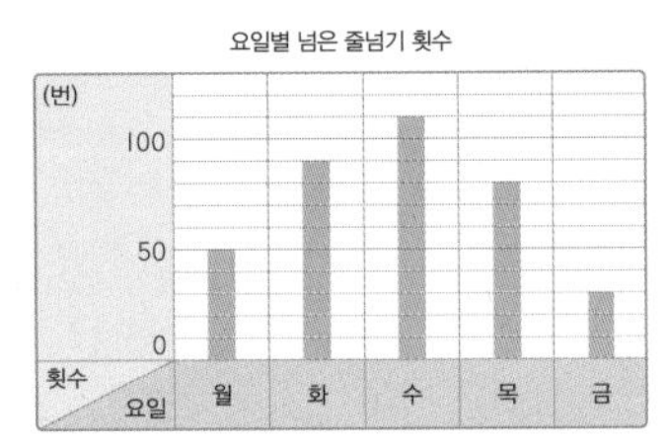

1 자료의 수량을 막대 모양으로 나타낸 그래프를 무엇이라고 하나요?

(막대그래프)

2 가로와 세로는 각각 무엇을 나타내나요?

가로 (요일), 세로 (횟수)

3 세로 눈금 한 칸은 몇 번을 나타내나요?

(10)번

▶ 세로 눈금 5칸이 50번이므로 한 칸은 50÷5=10(번)입니다.

[4~7] 유섭이네 반 학생들이 여름방학에 가고 싶은 곳을 조사하여 나타낸 표와 막대그래프입니다. 물음에 답하세요.

여름방학에 가고 싶은 곳별 학생 수

가고 싶은 곳	놀이동산	수영장	바다	계곡	합계
학생 수(명)	4	5	9	8	26

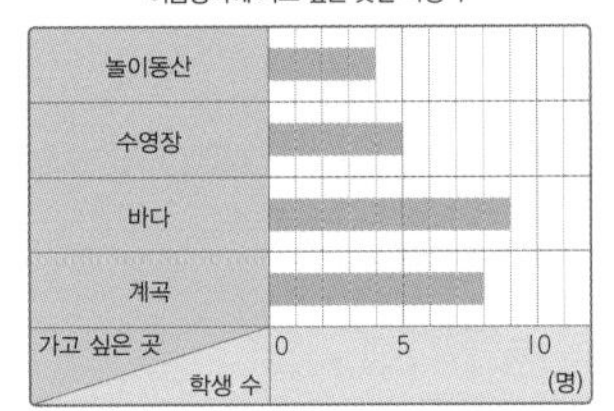

4 무엇을 조사하여 막대그래프로 나타내었나요?

(여름방학에 가고 싶은 곳)

5 막대그래프의 가로와 세로는 각각 무엇을 나타내나요?

가로 (학생 수), 세로 (가고 싶은 곳)

6 가로 눈금 한 칸은 몇 명을 나타내나요?

(1)명

7 표와 막대그래프의 특징을 찾아 기호를 써 보세요.

㉠ 학생 수를 숫자로 나타냅니다.
㉡ 학생 수를 막대의 길이로 나타냅니다.
㉢ 막대의 길이로 자료의 많고 적음을 한눈에 비교하기 쉽습니다.
㉣ 조사한 전체 학생 수가 몇 명인지 나타나 있습니다.

표 (㉠, ㉣), 막대그래프 (㉡, ㉢)

5. 막대그래프

막대그래프 보고 내용 알아보기

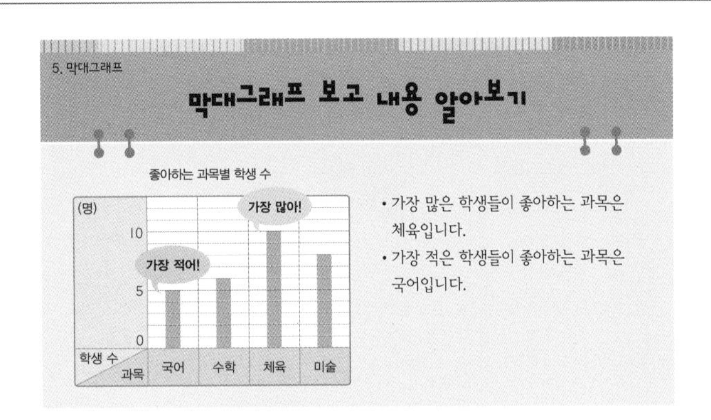

• 가장 많은 학생들이 좋아하는 과목은 체육입니다.
• 가장 적은 학생들이 좋아하는 과목은 국어입니다.

[1~3] 세희네 학교 4학년 학생들의 장래 희망을 조사하여 나타낸 막대그래프입니다. 물음에 답하세요.

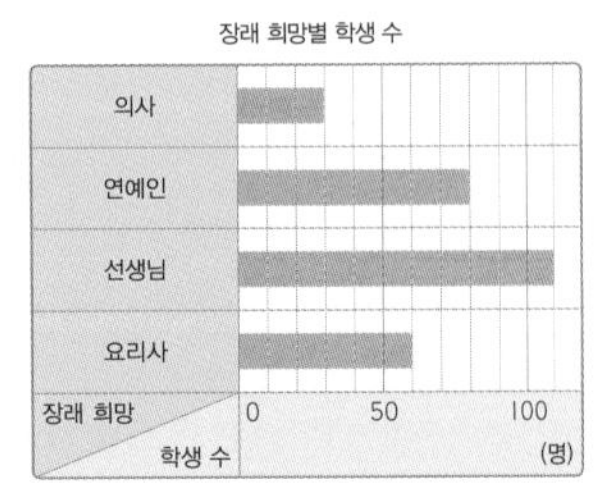

1 요리사가 되고 싶은 학생들은 모두 몇 명인가요?

(60)명

▶ 한 칸이 10명을 나타내므로 요리사가 되고 싶은 학생은 60명입니다.

2 가장 많은 학생들이 원하는 장래 희망은 무엇인가요?

(선생님)

▶ 선생님이 장래 희망인 학생 수가 110명으로 가장 많습니다.

3 가장 적은 학생들이 원하는 장래 희망은 무엇인가요?

(의사)

4 명호네 반 학생들이 좋아하는 동물을 조사하여 나타낸 막대그래프입니다. 알맞은 말에 ○표 하세요.

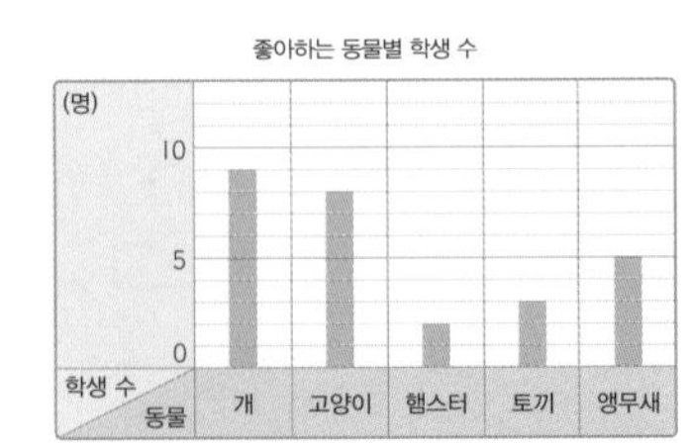

❶ 가장 많은 학생들이 좋아하는 동물은 (개, 고양이 , 햄스터)입니다.
❷ 앵무새를 좋아하는 학생들은 햄스터를 좋아하는 학생보다 (3명, 4명) 더 많습니다.
❸ 개를 좋아하는 학생 수는 토끼를 좋아하는 학생 수의 (2배 , 3배)입니다.

▶ 개를 좋아하는 학생은 9명, 토끼를 좋아하는 학생은 3명이므로 개를 좋아하는 학생 수는 토끼를 좋아하는 학생 수의 9÷3=3(배)입니다.

[5~6] 4학년 1반과 2반 학생들이 하고 싶은 운동을 조사하여 각각 나타낸 막대그래프입니다. 물음에 답하세요.

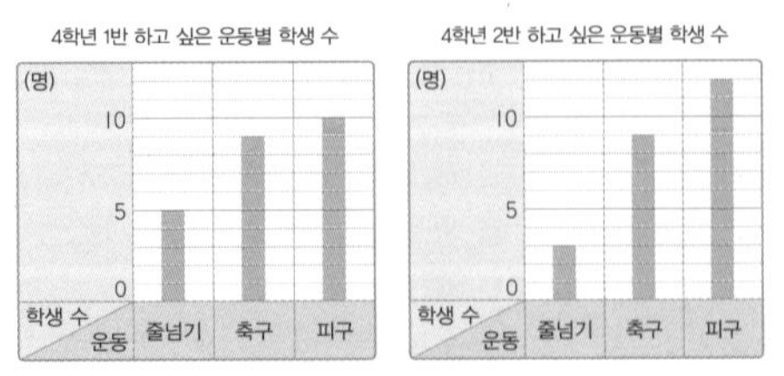

5 4학년 1반과 2반에서 가장 많은 학생들이 하고 싶어 하는 운동은 각각 무엇인지 써 보세요.

1반 (피구), 2반 (피구)

▶ 막대의 길이가 가장 긴 것은 1반과 2반 모두 피구입니다.

6 4학년 1반과 2반이 같이 운동을 한다면 어떤 운동으로 정하면 좋을지 써 보세요.

(피구)

▶ 막대의 길이가 가장 긴 것이 가장 많은 학생들이 하고 싶어 하는 운동이므로 막대의 길이를 비교하여 알아봅니다.

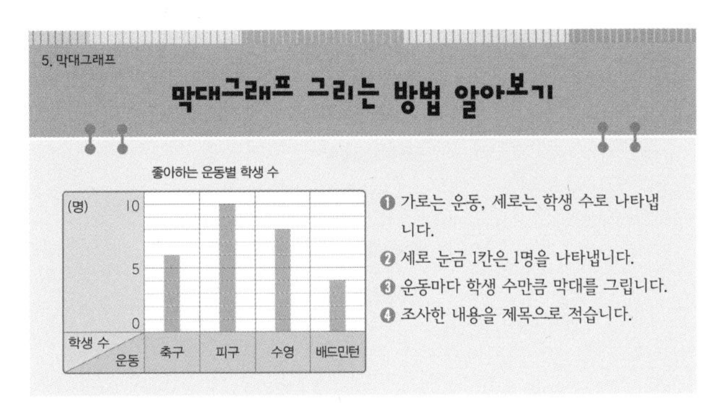

5. 막대그래프
막대그래프 그리는 방법 알아보기
좋아하는 운동별 학생 수
(명)
10
5
0
학생 수
운동
축구
피구
수영
배드민턴
❶ 가로는 운동, 세로는 학생 수로 나타냅니다.
❷ 세로 눈금 1칸은 1명을 나타냅니다.
❸ 운동마다 학생 수만큼 막대를 그립니다.
❹ 조사한 내용을 제목으로 적습니다.

[1~3] 현수네 가족이 줄넘기를 한 횟수를 조사하여 막대그래프로 나타내려고 합니다. 물음에 답하세요.

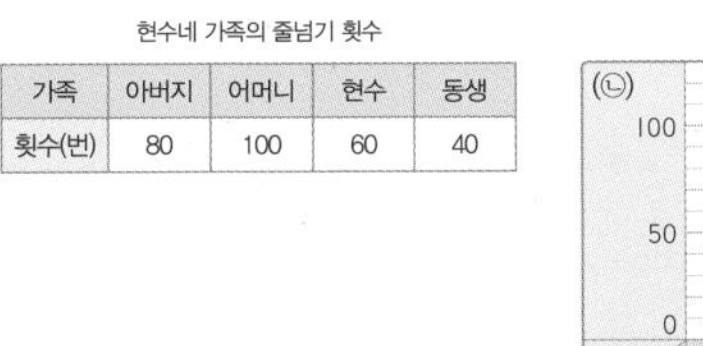

현수네 가족의 줄넘기 횟수

가족	아버지	어머니	현수	동생
횟수(번)	80	100	60	40

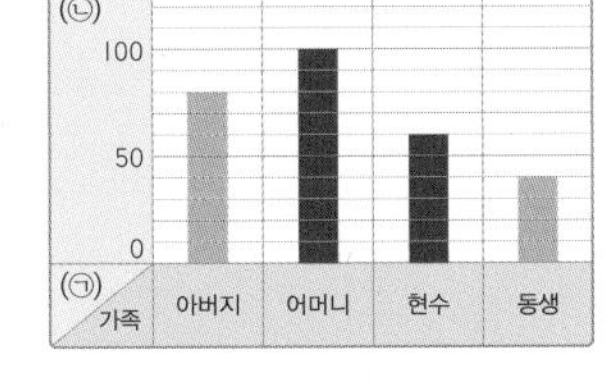

1 가로에 가족을 나타내면 세로에 무엇을 나타내야 하는지 ㉠과 ㉡에 알맞은 말을 써 보세요.

㉠ (횟수), ㉡ (번)

2 세로 눈금 한 칸은 몇 번을 나타내나요?

(10)번

▶ 세로 눈금 5칸이 50번을 나타내므로 한 칸은 50÷5=10(번)을 나타냅니다.

3 막대그래프를 완성해 보세요.

[4~7] 세호네 농장의 종류별 동물 수를 조사하여 막대그래프로 나타내려고 합니다. 물음에 답하세요.

세호네 농장의 종류별 동물 수

동물	닭	오리	돼지	소	합계
동물 수(마리)	10	8	6	4	28

4 가로에 동물을 나타낸다면 세로에는 무엇을 나타내어야 하는지 써 보세요.

(동물 수)

5 세로 눈금 한 칸이 1마리를 나타낸다면 오리는 몇 칸으로 나타내어야 하는지 써 보세요.

(8)칸

6 표를 보고 막대그래프로 나타내어 보세요.

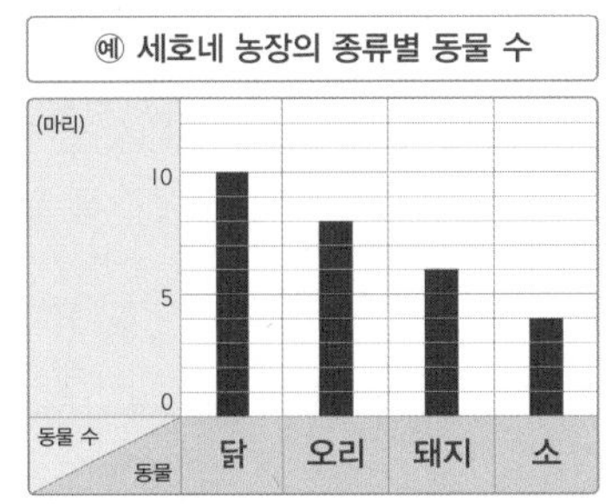

▶ 세로 눈금 한 칸은 1마리를 나타내므로 닭은 10칸, 오리는 8칸, 돼지는 6칸, 소는 4칸으로 막대를 그립니다.

7 세로 눈금 한 칸을 2마리로 나타내어 다시 그래프를 그린다면 오리는 몇 칸으로 나타내어야 하나요?

(4)칸

▶ 세로 눈금 한 칸이 2마리를 나타낸다면 오리는 8÷2=4(칸)으로 나타내어야 합니다.

5. 막대그래프

자료를 조사하여 막대그래프로 나타내기

[1~4] 하민이네 반 학생들이 가고 싶은 체험 학습 장소를 조사한 것입니다. 물음에 답하세요.

가고 싶은 체험 학습 장소

놀이공원	민속촌	동물원	놀이공원	놀이공원
미술관	미술관	동물원	놀이공원	민속촌
미술관	놀이공원	놀이공원	동물원	동물원
민속촌	미술관	놀이공원	동물원	놀이공원

1 조사한 결과를 보고 표를 완성해 보세요.

가고 싶은 체험 학습 장소별 학생 수

장소	놀이공원	민속촌	미술관	동물원	합계
학생 수(명)	8	3	4	5	20

▶ 빠진 것이 없도록 조사한 자료에 표시를 하면서 세어 봅니다.

2 표를 보고 막대그래프로 나타내어 보세요.

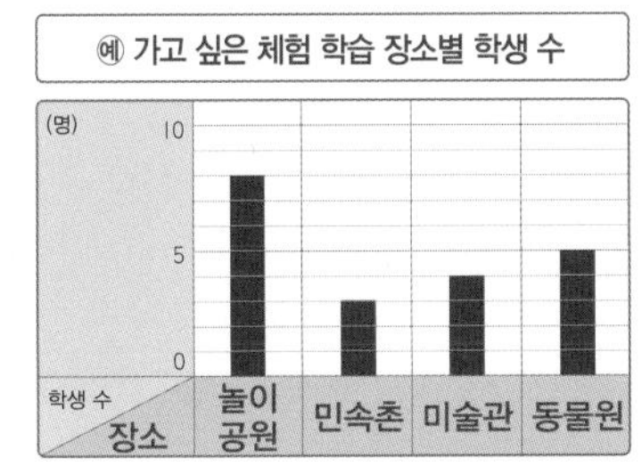

3 가고 싶은 학생 수가 가장 많은 체험 학습 장소부터 순서대로 써 보세요.

(놀이공원, 동물원, 미술관, 민속촌)

4 막대그래프를 보고 체험 학습 장소를 정한다면 어디가 좋은가요?

(놀이공원)

▶ 막대의 길이가 가장 긴 것은 놀이공원입니다.

[5~7] 진아네 반 학생들의 혈액형을 조사한 것입니다. 물음에 답하세요.

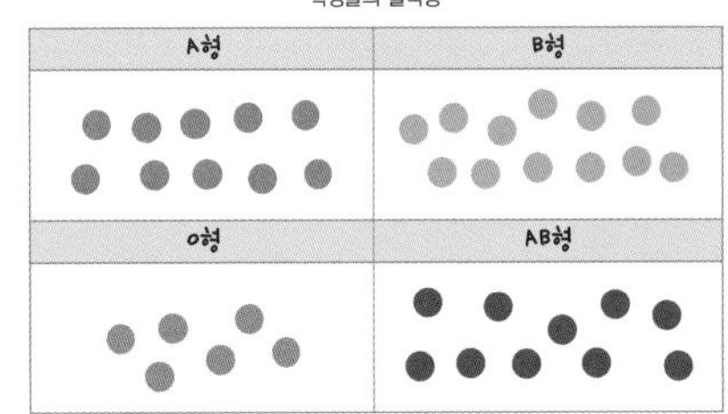

5 조사한 결과를 표로 나타내어 보세요.

혈액형별 학생 수

혈액형	A형	B형	O형	AB형	합계
학생 수(명)	10	12	6	10	38

6 가로 눈금 한 칸을 2명으로 나타낸다면 A형은 몇 칸으로 나타내어야 하나요?

(5)칸

7 막대가 가로인 막대그래프로 나타내어 보세요.

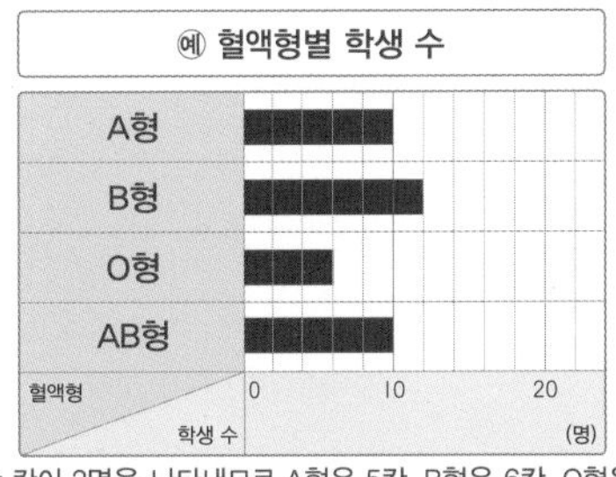

▶가로 눈금 한 칸이 2명을 나타내므로 A형은 5칸, B형은 6칸, O형은 3칸, AB형은 5칸으로 막대를 그립니다.

5. 막대그래프

실생활에서 막대그래프를 이용하고 해석하기

[1~3] 선정이네 반 학생들이 한 달 동안 버린 재활용 쓰레기의 양을 조사하여 나타낸 표입니다. 물음에 답하세요.

한 달 동안 버린 재활용 쓰레기의 양

종류	종이류	플라스틱류	병류	캔류	비닐류	합계
쓰레기 양(kg)	9	8	1	2	2	22

1 표를 보고 막대그래프로 나타내어 보세요.

한 달 동안 버린 재활용 쓰레기의 양

예

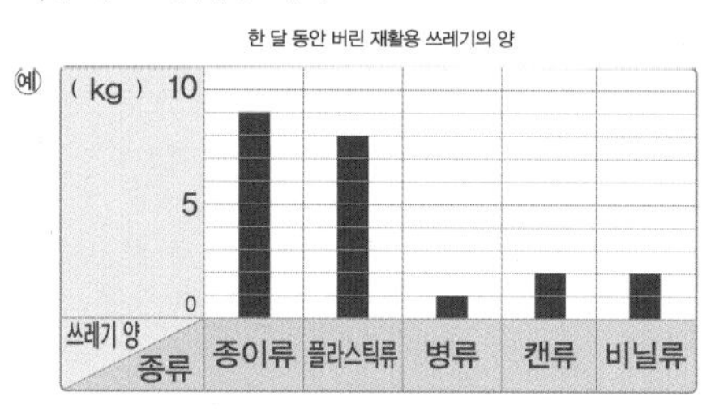

2 가장 많이 버린 재활용 쓰레기는 무엇인지 써 보세요.

(종이류)

3 막대그래프에 대하여 바르게 해석한 사람을 모두 찾아 이름을 써 보세요.

민지: 두 번째로 많이 버린 쓰레기는 플라스틱류야.
현수: 병류와 캔류는 쓰레기 양이 같아.
동희: 가장 적게 버린 쓰레기는 비닐류야.
유진: 플라스틱류의 양은 캔류의 양의 4배야.

(민지, 유진)

▶ 현수: 캔류와 비닐류의 쓰레기 양이 같습니다.
동희: 가장 적게 버린 쓰레기는 병류입니다.

[4~7] 서아네 마을의 초등학교별 학생 수를 조사하여 나타낸 막대그래프입니다. 물음에 답하세요.

초등학교별 학생 수

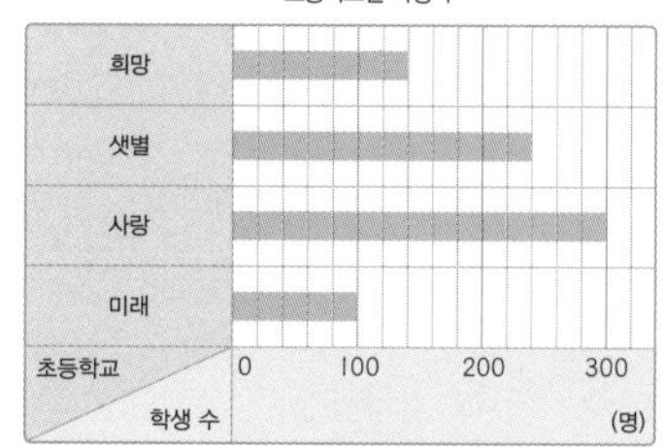

4 막대그래프의 가로와 세로는 각각 무엇을 나타내나요?

가로 (학생 수), 세로 (초등학교)

5 학생 수가 가장 많은 학교와 가장 적은 학교를 각각 써 보세요.

학생 수가 가장 많은 학교: (사랑)초등학교

학생 수가 가장 적은 학교: (미래)초등학교

▶ 막대의 길이가 가장 긴 학교는 사랑초등학교이고, 막대의 길이가 가장 짧은 학교는 미래초등학교입니다.

6 가로 눈금 한 칸은 몇 명을 나타내나요?

(20)명

▶ 가로 눈금 5칸이 100명을 나타내므로 한 칸은 100÷5=20(명)을 나타냅니다.

7 위 막대그래프에 대한 설명으로 옳은 것을 모두 찾아 기호를 써 보세요.

㉠ 샛별초등학교 학생 수는 미래초등학교 학생 수의 2배입니다.
㉡ 희망초등학교는 미래초등학교보다 학생 수가 20명 더 많습니다.
㉢ 학생 수가 200명보다 많은 학교는 샛별초등학교와 사랑초등학교입니다.
㉣ 사랑초등학교 학생 수는 미래초등학교 학생 수의 3배입니다.

(㉢, ㉣)

▶ ㉠ 샛별초등학교 학생 수는 240명, 미래초등학교 학생 수는 100명이므로 2배가 아닙니다.
㉡ 희망초등학교 학생 수는 140명, 미래초등학교 학생 수는 100명이므로 40명 더 많습니다.

5. 막대그래프

연습 문제

[1~4] 정후네 학교 4학년 학생들이 배우고 싶어 하는 운동을 조사하여 막대그래프로 나타내려고 합니다. 물음에 답하세요.

배우고 싶어 하는 운동별 학생 수

운동	농구	수영	탁구	축구	합계
학생 수(명)		24	4	10	

배우고 싶어 하는 운동별 학생 수

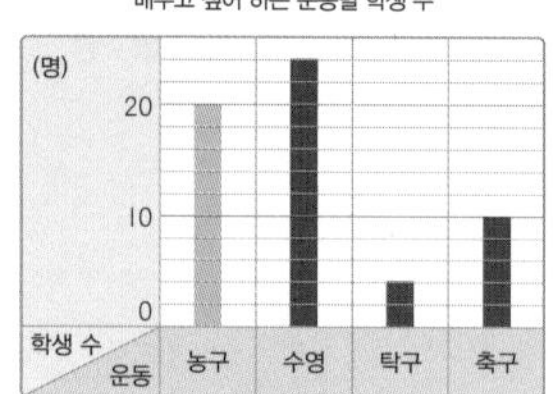

1 농구를 배우고 싶어 하는 학생은 몇 명인가요?

(20)명

2 조사한 학생은 모두 몇 명인가요?

(58)명

▶ (조사한 학생 수)=20+24+4+10=58(명)

3 세로 눈금 한 칸은 몇 명을 나타내나요?

(2)명

▶ 세로 눈금 5칸이 10명을 나타내므로 한 칸은 10÷5=2(명)을 나타냅니다.

4 막대그래프를 완성해 보세요.

▶ 세로 눈금 한 칸이 2명인 그래프로 나타내려면 수영은 12칸, 탁구는 2칸, 축구는 5칸으로 막대를 그려야 합니다.

[5~8] 현진이네 학교 학생들이 좋아하는 과목을 조사하여 막대그래프로 나타내려고 합니다. 물음에 답하세요.

좋아하는 과목별 학생 수

과목	수학	국어	과학	체육	합계
학생 수(명)	90	120	70		440

좋아하는 과목별 학생 수

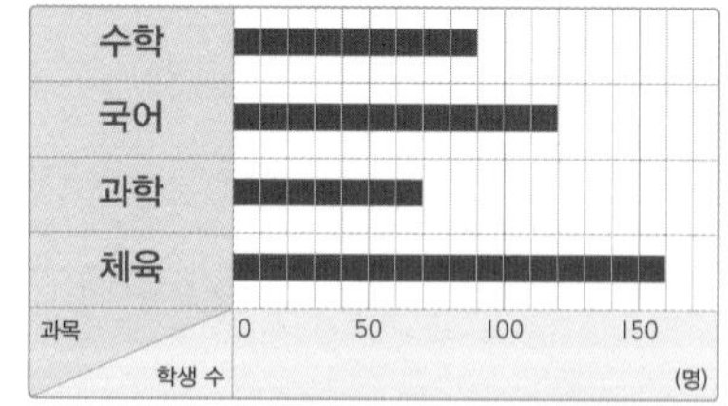

5 체육을 좋아하는 학생은 몇 명인가요?

(160)명

▶ (체육을 좋아하는 학생 수)=440−90−120−70=160(명)

6 가로 눈금 한 칸은 몇 명을 나타내나요?

(10)명

▶ 가로 눈금 5칸이 50명을 나타내므로 한 칸은 50÷5=10(명)을 나타냅니다.

7 막대그래프를 완성해 보세요.

▶ 세로 눈금 한 칸이 10명인 그래프로 나타내려면 수학은 9칸, 국어는 12칸, 과학은 7칸, 체육은 16칸으로 막대를 그려야 합니다.

8 가장 많은 학생들이 좋아하는 과목은 무엇인가요?

(체육)

▶ 막대의 길이가 가장 긴 체육이 가장 많은 학생들이 좋아하는 과목입니다.

5. 막대그래프 **단원 평가**

1 조사한 자료의 수량을 막대 모양으로 나타낸 그래프를 무엇이라고 하는지 써 보세요.

(막대그래프)

[2~5] 방과 후 프로그램을 듣는 과목을 조사하여 나타낸 표와 막대그래프입니다. 물음에 답하세요.

방과 후 프로그램 과목별 학생 수

과목	축구	미술	요리	로봇	합계
학생 수(명)	16	12	10	20	58

방과 후 프로그램 과목별 학생 수

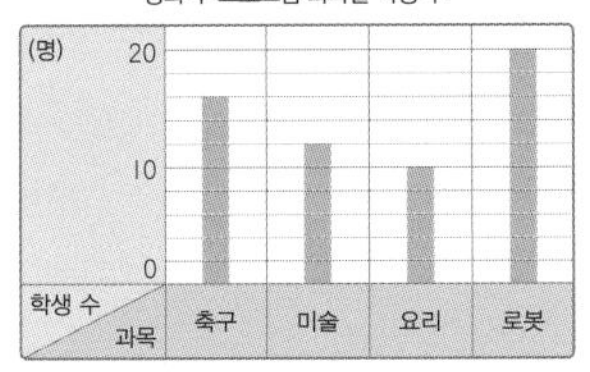

2 막대그래프에서 가로와 세로는 각각 무엇을 나타내나요?

가로 (과목), 세로 (학생 수)

3 세로 눈금 한 칸은 몇 명을 나타내나요?

(2)명

▶ 세로 눈금 5칸이 10명을 나타내므로 한 칸은 10÷5=2(명)을 나타냅니다.

4 가장 많은 학생들이 듣는 방과 후 프로그램은 어느 과목인가요?

(로봇)

▶ 막대의 길이가 가장 긴 과목은 로봇입니다.

5 가장 적은 학생들이 듣는 과목을 알아보려면 표와 막대그래프 중 어느 자료가 한눈에 더 잘 드러나나요?

(막대그래프)

▶ 수량의 많고 적음을 한눈에 알아보기 쉬운 것은 막대그래프입니다.

[6~9] 민호네 반 학생들이 자유 시간에 하고 싶은 활동을 조사하여 나타낸 표입니다. 물음에 답하세요.

자유 시간에 하고 싶은 활동별 학생 수

활동	운동	영화 보기	책 읽기	보드게임	합계
학생 수(명)	7	6	4		27

6 보드게임을 하고 싶어 하는 학생은 몇 명인지 구해 보세요.

(10)명

▶ (보드게임이 하고 싶은 학생 수)=27−7−6−4=10(명)

7 표를 보고 막대그래프로 나타내어 보세요.

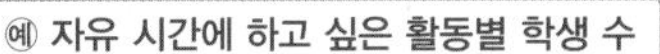

예 자유 시간에 하고 싶은 활동별 학생 수

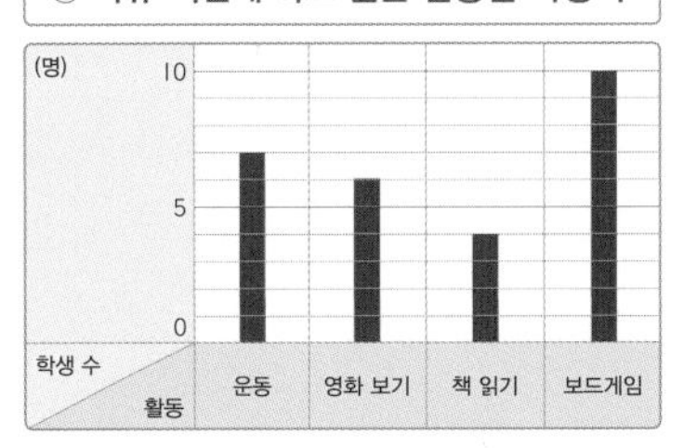

8 가장 많은 학생들이 하고 싶어 하는 활동은 무엇인가요?

(보드게임)

9 민호네 반 학생들이 한 가지 활동을 선택해야 한다면 어떤 활동을 하는 것이 좋을지 써 보세요.

(보드게임)

▶ 막대의 길이가 가장 긴 것은 보드게임이므로 보드게임을 하는 것이 가장 좋습니다.

5. 막대그래프 **실력 키우기**

[1~4] 사랑초등학교 4학년 1반과 2반 학생들의 혈액형을 조사하여 막대그래프로 나타냈습니다. 물음에 답하세요.

4학년 1반 혈액형별 학생 수 / 4학년 2반 혈액형별 학생 수

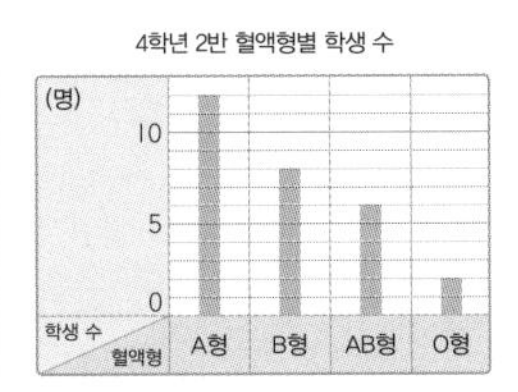

1 4학년 1반에서 가장 많은 학생들이 가진 혈액형은 무엇인가요?

(B)형

▶ 4학년 1반에서 막대의 길이가 가장 긴 것은 B형입니다.

2 4학년 2반에서 가장 적은 학생들이 가진 혈액형은 무엇인가요?

(O)형

▶ 4학년 2반에서 막대의 길이가 가장 짧은 것은 O형입니다.

3 막대그래프에 대한 설명으로 옳은 것의 기호를 써 보세요.

㉠ 4학년 1반은 4학년 2반보다 O형인 학생이 1명 더 많습니다.
㉡ 4학년 1반과 4학년 2반 두 반 모두 A형인 학생이 가장 많습니다.
㉢ 4학년 1반과 4학년 2반에서 AB형인 학생은 모두 11명입니다.

(㉢)

▶ ㉠ 4학년 1반에서 O형인 학생은 5명, 4학년 2반에서 O형인 학생은 2명이므로 5−2=3(명) 더 많습니다.
㉡ 4학년 1반은 B형인 학생이 가장 많습니다.

4 사랑초등학교 4학년 1반과 2반 학생들 중에서 가장 많은 학생들이 가진 혈액형은 무엇인가요?

(A)형

▶ A형: 8+12=20(명), B형: 10+8=18(명), AB형: 5+6=11(명), O형: 5+2=7(명)이므로 가장 많은 학생들이 가진 혈액형은 A형입니다.

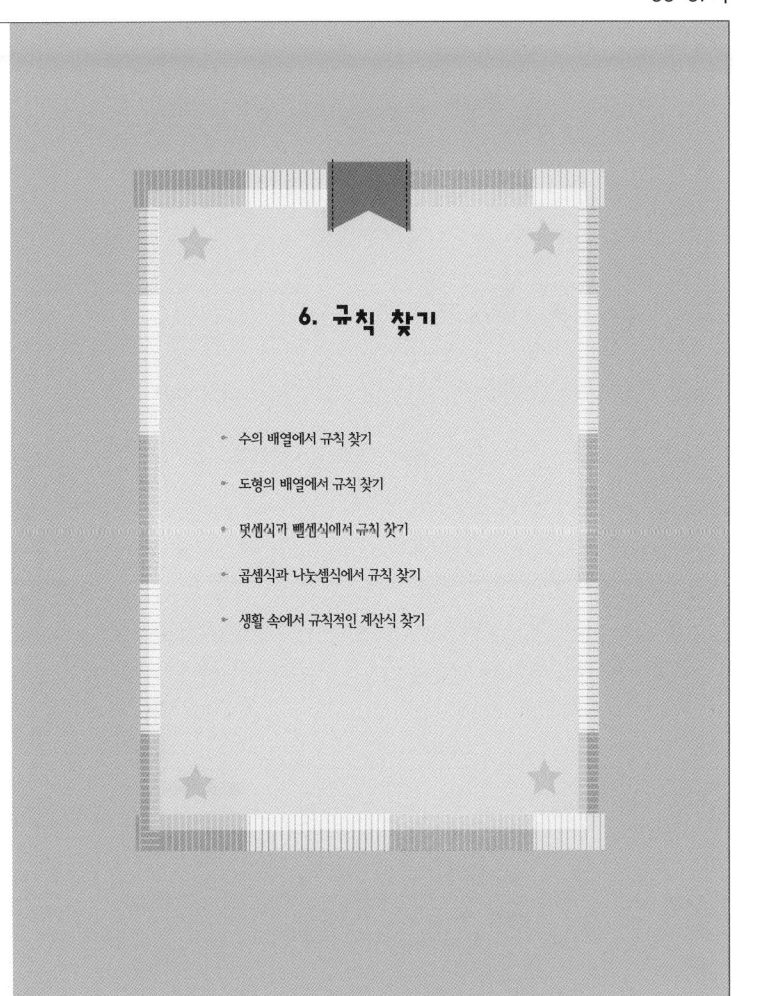

6. 규칙 찾기
수의 배열에서 규칙 찾기
도형의 배열에서 규칙 찾기
덧셈식과 뺄셈식에서 규칙 찾기
곱셈식과 나눗셈식에서 규칙 찾기
생활 속에서 규칙적인 계산식 찾기

수의 배열에서 규칙 찾기

다양한 방향으로 수의 크기 변화를 살펴보고 규칙을 찾습니다.

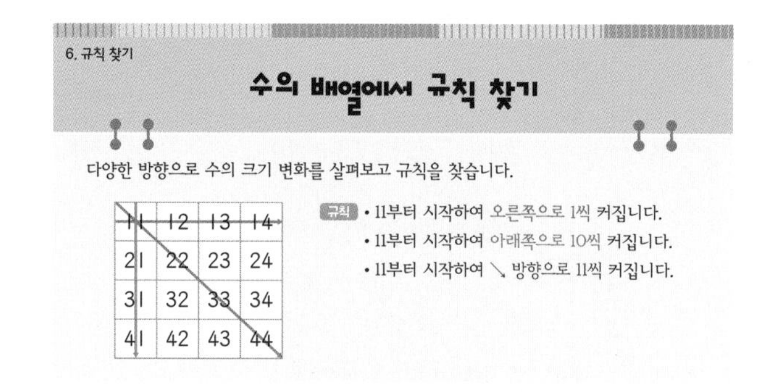

[1~3] 수 배열표를 보고 물음에 답하세요.

112	113	114	115
122	123	124	125
132	133	134	135
142	143	144	145

1 수 배열표의 빨간색 줄에서 규칙을 찾고, □ 안에 알맞은 수를 써넣으세요.

규칙 114부터 시작하여 아래쪽으로 10 씩 커집니다.

2 수 배열표의 초록색 줄에서 규칙을 찾고, □ 안에 알맞은 수를 써넣으세요.

규칙 112부터 시작하여 오른쪽으로 1 씩 커집니다.

3 수 배열표의 빈칸에 알맞은 수를 써넣으세요.

▶ 세로는 112부터 시작하여 아래쪽으로 10씩 커집니다.
가로는 122부터 시작하여 오른쪽으로 1씩 커집니다.

[4~5] 수 배열표를 보고 물음에 답하세요.

2	8	32	128
4	16	64	256
8	32	128	512
16	64	256	1024
32	128	512	2048

4 수 배열표의 보라색 줄에서 규칙을 찾고, □ 안에 알맞은 수를 써넣으세요.

규칙 2부터 시작하여 오른쪽으로 4 씩 곱하는 규칙입니다.

5 수 배열표의 파란색 줄에서 규칙을 찾고, □ 안에 알맞은 수를 써넣으세요.

규칙 32부터 시작하여 아래쪽으로 2 씩 곱하는 규칙입니다.

6 규칙에 따라 수 배열표의 ㉠, ㉡, ㉢에 알맞은 수를 구해 보세요.

×	2	3	㉠
11	22	33	㉡
22	44	66	88
33	66	㉢	132

㉠ (4), ㉡ (44), ㉢ (99)

▶ 맨 왼쪽의 수와 맨 위의 수를 곱하는 규칙입니다.

7 규칙적인 수의 배열에서 빈칸에 알맞은 수를 써넣으세요.

❶ 10 — 20 — 40 — 70 — 110

❷ 60 — 48 — 36 — 24 — 12

▶ ❶ 10부터 시작하여 10, 20, 30, 40씩…… 커지는 규칙입니다.
❷ 60부터 시작하여 12씩 작아지는 규칙입니다.

도형의 배열에서 규칙 찾기

도형의 모양, 기준이 되는 도형의 위치, 도형의 개수가 어떻게 변하는지 살펴보고 규칙을 찾습니다.

첫째 둘째 셋째 넷째

규칙 • 1개에서 시작하여 오른쪽과 위쪽으로 각각 1개씩 늘어납니다.
• 모형의 개수가 2개씩 늘어납니다.

1 도형의 배열을 보고 다섯째에 알맞은 모양에 ○표 하세요.

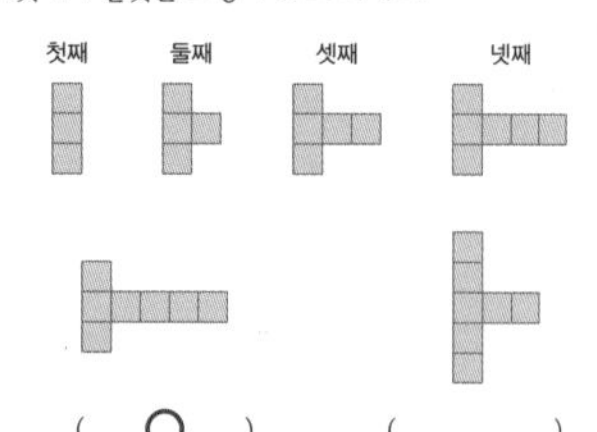

(○) ( )

▶ 사각형의 개수가 3개에서 시작하여 오른쪽으로 1개씩 늘어나는 규칙입니다.

2 도형의 배열을 보고 다섯째에 알맞은 모양을 그리고, 규칙을 찾아 빈칸에 알맞은 수를 써넣으세요.

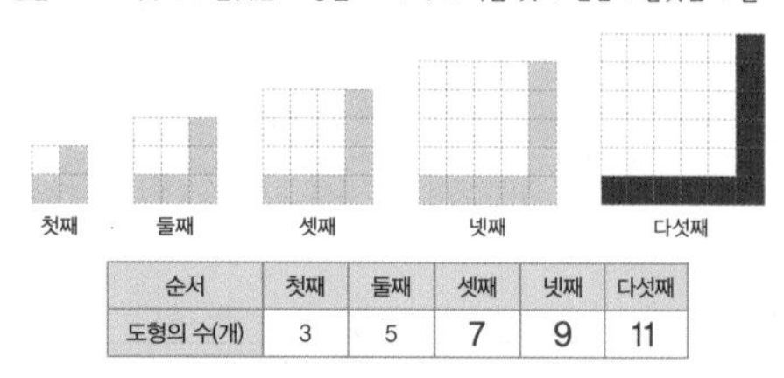

순서	첫째	둘째	셋째	넷째	다섯째
도형의 수(개)	3	5	7	9	11

규칙 도형의 수는 2 개씩 늘어납니다.

[3~4] 규칙에 따라 삼각형 모양을 만들려고 합니다. 물음에 답하세요.

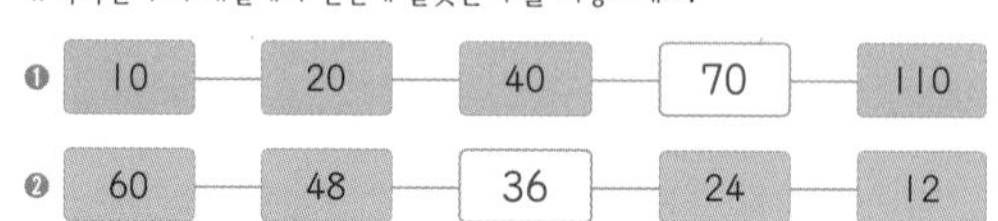

3 다섯째에 알맞은 도형을 그려 보세요.

4 다섯째 모양을 만들 때 필요한 도형의 수를 표의 빈칸에 쓰고, 규칙을 찾아 알맞은 식을 빈칸에 써 보세요.

순서	첫째	둘째	셋째	넷째	다섯째
도형의 수(개)	1	3	6	10	15
계산식	1	1+2	1+2+3	1+2+3+4	1+2+3+4+5

▶ 도형의 수가 1개에서 시작하여 2개, 3개, 4개씩…… 늘어나는 규칙입니다.

[5~6] 규칙에 따라 도형을 그리려고 합니다. 물음에 답하세요.

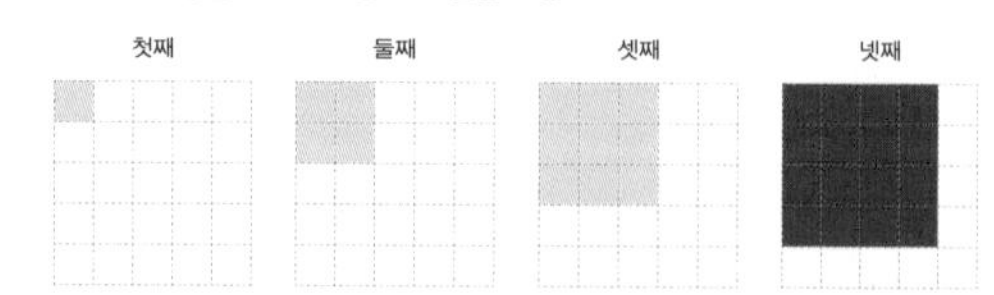

5 넷째에 알맞은 도형을 그려 보세요.

6 넷째, 다섯째 모양을 만들 때 필요한 도형의 수를 표의 빈칸에 쓰고, 규칙을 찾아 알맞은 식을 빈칸에 써 보세요.

순서	첫째	둘째	셋째	넷째	다섯째
도형의 수(개)	1	4	9	16	25
계산식	1×1	2×2	3×3	4×4	5×5

▶ 도형이 1×1, 2×2, 3×3, 4×4……로 늘어나는 규칙입니다.

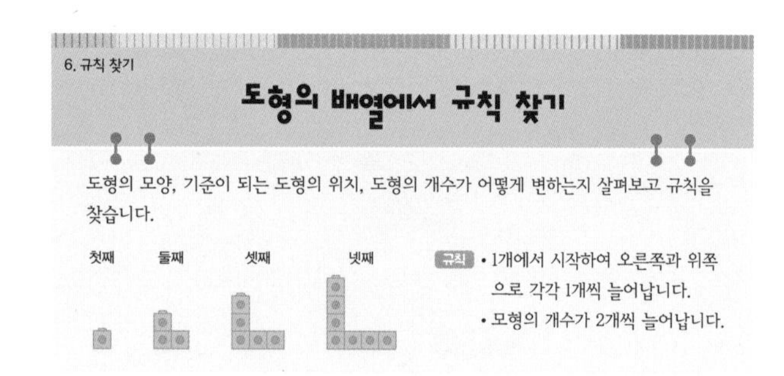
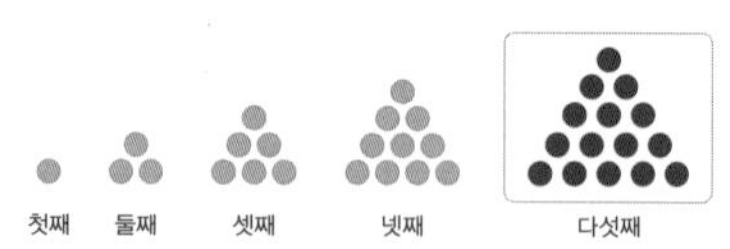

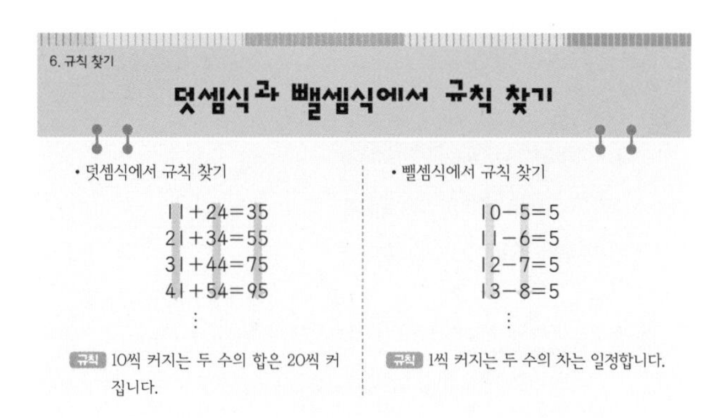

6. 규칙 찾기

덧셈식과 뺄셈식에서 규칙 찾기

• 덧셈식에서 규칙 찾기

11+24=35
21+34=55
31+44=75
41+54=95
⋮

규칙 10씩 커지는 두 수의 합은 20씩 커집니다.

• 뺄셈식에서 규칙 찾기

10−5=5
11−6=5
12−7=5
13−8=5
⋮

규칙 1씩 커지는 두 수의 차는 일정합니다.

1 덧셈식에서 규칙을 찾아 넷째에 알맞은 덧셈식을 쓰고, □ 안에 알맞은 수를 써넣으세요.

순서	덧셈식
첫째	40+10=50
둘째	40+20=60
셋째	40+30=70
넷째	40+40=80

규칙 40에 10 씩 커지는 수를 더하면 계산 결과는 10 씩 커집니다.

2 뺄셈식에서 규칙을 찾아 넷째에 알맞은 뺄셈식을 쓰고, □ 안에 알맞은 수를 써넣으세요.

순서	뺄셈식
첫째	80−10=70
둘째	80−20=60
셋째	80−30=50
넷째	80−40=40

규칙 80에서 10 씩 커지는 수를 빼면 계산 결과는 10 씩 작아집니다.

3 덧셈식의 규칙에 따라 빈칸에 알맞은 식을 쓰고, 규칙을 바르게 말한 것에 ○표 하세요.

100+600=700
200+500=700
300+400=700
400+300=700

규칙 100씩 커지는 수와 100씩 작아지는 수를 더하면 계산 결과는 (100씩 커집니다 , 일정합니다).

4 뺄셈식의 규칙에 따라 빈칸에 알맞은 식을 쓰고, 규칙을 바르게 말한 것에 ○표 하세요.

150−50=100
140−40=100
130−30=100
120−20=100

규칙 10씩 작아지는 수에서 10씩 작아지는 수를 빼면 계산 결과는 (10씩 작아집니다 , 일정합니다).

5 다음 규칙에 맞는 계산식을 찾아 기호를 써 보세요.

규칙 1씩 커지는 두 수의 합은 2씩 커집니다.

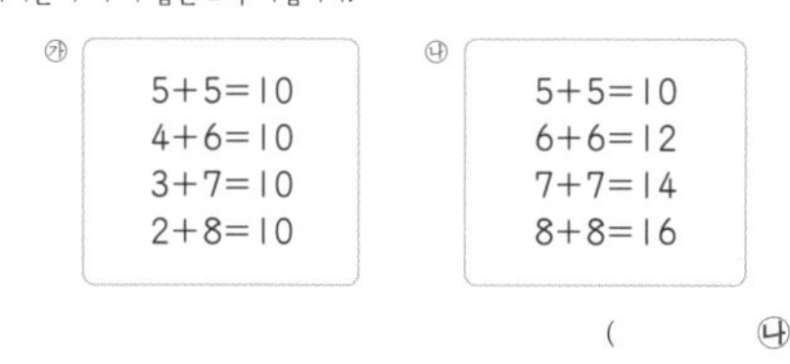

㉮
5+5=10
4+6=10
3+7=10
2+8=10

㉯
5+5=10
6+6=12
7+7=14
8+8=16

(㉯)

6. 규칙 찾기

곱셈식과 나눗셈식에서 규칙 찾기

순서	곱셈식	나눗셈식
첫째	10×10=100	100÷10=10
둘째	20×10=200	200÷20=10
셋째	30×10=300	300÷30=10
넷째	40×10=400	400÷40=10

곱셈식 규칙 10씩 커지는 수에 10을 곱하면 계산 결과는 100씩 커집니다.
나눗셈식 규칙 100씩 커지는 수를 10씩 커지는 수로 나누면 계산 결과는 10으로 일정합니다.

1 곱셈식의 규칙은 무엇인지 □ 안에 알맞은 수를 써넣으세요.

10×20=200
20×20=400
30×20=600
40×20=800

규칙 10 씩 커지는 수에 20을 곱하면 계산 결과는 200 씩 커집니다.

2 나눗셈식의 규칙은 무엇인지 □ 안에 알맞은 수를 써넣으세요.

400÷4=100
300÷3=100
200÷2=100
100÷1=100

규칙 100 씩 작아지는 수를 1 씩 작아지는 수로 나누면 계산 결과는 100 (으)로 일정합니다.

3 곱셈식에서 규칙을 찾아 ★에 알맞은 수를 구해 보세요.

순서	곱셈식
첫째	909×11=9999
둘째	808×11=8888
셋째	707×11=7777
넷째	606×11=6666
다섯째	★×11=5555

(505)

▶ 101씩 작아지는 수에 11을 곱하면 계산 결과는 1111씩 작아집니다.

4 나눗셈식에서 규칙을 찾아 ♥에 알맞은 수를 구해 보세요.

순서	나눗셈식
첫째	363÷33=11
둘째	3663÷33=111
셋째	36663÷33=1111
넷째	366663÷33=11111
다섯째	♥÷33=111111

(3666663)

▶ 363, 3663, 36663……과 같이 자리 수가 늘어나는 수를 33으로 나누면 계산 결과는 11, 111, 1111……과 같이 자리 수가 늘어납니다.

5 곱셈식의 규칙에 따라 넷째에 알맞은 곱셈식을 써넣으세요.

순서	곱셈식
첫째	11×2=22
둘째	111×3=333
셋째	1111×4=4444
넷째	11111×5=55555

▶ 1이 1개씩 늘어나는 수에 1씩 커지는 수를 곱하면 계산 결과는 22, 333, 4444……와 같이 자리 수가 늘어납니다.

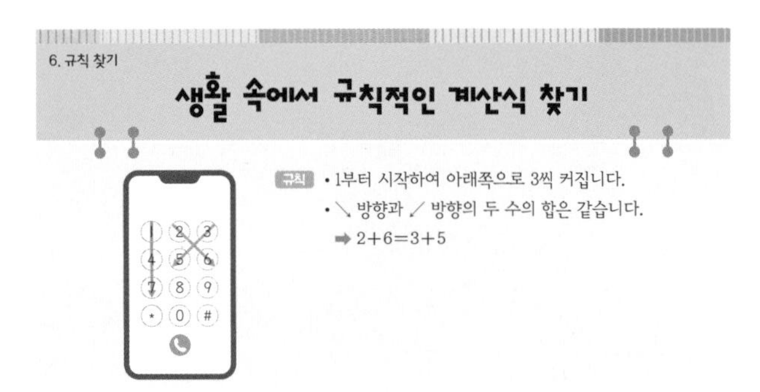

6. 규칙 찾기
생활 속에서 규칙적인 계산식 찾기

규칙 • 1부터 시작하여 아래쪽으로 3씩 커집니다.
• ↘ 방향과 ↙ 방향의 두 수의 합은 같습니다.
➡ 2+6=3+5

1 수 배열을 보고 □ 안에 알맞은 수를 써넣으세요.

101	103	105	107
102	104	106	108

❶ 101+104=103+[102]
105+108=[107]+[106]

❷ 101+103+105=103×[3]
104+106+108=[106]×[3]

▶ ❶ ↘ 방향과 ↙ 방향의 두 수의 합은 같습니다.
❷ 가로로 이웃한 세 수의 합은 가운데 있는 수의 3배입니다.

2 연속하는 자연수의 합을 곱셈식으로 바꾸어 계산해 보세요.

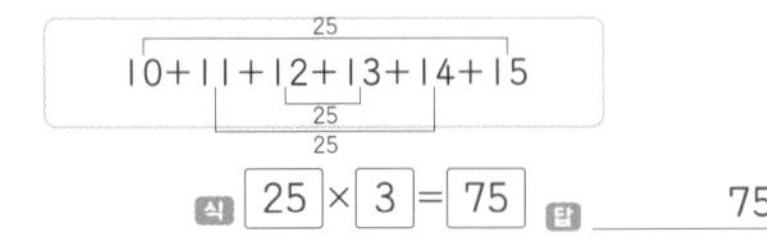

식 [25]×[3]=[75] 답 75

3 사물함 번호를 보고 보기와 같이 규칙적인 계산식을 찾아 써 보세요.

1	2	3	4	5	6
7	8	9	10	11	12
13	14	15	16	17	18

보기
1, 7, 13
➡ 1+7+13=7×3

예 [3], [9], [15] ➡ 3+9+15=9×3

▶ 예 3, 9, 15의 세 수의 합은 가운데 있는 수 9의 3배와 같습니다.

[4~5] 달력을 보고 물음에 답하세요.

7월

일	월	화	수	목	금	토
	1	2	3	4	5	6
7	8	9	10	11	12	13
14	15	16	17	18	19	20
21	22	23	24	25	26	27
28	29	30	31			

4 규칙적인 계산식을 찾아 □ 안에 알맞은 수를 써넣으세요.

8+9=15+16−14
9+10=16+17−[14]
15+16=[22]+[23]−14

▶ 아래의 두 수의 합에서 14를 빼면 위의 두 수의 합과 같습니다.

5 규칙적인 계산식을 찾아 □ 안에 알맞은 수 또는 계산식을 써넣으세요.

8+15+22=15×3
9+16+23=[16]×3
[10+17+24=17×3]

▶ 세로로 이웃한 세 수의 합은 가운데 있는 수의 3배입니다.

6. 규칙 찾기

연습 문제

1 수 배열표의 빈칸에 알맞은 수를 써넣으세요.

2	4	6	8	10
4	8	12	16	20
6	12	18	24	30
8	16	24	32	40

▶ 오른쪽, 아래쪽으로 2단, 4단, 6단, 8단, 10단의 곱셈구구로 늘어나는 규칙입니다.

2 수 배열의 규칙에 맞게 빈칸에 알맞은 수를 써넣으세요.

❶ 5 — 10 — 20 — [40] — 80

❷ 1 — 3 — 6 — 10 — [15]

▶ ❶ 5부터 시작하여 2씩 곱하는 규칙입니다.
❷ 1부터 시작하여 2, 3, 4, 5씩…… 커지는 규칙입니다.

3 규칙에 따라 넷째에 알맞은 모양을 그려 보세요.

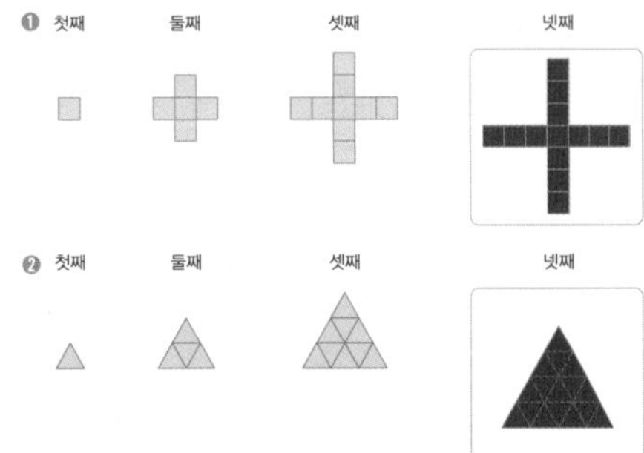

▶ ❶ 사각형의 개수가 1개에서 시작하여 왼쪽, 오른쪽, 위쪽, 아래쪽으로 1개씩 늘어나는 규칙입니다.
❷ 삼각형의 개수가 1개에서 시작하여 3개, 5개, 7개씩…… 늘어나는 규칙입니다.

4 규칙을 찾아 빈칸에 알맞은 식을 써넣으세요.

❶

순서	덧셈식
첫째	500+100=600
둘째	500+200=700
셋째	500+300=800
넷째	500+400=900

❷

순서	뺄셈식
첫째	900−600=300
둘째	900−500=400
셋째	900−400=500
넷째	900−300=600

❸

순서	곱셈식
첫째	10×11=110
둘째	20×11=220
셋째	30×11=330
넷째	40×11=440

❹

순서	나눗셈식
첫째	200÷10=20
둘째	300÷10=30
셋째	400÷10=40
넷째	500÷10=50

5 수의 배열에서 찾은 계산식의 규칙에 맞게 빈칸에 알맞은 수 또는 계산식을 써넣으세요.

101	104	107	110	113
102	105	108	111	114

101+104+107=104×[3]
104+107+110=107×[3]
예 [102+105+108=105×3]

▶ 가로로 이웃한 세 수의 합은 가운데 있는 수의 3배입니다.

6 □ 안에 알맞은 수를 써넣으세요.

❶ 30+50=40×[2]

❷ 15+25=[20]×2

❸ 1+2+3+4+5=[3]×5 (3×2, 3×2)

❹ 6+7+8+9+10=8×[5] (8×2, 8×2)

6. 규칙 찾기 **단원 평가**

[1~2] 좌석표를 보고 물음에 답하세요.

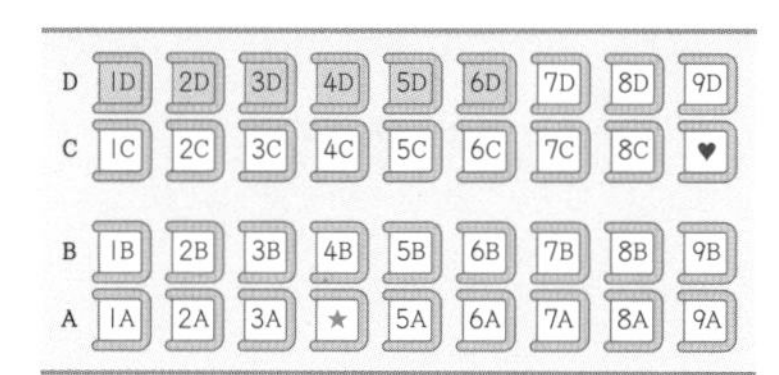

1 규칙에 따라 ★, ♥에 알맞은 좌석 번호를 각각 구해 보세요.

★ (4A), ♥ (9C)

2 색칠된 칸에서 규칙을 찾아 써 보세요.

규칙 예 수는 1부터 시작하여 오른쪽으로 1씩 커지고, 알파벳은 D를 쓰는 규칙입니다.

3 규칙적인 수의 배열에서 빈칸에 알맞은 수를 써넣으세요.

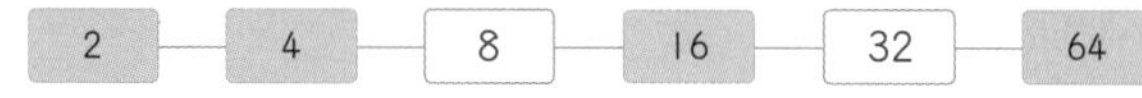

2 — 4 — 8 — 16 — 32 — 64

▶ 2부터 시작하여 2씩 곱하는 규칙입니다.

4 도형의 배열에서 규칙을 찾아 다섯째에 필요한 도형의 개수를 구해 보세요.

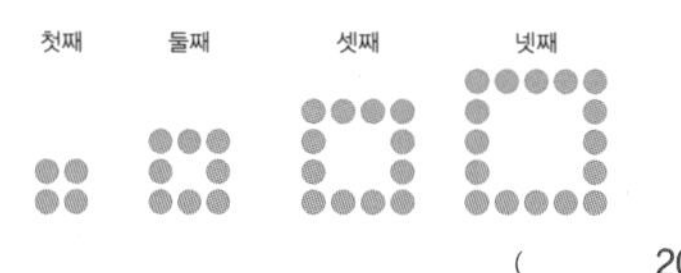

(20)개

▶ 도형의 개수가 4개부터 시작하여 4개씩 늘어나는 규칙입니다.

5 주어진 덧셈식의 규칙에 따라 □ 안에 알맞은 수를 써넣으세요.

20+30=50
30+40=70
40+ 50 =90
50 + 60 =110

6 규칙적인 곱셈식을 보고 셋째에 들어갈 곱셈식을 써 보세요.

순서	곱셈식
첫째	1×1=1
둘째	11×11=121
셋째	111×111=12321
넷째	1111×1111=1234321
다섯째	11111×11111=123454321

▶ 1이 1개씩 늘어나는 수를 두 번 곱한 결과는 가운데를 중심으로 접으면 같은 수가 만납니다.

7 친구들이 아파트 배치도를 보고 규칙적인 계산식을 찾았습니다. □ 안에 알맞은 수를 써넣으세요.

민지: 나는 아래쪽으로 규칙을 찾았어.
403+303+203= 303 ×3이야.

동규: 나는 오른쪽으로 규칙을 찾았어.
603+604+605= 604 × 3 (이)야.

나연: 나는 ↘ 방향으로 규칙을 찾았어.
503+404+305= 404 ×3이야.

6. 규칙 찾기 **실력 키우기**

1 수 배열표의 빈칸에 알맞은 수를 쓰고, 규칙을 찾아 써 보세요.

	101	102	103	104
3	3	6	9	2
4	4	8	2	6
5	5	0	5	0

규칙 예 두 수의 곱셈 결과에서 일의 자리 숫자를 씁니다.

▶ 두 수의 곱셈 결과에서 일의 자리 숫자를 쓰는 규칙이므로 일의 자리 숫자끼리의 곱을 구하여 표를 완성할 수 있습니다.

2 도형의 배열을 보고 규칙을 찾아 빈칸에 알맞게 써 보세요.

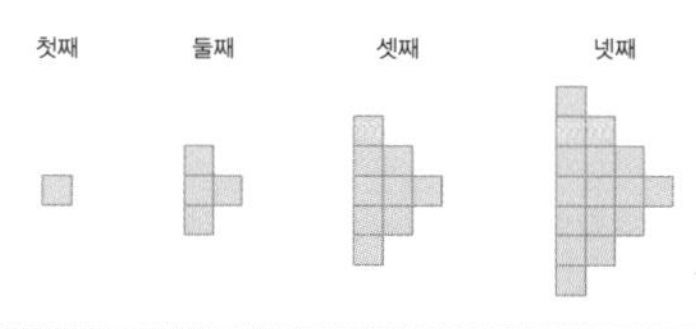

	첫째	둘째	셋째	넷째	다섯째
도형의 수(개)	1	4	9	16	25
계산식	1	1+3	1+3+5	1+3+5+7	1+3+5+7+9

▶ 사각형의 개수가 1개에서 시작하여 3개, 5개, 7개씩…… 늘어나는 규칙입니다.

3 규칙을 찾아 빈칸에 알맞은 계산식을 써 보세요.

곱셈식
5×102=510
5×1002=5010
5×10002=50010
5×100002=500010

➡

나눗셈식
510÷5=102
5010÷5=1002
50010÷5=10002
500010÷5=100002

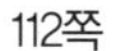

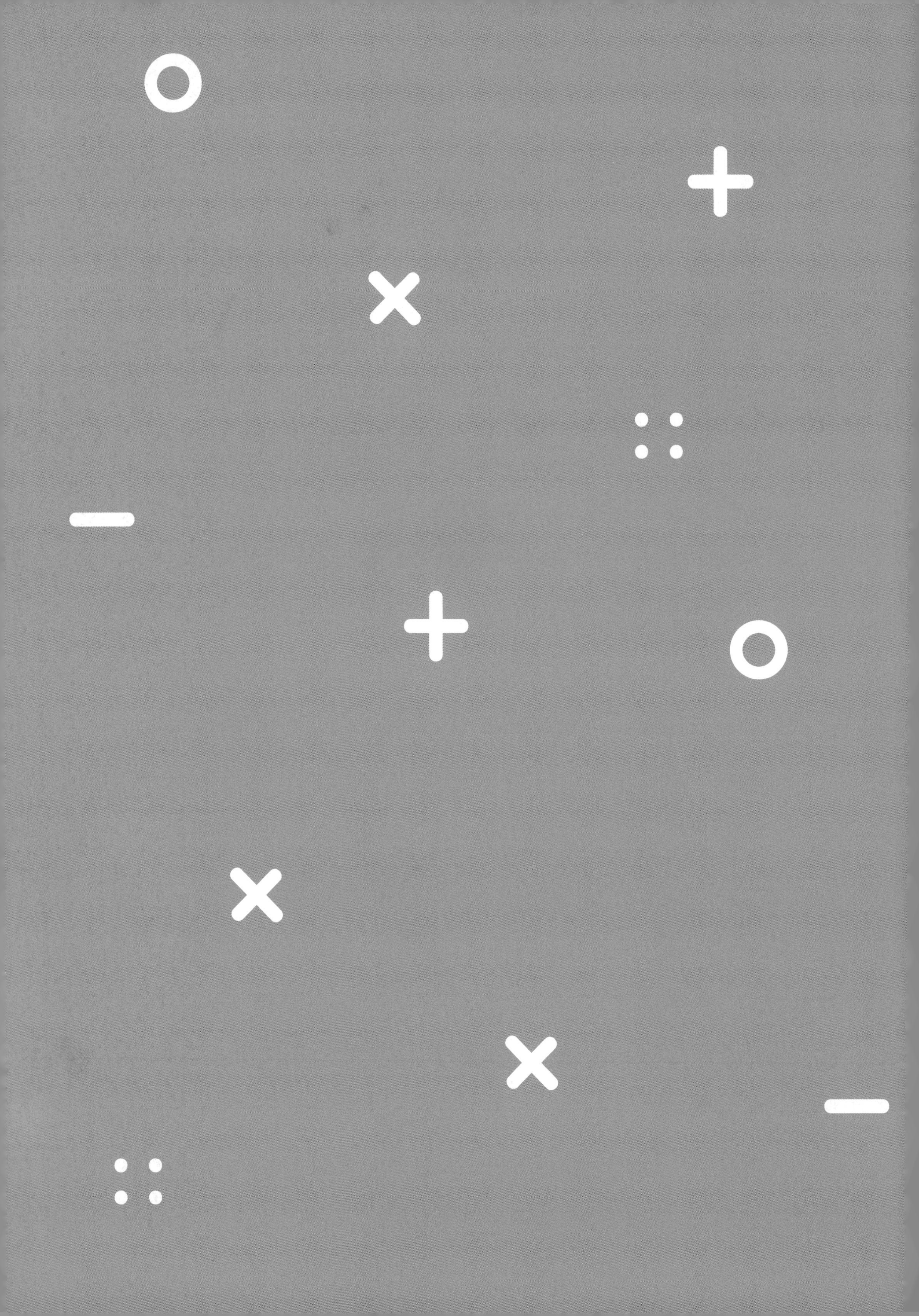